高等学校茶学专业应用型本科教材

U0120785

茶叶质量安全评价与溯源

周才碧　陈文品　管俊岭　主编

中国轻工业出版社

图书在版编目(CIP)数据

茶叶质量安全评价与溯源 / 周才碧，陈文品，管俊岭主编. —
北京：中国轻工业出版社，2022.11
ISBN 978-7-5184-2800-7

Ⅰ. ①茶⋯　Ⅱ. ①周⋯ ②陈⋯ ③管⋯　Ⅲ. ①茶叶—质
量管理—安全评价—研究—中国　Ⅳ. ①TS272.7

中国版本图书馆 CIP 数据核字(2022)第 169186 号

责任编辑:贾　磊

文字编辑:吴梦芸　　　责任终审:劳国强　　　封面设计:锋尚设计
版式设计:砚祥志远　　　责任校对:朱燕春　　　责任监印:张京华

出版发行:中国轻工业出版社(北京东长安街 6 号,邮编:100740)
印　　刷:三河市国英印务有限公司
经　　销:各地新华书店
版　　次:2022 年 11 月第 1 版第 1 次印刷
开　　本:787×1092　1/16　印张:20.25
字　　数:410 千字
书　　号:ISBN 978-7-5184-2800-7　定价:48.00 元
邮购电话:010-65241695
发行电话:010-85119835　传真:85113293
网　　址:http://www.chlip.com.cn
Email:club@ chlip.com.cn
如发现图书残缺请与我社邮购联系调换
180211J1X101ZBW

本书编写人员

主　编

　　周才碧（黔南民族师范学院）

　　陈文品（华南农业大学）

　　管俊岭（广东科贸职业学院）

副主编

　　木　仁（黔南民族师范学院）

　　周小露（黔南民族师范学院）

　　陈　志（黔南民族师范学院）

参　编

　　刘　荣（黔南民族师范学院）

　　纪荣全（宜宾学院）

　　马　媛（黔南民族师范学院）

　　周爽爽（黔南民族师范学院）

　　陈应会（重庆市经贸中等专业学校）

　　卢　玲（贵州经贸职业技术学院）

　　文　狄（黔南民族师范学院）

　　胡榴虹（黔南民族师范学院）

　　格根图雅（黔南民族师范学院）

　　李兴春（贵州省罗甸县边阳第二中学）

　　谢新太（黔南民族师范学院）

　　周才元（贵州省灵峰科技产业园有限公司）

　　彭功明（云南中茶茶业有限公司）

　　陈彦峰（广东科贸职业学院）

序
Foreword

中国是发现、栽培茶树，加工、利用茶叶最早的国家。世界各国的栽茶技术、饮茶文化均源于我国，故中国有"茶的故乡""茶的祖国"之称。茶是我国南方山区的主要经济作物，茶产业已成为茶区经济发展、茶农增收的支柱产业。如今我国茶叶年产量居世界第一位。而茶叶品质的优劣，即茶叶的质量通常是决定茶叶价格乃至茶叶经济效益的主要因素；另一方面，茶叶作为一种健康的饮品，其安全问题也备受关注。尤其是随着国内生活水平的提高，我国茶产业发展随之进入质量提升阶段，这也是当前无公害茶、有机茶发展规模空前扩大的原因。在茶产业中，建立可跟踪溯源的追溯系统，对降低质量安全风险、提高产品召回效率、保障消费者健康水平、提高茶叶质量管理水平、提升消费者信心、促进我国茶产业发展具有重要意义。

茶叶质量安全追溯体系是能识别和收集有关茶叶种植、加工、储运和销售过程中的相关活动信息，记录质量安全各项指标的检测信息，采集储藏和销售信息并实现共享的体系。建立高效的茶叶质量安全追溯体系是有效监督、管控茶叶生产全流程的重要手段，可实现对茶叶种植、茶叶加工、茶叶仓储、茶叶流通、茶叶销售全流程的跟踪溯源，具有重要的应用价值和广阔的前景。

近年来，随着互联网技术与现代检测技术的发展，尤其是新技术的兴起，如大数据技术、物联网技术、云技术、互联网风控技术等，极大地推动了茶叶质量安全追溯技术的发展、更新，提升了其先进性和应用性。目前，集成大数据、云计算、自动识别技术、移动App应用技术的茶叶质量安全追溯操作系统具有移动便捷、实时监测、高效传输、全程跟踪、分类管理等诸多优点，该系统已经在一些农产品生产中使用。物联网结合互联网技术在茶叶质量追溯体系设计中得到了最为广泛的运用。但令人遗憾的是，目前对于茶叶质量评价与检测体系以及茶叶安全追溯体系的构建还缺乏统一的认识，掌握茶叶质量控制技术的专业技术人才难以胜任互联网技术的开发与利用。尤其需要指出的是，我国质量安全及品质控制技术的参考书非常有限，这也在一定程度上限制了非茶叶专业人士开发溯源体系的可操作性。因此，从事生产一线的年轻学者们结合自己的生产与教学经验编写了《茶叶质量安全评价与溯源》一书。

该书从我国茶叶质量安全概念出发，内容涉及中国与国际茶叶质量安全标准体系比较、中国与国际茶叶质量安全认证体系比较、茶叶加工评价、茶叶审评评价、茶叶卫生评价，以及茶叶质量安全溯源体系和茶叶质量安全溯源操作实例，用大量篇幅介绍了各种实验的操作方法，相信对于非茶学专业人士也是一本有价值的参考书。

由于参与编写这本书的作者均为青年教师，学识水平及表达能力可能有一定欠缺，但该书对于茶叶质量安全与溯源体系的构建者仍不失为一本不错的参考书，希望更多的茶产业从业者通过这本书了解我国茶叶质量安全体系以及茶叶质量溯源体系，不断提高我国茶叶质量与安全水平，助力我国茶产业转型升级。希望本书能为我国茶叶走出国门、走向世界尽一份绵薄之力。

前 言
Preface

中国是茶文化的起源地，习近平总书记高度重视茶产业发展，并强调"要统筹做好茶文化、茶产业、茶科技这篇大文章，坚持绿色发展方向，强化品牌意识，优化营销流通环境，打牢乡村振兴的产业基础"。党的二十大报告指出，全面推进乡村振兴，坚持农业农村优先发展，巩固拓展脱贫攻坚成果，加快建设农业强国。

近年来，随着贸易的发展、市场竞争的加剧以及电子商务的冲击，茶叶的生产和销售面临越来越多的问题，如质量安全危机频繁发生，使茶叶市场秩序混乱、鱼目混珠，品牌被平庸化；农产品质量安全问题受到了社会各界的广泛关注，给信息化水平并不发达的中国茶产业提出了严峻挑战。在乡村振兴、茶业复兴的新征程上，我们要坚定不移推动高质量发展，因此研究茶叶的信息化溯源系统势在必行。

随着农产品质量安全的有效控制、茶叶贸易的产业化和全球化，消费者和社会各界逐渐从关注产品安全问题转向关注产品的真实可溯源性。随着信息技术的不断进步，国内相关学者通过分析茶叶生产、流通环节中影响质量安全的关键控制点，基于化学指纹图谱、矿物元素分析、ASP. NET、WebGIS、二维码、汉信码技术、GAP、物联网、ICP-MS/AES、代谢指纹图谱、近红外光谱分析技术、数据库技术、射频识别（RFID）技术、稳定同位素比率等技术，研究溯源系统建设的基本框架和系统的实施及运行保障机制，提出建立茶叶质量安全溯源系统，使生产经营企业、政府监管部门和消费者能够通过溯源系统实现对茶叶产品的质量安全管理、监督以及风险控制。

本教材分为十一章，主要介绍茶叶质量安全、茶叶质量安全体系、茶叶质量安全评价体系、茶叶加工评价实验、茶叶感官评价实验、茶叶理化评价实验、茶叶卫生评价实验、茶叶毒理学评价实验、茶叶功能性评价实验、茶叶质量安全溯源系统操作实例。

本教材由周才碧、陈文品、管俊岭任主编，由木仁、周小露、陈志任副主编。编写分工：第一章至第三章由陈文品、周小露、胡榴虹、格根图雅编写；第四章、第五章由周才碧、管俊岭、纪荣全、陈应会、卢玲、马媛、李兴春、彭功明编写；第六章由周才碧、管俊岭、纪荣全、陈应会、马媛、李兴春、彭功明、陈彦峰编写；第七章由周才碧、陈文品、管俊岭、陈志、周小露、木仁、刘荣、周爽爽、李兴春、陈彦峰编写；第八章由周才碧、管俊岭、陈志、周小露、木仁、刘荣、卢玲、文狄、周爽爽、谢新太、陈彦峰编写；第九章由周才碧、管俊岭、陈志、周小露、木仁、卢玲、文狄、周爽爽、谢新太编写；第十章由陈文品、周小露、格根图雅、周才元、彭功明编写；第十一章由管俊岭、周小露、格根图雅、周才元、彭功明编写。

本教材使学生在熟知理论的前提下，深入开展相关实验，为茶叶质量安全溯源体系提供检测技术支持；基于茶叶质量安全溯源系统，利用科学方法控制茶叶质量安全源头，努力实现绿色、安全、可溯源的目标，使消费者购之顺心、吃之放心、品之开心。本书可作为茶学专业学生的教材，也可供茶叶加工、茶叶感官审评、茶叶理化检验、茶叶卫生安全、茶叶毒理学评价、茶叶质量安全功能性研究等相关从业人员使用。

本教材获得以下项目资助：国家自然科学基金委项目（31960605、32160727）；贵州省科技厅项目（黔科合支撑［2019］2377号、黔科合基础-ZK［2022］一般5488、黔科合基础-ZK［2021］一般167、黔科合LH字［2014］7428、黔科合基础［2019］1298号）；贵州省教育厅项目（黔农育专字［2017］016号、黔教合KY字［2017］336、黔教高发［2015］337号、黔教合人才团队字［2015］68、黔学位合字ZDXK［2016］23号、黔教合KY字［2016］020、黔教合KY字［2020］193、黔教合KY字［2022］089、黔教合KY字［2020］071、黔教合KY字［2020］070、黔教合人才团队字［2014］45号、黔教合KY字［2014］227号、黔教合KY字［2015］477号）；贵州省卫生厅项目（gzwkj2012-2-017）；黔南州科技局项目（黔南科合［2018］14号、黔南科合学科建设农字［2018］6号、黔南科合［2018］13号）；黔南民族师范学院科研项目（2017xjg0811、2020qnsyrc08、QNSY2018BS019、QNSY2018PT001、qnsyzw1802、QNYSKYTD2018011、Qnsyk201605、2019xjg0303、2018xjg0520、QNYSKYTD2018006、QNYSXXK2018005、QNSY2020XK09、QNYSKYTD2018004、qnsy2018001、QNSY2018PT005）。此外，特别感谢贵州省农业农村厅等单位对本书应用实操部分的大力支持。

编　者

目　录
Contents

茶叶质量安全

第一节　茶叶质量安全概述

一、茶叶质量安全水平

随着茶区城乡工业化的发展以及农药、化肥、除草剂的大量使用，茶叶质量安全对人身体健康的影响日益引起人们的关注和重视。茶叶质量安全（tea quality and safety）是指消费者对茶叶品质特性的满意程度（茶叶质量）及长期正常饮用不会对人体造成损害（茶叶安全性）。

提高茶叶质量安全水平必须从源头抓起，即加强茶园的内部环境管理，严格控制和截断外部污染源，降低茶叶内的农药残留及有害重金属元素含量。在茶叶生产加工过程中，要做到洁净生产，包括加工、包装、贮藏、运输、销售等方面。

二、茶叶质量安全现状

随着人们生活水平日渐提高，消费者更加关注茶叶产品质量安全问题。茶叶质量安全现状与我国茶叶中禁限用农药和化学用品分别见图1-1、表1-1。对此，政府的工作重心从提高茶叶产量转变为提高茶叶质量，并制定了相关的茶叶质量标准，加快提升有机农产品认证

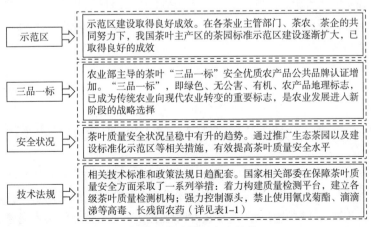

图1-1　茶叶质量安全现状

的权威性和影响力，使茶业发展进入以提高质量安全为中心的新阶段。

表1-1　　　　　　　　　　　我国茶叶中禁限用农药和化学品名单

农药及化学品名称	公告
六六六、滴滴涕、毒杀芬、二溴氯丙烷、杀虫脒、二溴乙烷、除草醚、艾氏剂、狄氏剂、汞制剂、砷类、铅类、敌枯双、氟乙酰胺、甘氟、毒鼠强、氟乙酸钠、毒鼠硅	农业部公告第 199 号
甲胺磷、甲基对硫磷、对硫磷、久效磷、磷胺	农业部公告第 274 号、322 号
八氯二丙醚	农业部公告第 747 号
氟虫腈	农业部公告第 1157 号
甲拌磷、甲基异柳磷、内吸磷、克百威、涕灭威、灭线磷、硫环磷、氯唑磷、三氯杀螨醇、氰戊菊酯	农农发［2010］2 号
治螟磷、蝇毒磷、特丁硫磷、硫线磷、磷化锌、磷化镁、甲基硫环磷、磷化钙、地虫硫磷、苯线磷、灭多威	农业部公告第 1586 号
百草枯水剂	农业部公告第 1745 号
氯磺隆、胺苯磺隆、甲磺隆、福美胂、福美甲胂	农业部公告第 2032 号
氯化苦	农业部公告第 2289 号
乙酰甲胺磷、乐果、丁硫克百威（2019 年 8 月 1 日起禁用）	农业部公告第 2552 号
溴甲烷、硫丹	农业部公告第 2552 号
氟虫胺（2020 年 1 月 1 日起禁用）	农业农村部公告第 148 号

三、 加强我国茶叶质量安全的重要意义

近年来，有关茶的质量安全问题常有曝光，不仅打击了消费者的积极性和消费信心，还严重阻碍了茶叶产业的健康快速发展。

因此，完善茶叶质量安全溯源体系，对满足消费者对茶叶质量及保健功效的需求、促进茶业可持续发展、提高茶叶企业在国内外市场的竞争力、促进茶业转型升级和生产技术水平的提高具有重要意义。

第二节　茶叶质量安全问题及控制方法

茶叶质量安全与消费者的权益和健康密切相关，也决定了茶叶在国内外市场的竞争能力。茶叶生产各环节中存在的问题及质量安全体系存在的缺陷，使我国茶叶在出口中屡遭贸易壁垒。目前，我国茶叶质量安全体系存在的问题主要表现在管理体系不完善、科技转化率低、检验检测体系不成熟、资金投入不足、认证体系不系统、标准体系不完善。

为解决茶叶质量安全体系不健全，需要从茶叶生产到销售的整个环节进行全面监管（图1-2）。

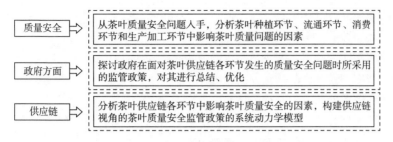

图1-2　茶叶质量安全监管体系

一、 茶叶质量安全的问题

茶叶质量是茶叶品牌的生命和基础。茶叶质量的全面管理，涉及茶叶全部生产过程中安全性控制、茶园生态环境、茶树良种选择与茶树栽培管理、产品监测及市场准入制度的规范性等多个方面。

中国茶叶一直遭受多方面的安全危害（有毒微生物、化肥、农残、有害重金属等），导致茶叶出口产值和出口量与国内茶叶资源在国际茶叶市场占有额不对称。茶叶质量安全问题来源于多方面：茶叶种植者对茶叶质量安全问题的认知较低；茶叶生产者在茶树种植管理、生产加工、运输销售等环节中存在部分质量控制薄弱的问题。

（一）茶叶质量安全的常见问题

（1）质量不稳定；

（2）信息孤岛问题；

（3）感官品质不符合要求；

（4）产品供应链协作难度大；

（5）溯源条码具有可复制性；

（6）加工、包装过程中添加违禁物；

（7）各系统之间信息核对烦琐复杂；

（8）中心化数据库信息被篡改的可能性加大；

（9）消费者个人的隐私信息严重泄漏；

（10）茶叶重金属、农药残留和氟含量超标；

（11）种植不规范所引起的外源性污染物残留；

（12）产地环境中有害物的蓄积、富集所导致的原生性污染积累；

（13）农产品供应链成员对于消费体验的信息溯源实现能力、信息系统完善程度、认知水平、信息标准化程度和上游信息化程度等因素的影响。

（二）茶叶质量安全的主要原因

（1）企业创新意识不强；

（2）农药肥料使用不当、茶叶采摘不合理和产地环境不合格；

（3）茶叶质量标准不合理；

（4）政府支持力度不够，导致国际市场竞争力与第一大产茶国并不相称。

（三）茶叶质量安全问题的解决方法

（1）完善法律规范及标准；

（2）加强肥料监管，努力提高肥料利用率；

（3）加强生态防控技术，减少化学农药使用；

（4）加强和完善茶叶产品质量安全追溯体系；

（5）完善我国茶叶质量安全保障体系的战略对策；

（6）应用区块链技术，搭建基于Fabric的溯源管理系统；

（7）完善茶叶生产技术规程和产品质量标准，加强宣贯力度；

（8）加强信息化所依赖的配套生产技术体系的设计、开发与应用；

（9）加强产地环境监控，改善茶园生态环境，实施产品加工制作、种植生产全过程的质量管理，建立健全溯源管理体系；

（10）融合农产品溯源体系与电子商务平台，构建安全农产品产供销质量溯源体系；

（11）完善质量安全标准体系建设、加强茶叶加工厂的升级改造。

二、 茶叶质量安全的控制方法

采取改善茶园生态环境和生物防治等防控措施，解决茶叶产品生产过程中的农残问题，实现生态环保、绿色安全的产茶目的。以大数据分析为平台，监控茶叶生产和种植过程，健全质量标准体系，为人们提供优质茶源，为茶叶生产提供良好的物质保障，提升我国茶叶的国际知名度和市场竞争力。茶叶质量安全控制关键点如图1-3所示。

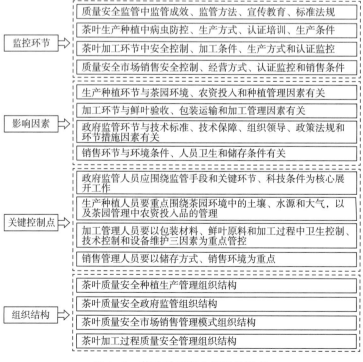

图1-3　茶叶质量安全控制关键点

第三节 茶叶质量安全的溯源系统开发技术

"互联网+"是知识社会信息的新经济形态，融合于经济社会的各领域。"互联网+农业"是将电子商务、大数据等互联网技术应用于农业生产领域的一种新模式，茶叶质量安全追溯系统的构建是"互联网+"与农业结合的一种具体应用。茶叶质量安全追溯系统的关键控制点是对茶叶生产过程中的各环节全过程跟踪记录，以保证所采集数据的精准性，保障茶叶质量的安全。

一、 服务系统

（一）. NET

. NET 是 Microsoft XML Web Services 平台，通过 Internet 进行共享数据和信息通信，并提供开发工具和新功能。该平台以 Common Language Runtime 为基础，支持 C++、C#、Python、VB. NET 等多种语言的开发，常见的框架有 Microsoft Visual Studio（资格老）、Microsoft C++ Builder（开发效率高）、Microsoft Dev-C++（灵活又小巧）和 Microsoft Turbo C。

1. Visual Studio

基于 Visual Studio 2010 和 SQL Server 2005 开发平台、数据库技术和信息技术，构建了可实现对产品质量安全历史信息共享和追溯的产品质量安全信息追溯平台，有效地加强了产品质量安全的监管，增强了消费者的消费信心，提升了产品的市场竞争力。

2. Visual C++

基于 Visual C++. NET 面向对象编程技术，利用 SQL Server 2008 或 2005 关系型数据库技术，采用 EAN/UCC 条码技术、二维码（QR Code）和 RFID 技术等标识方法，构建了农产品全程质量监控体系、茶叶质量溯源管理客户端软件和茶叶二维码溯源查询系统，实现了农产品质量安全的溯源与跟踪，以及系统内各企业之间的信息共享。

3. ASP. NET

基于 ASP. NET 技术，以 Access 数据库为基础开发平台，建立农产品生产流通中各环节信息数据全过程跟踪的应用平台，实现农产品的质量跟踪层面和生产流通的协同决策与资源共享；再结合常见的面向对象开发模式，开发后台数据库和前台网页专业模块，建立农产品质量安全管理及溯源信息系统，可为农产品生产加工企业提供一个有效的生产管理和质量追溯平台。

4. API

基于 API 开发接口，采用"天地图"空间数据、LBS 技术，以及 EAN-13 条形码、固定和批次二维码等技术，进行农产品信息自动采集、传递、标识，从宽度、深度、精确度等提升了追溯精度，降低应用成本；该农产品质量追溯系统具有追溯精度高、性能稳定、适用面广、实用性强等特点，为农产品相关部门的监测和质量安全的判定提供技术支持。

（二）Java

Java 是一门面向对象编程语言，具有 J2EE、XML、J2SE、JAIN、J2ME、OSS 等技术类别的平台或操作规范，适用于 macOS、Windows、Solaris、Linux 等平台；该语言具有分布式、动态性、安全性等特点，可编写 Web、分布式和嵌入式系统等应用程序，广泛应用于桌面（移动或计算机）应用开发、Web 开发等方面。

基于 Java 编程语言，采用 JSP、HTML、MyEclipse、MVC、Spring、SQL server 2008 等技术，建立了农场信息化管理系统，进行农资、种植、销售和仓储等辅助管理，实现了农场观光、在线购买、产品溯源等功能，提高管理效率，降低管理劳动强度，为农产品信息化管理系统提供技术参考。

1. J2EE

基于 J2EE 平台，采用 C/S、Tomcat J2EE、MySQL、RFID、ActiveX、Spring 等技术，建立农产品溯源与交易系统，实现了农产品生产流通过程中的信息共享，在一定程度上便利农产品交易，降低交易成本，推动农产品交易信息化、自动化。

2. XML

基于标准化的 XML Schema 定义溯源信息数据，采用批次清单的溯源信息存取方式，建立电子交易的农产品溯源系统；该系统屏蔽了数据源间、系统间的差异，实现电子交易的溯源信息共享，使得平台间及其与管理机构间可相互访问，为农产品电子交易信息化溯源系统提供技术支持。

（三）Nginx

Nginx（Engine x）是一种开源和网页服务器软件，在 BSD-like 协议下以类 BSD 许可证的形式发布源代码，兼容 Linux、Windows NT、OS X 等系统；作为一个轻量级和高性能的 HTTP，具有内存少、稳定性强、耗资低、功能丰富、占有并发能力强等特点，广泛应用于新浪、百度、腾讯、网易、淘宝、京东等网站。

设计开发农产品检测信息共享管理系统和基于 Android 手机的农产品信息管理客户端、网站的整体架构，搭建测试环境，使用 Nginx 实现系统的负载均衡，可构建一个农产品检测信息共享数据库。

（四）Android

安卓系统（Android）是一种基于 Linux 内核以及 C/C++、Java、Kotlin 等技术的操作系统，具有自由、开放源代码等特点，适用于平板电脑或智能手机等移动设备。

基于 Android 系统，采用 Java、数据库和二维码等技术，构建农产品信息溯源与质量安全控制系统，实现了信息共享、及时管理和实时监控等功能；采用 Web Service、条码以及 MD5 加密等技术，搭建基于 Android 平台的农产品溯源系统，提高了溯源信息的准确度，保障农产品的质量安全；采用移动计算、图像分析等技术，以 Android 系统为基础，采集茶叶信息传递至服务器，建立移动型茶叶质量追溯系统和特色农产品电子商务平台，可快速帮助消费者对茶叶品级进行初步鉴定，提高茶叶的品牌价值和信誉度。

（五）TD-SCDMA

时分同步码分多址（time division-synchronous code division multiple access，TD-SCDMA），即第三代移动通信 3G 标准（图 1-4），与 WCDMA 和 CDMA2000 均为 ITU 批准（三个 3G 标准）。该标准为我国独立知识产权，具有时分双工、频率灵活性、成本不高、业务多样性、动态调整的最优资源分配以及克服远近效应和呼吸效应等特点。

基于 TD-SCDMA 网络，以 .NET 为平台，采用编码、数据库等技术，实现了追溯系统 PC 端管理部门的中心管理、生产者的生产管理和消费者的查询等，以及溯源信息的实时采集、传输、统计、编码、打印等功能。

（六）Tomcat 服务器

Tomcat 属于轻量级 Java Web 服务器，作为一个免费的开放源代码，具有技术先进、性能稳定等优点，普遍应用于中小型系统，尤适用于 JSP 程序的开发和调试。

基于 Tomcat 服务器，采用微信平台、HTML5+CSS+JavaScript 客户端技术和数据库技术，依托高德地图 API 和 ArcGIS Server，可开发一套实用的田间综合信息服务系统。

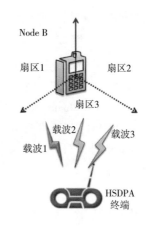

图 1-4　TD-SCDMA 工作流程

二、系统框架

（一）B/S 架构

B/S 架构（图 1-5），即浏览器和服务器架构模式，基于 Oracle、SQL Server、MySQL 数据库等服务器，客户安装浏览器即可实现系统功能的核心部分。该模式统一了客户端，简化了系统的开发、维护和使用，减轻工作量和降低总成本（TCO）。

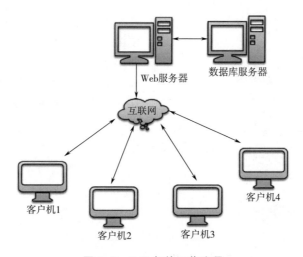

图 1-5　B/S 架构工作流程

基于 B/S 架构，利用 java 开发语言和 SQL Server 2008 数据库，建立农产品质量安全追溯系统，实现了农产品生产中各环节监控的功能。

基于 B/S 架构，采用"关键技术+平台开发+标准体系+应用示范"的思路，设计茶叶溯源防伪预警平台，实现了从"茶园到茶杯"的全程质量追溯监管与防伪。

基于 B/S 架构，建立茶叶二维码追溯与防伪系统，实现了茶叶生产各环节的信息化溯源，为相关企业、政府和消费者提供信息查询、投诉举报和互动服务。

（二） JFinal 框架

JFinal 是 James Zhan 基于 Java 语言的极速WEB+ORM 开发框架（图 1-6），由 Handler、Interceptor、Controller、Render、Plugin 五大部分组成，其中 Controller 作为 MVC 模式中的控制器是 JFinal 核心类之一；该类框架设计目标是开发迅速、代码量少、学习简单，具有 MVC 架构、设计精巧、使用简单等特点。

基于 JFinal 框架，设计编码方案，构建数据库，建立农产品追溯系统网站，可实现农产品溯源信息的查询和采集。

（三） SOA 架构

面向服务架构（service-oriented architecture，SOA）是一种粗粒度、松耦合服务架构（图 1-7），作为 B/S 模型、XML/Web Service 技术的自然延伸，以服务层为基础，进行分布式部署、组合和使用，克服了与软件代理交互的人为依赖性。该系统可帮助企业构建更可靠、更迅速、更具重要性的业务架构系统。

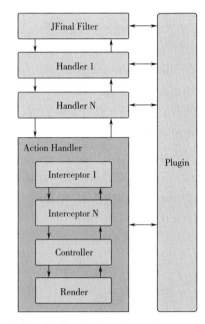

图 1-6　JFinal 框架

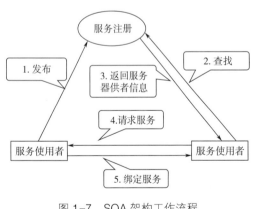

图 1-7　SOA 架构工作流程

基于 SOA 架构，利用 WCF 通信、PetaPoco 轻量级 ORM、Devexpress 界面、Xamarin Mono 跨平台、Swift 编程语言以及 Rfid、二维码等技术，监控农产品的生产、加工、检测、流通、销售等环节信息，实现了与农产品电商系统进行信息交互，使消费者实时了解所选产品的溯源信息；该平台确保了农产品的质量安全、维护了企业的品牌信誉、增强了消费者的购物体验、提高了合作农户的实际收益。

（四） 数据库

数据库（Database）是组织、存储和管理数据的电子化文件柜，分为层次式、网络式和关系式三种数据库以及物理、概念、用户基本结构数据层三个层次；常见数据库有 MySQL、ORACLE、Access、DB2、VF、JET、Sybase、Informix、SQL Server 等，具有实现数据的共享、独立性、集中控制、冗余度少、一致性和可维护性以及故障可恢复的特点。

基于数据库技术，依据 EAN. UAA 进行数据的编码，采集茶叶种植、生产、检测和经销等生产链的数据，存储于基础数据库，实现了溯源信息的可靠性和真实性以及追溯数据的客观性。

　　基于 Access 数据库技术，建立农产品溯源系统，实现溯源系统的数据管理、数据利用两大功能，有利于保证数据的真实性，为基层农业信息化提供技术支持，提高农产品质量安全和农业产业化。

三、　溯源模式

（一）供应链

　　供应链（supply chain）是原材料的供应以及产品的生产、流通、销售和消费等主体，与上、下游主体组成的网络结构。

　　分析茶叶生产与流通供应链，对茶叶供应链中每个环节的主体进行信息识别和传递，建立茶叶质量追溯系统，为茶叶质量安全信息的跟踪、追溯、查询、监管等提供技术支持。

（二）物联网

　　物联网（the internet of things，TIT），利用射频识别等互联网技术，进行互联网+物质的信息跟踪、识别等，实现物质生产和社会管理的网络化、精细化与智能化；作为新型信息技术的综合运用和高度集成网络，具有综合效益好、渗透性强、带动作用大等特点，已广泛应用于农业、工业等领域的新技术、新产品、新应用研发。

　　基于物联网技术，开发了客户端软件、电子商务 App 以及种植管理和环境监测 PC 等，建立茶叶种植、加工、销售一体化的监管与追溯平台，形成信息化的农产品生产经营新模式，实现从茶叶种植到销售整个过程的管理与监控。

（三）双向溯源

　　通过 AI、物联网等技术，向下追溯产品的构成及生产信息，向上追溯产品的批次及原料信息，实现农产品生产、流通供应链的双向市场流通物联网营销，即双向追溯系统。

　　根据茶叶种植、生产、流通等各环节的实际情况，进行系统的功能性需求分析，确定溯源系统建设目标；采用双向追溯模式，以茶叶生产、流通周期为主线向前与向后溯源，利用哈希（Hash）技术进行产品号加密编码，建立二维码的茶叶产品溯源系统，实现了向上追溯防伪溯源、向下追溯数据分析，可为相关部门提供决策信息。

四、　溯源编码

（一）UML 建模语言

　　标准建模语言（unified modeling language，UML）是一个支持模型化和软件系统开发的图形化语言（图 1-8），以 OOA&D、OOAD 为基础，具有事物、关系和图三个基本构造块，为软件开发提供从需求分析→规格→构造→配置的可视化支持；UML 缩短设计时间，使软硬件分割最优，减少改进的成本。

　　基于 UML 建模语言，进行溯源系统的功能需求的分析以及总体架构、详细参数、运行情况、实现流程的设计，设计实现了定向促销广告子系统。

（二）D-S 证据理论

　　Dempster/Shafer（D-S）证据理论是一种不精确推理理论，属于人工智能范畴；该理论满足比贝叶斯概率论更弱的条件，具有处理不确定信息的能力，直接表达"不知道"和"不

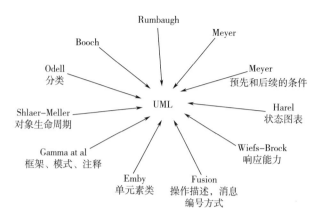

图 1-8　UML 建模语言工作流程

确定"的能力。

　　基于 D-S 证据理论，利用 Petri 网络和有向图方法，进行 FMECA 故障模式、影响及危害性分析，可改进质量的追溯方法，实现农产品外部追溯以及内部追溯和环节监管等功能，为农产品溯源与政府监管提供理论支撑。

（三）编码方法

　　编码是计算机编程语言的代码，将信息从一种形式转换为另一种形式的过程，其逆过程是解码。常见的编码体系有计算机语言、ASCII、国标、GBK、BIG5 码、HZ 码、UCS 和 ISO 10646 等；以特定规则将文字或数字编码成数码或信号，广泛应用于电脑、通信等方面。

　　1. EAN·UCC 系统

　　EAN·UCC 系统（图 1-9）作为一种国际化开放的条码标识和标准化物流信息标识体系，为自动识别技术提供可靠的解决方案。该系统广泛应用于食品零售业，进行自动销售，可加快产品的流通。

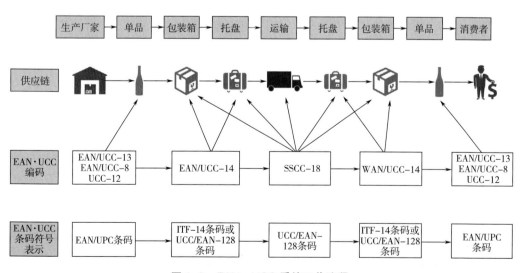

图 1-9　EAN·UCC 系统工作流程

利用 EAN·UCC 系统，采集茶叶产品从种植、加工、销售、运输各个环节的全程溯源信息，再通过互联网络共享传递，建立茶叶安全溯源体系，加强了茶叶质量安全控制力度。

2. 二维码/二维条码

二维码/二维条码（2-dimensional bar code），利用堆叠式或矩阵式在二维方向上利用黑白相间的图形规律地编码数据符号信息，有 PDF417、QR Code、Code 49、Code 16K、Code One 等类型，其中 QR（quick response，QR）Code 码是其最常见形式（图1-10、表1-2）。

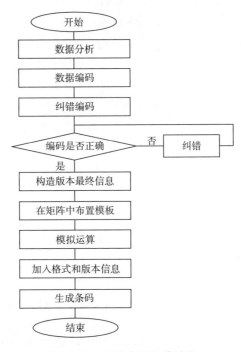

图 1-10　二维条码生成过程

表1-2　　　　　　　　　　　　Code 码变量定义

Char	Value	Char	Value	Char	Value	Char	Value	Char	Value	Char	Value	Char	Value	Char	Value
0	0	6	6	C	12	I	18	O	24	U	30	SP	36	.	42
1	1	7	7	D	13	J	19	P	25	V	31	$	37	/	43
2	2	8	8	E	14	K	20	Q	26	W	32	%	38	:	44
3	3	9	9	F	15	L	21	R	27	X	33	*	39		
4	4	10	10	G	16	M	22	S	28	Y	34	+	40		
5	5	11	11	H	17	N	23	T	29	Z	35	−	41		

该编码方式具有信息量大、保密性高、易识别、追踪性高、成本低等特点，作为一种全新的信息传递、识别和存储技术，广泛应用于商业活动、网络链接、信息读取等活动中记载、识别信息过程。

在农产品溯源过程，QR 码具有明显的有效性、经济性和简易性；基于 QR Code 技术，以 SSH 为框架，进行功能模块设计，分析茶叶产品的销售、生产、质量和追溯等生产流通环节；根据需求优化或修改或加密二维码生成算法，不仅提高二维码的安全性，而且满足二维码管理、溯源信息管理、物流信息管理等功能，实现了对茶叶物流过程中环境、质量和农产品物流各环节位置信息的追溯。

3. 汉信码

汉信码是由中国物品编码中心牵头组织相关单位合作开发的具有完全自主知识产权的二维条码。与其他二维条码相比，汉信码具有信息容量大和汉字编码能力强等特点，在我国已广泛应用于政府部门、互联网、供应链管理等领域。

基于汉信码，利用 RFID 个体标识技术、无线传感器网络和视频监控等关键技术，建立茶叶溯源防伪系统；该系统具有产品整个生产过程中的信息追溯查询以及手机端二维码追溯功能，实现了茶叶制品从种植、加工、包装、运输的全程监管，为消费者提供了详细的农产品信息，为生产者提供了防伪溯源以及物流管理功能，为相关管理部门提供有效的技术支持，从而确保农产品在整个供应链中都能实现溯源跟踪和质量管控，提高农产品质量。

五、 信息识别

（一） 信息收集

国内外茶叶产地溯源和种类鉴别的常见检测技术有高效液相色谱、近红外光谱、同位素等，此外还有 X 射线荧光光谱分析、高分辨率熔解曲线等新兴技术。

1. HPLC

高效液相色谱法（high performance liquid chromatography，HPLC）分为吸附色谱（adsorption chromatography）、亲和色谱（affinity chromatography）、离子色谱（ion chromatography）、分配色谱（partition chromatography）、体积排阻色谱（size exclusion chromatography）等类型；HPLC（图 1-11）采用高压输液系统，以不同极性的混合溶剂为流动相，根据色谱柱内各成分的相对分子质量、溶解度、化学结构等，将其洗脱、分离、检测、分析；该方法具有高压、快速、高效、高灵敏度、应用范围广等特点。

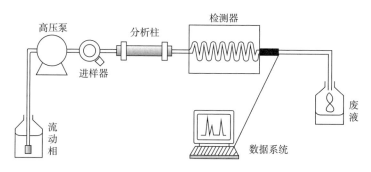

图 1-11　高效液相色谱仪工作流程

基于 HPLC 技术和近红外光 NIR 指纹图谱，预测茶叶的分类、产地判别、化学成分，建立 PLSR 线性回归模型，提出了表没食子儿茶素（EGC）、儿茶素（C）、咖啡因（CAF）、表儿茶素（EC）、表没食子儿茶素没食子酸酯（EGCG）、表儿茶素没食子酸酯（ECG）的最佳数据预处理方法、相关系数、线性拟合方程，为茶叶产地和品种的溯源以及生化成分的预测等系统的建立提供一定的技术支撑。

基于高效液相色谱法，可对氨基酸、没食子酸、咖啡因和儿茶素进行定性定量分析；而超高效液相色谱法（UHPLC），在 HPLC 法的基础上，整合了 HR-MS/MS 的优点，已成功应用于化学、农学、医学、工业等领域。

2. NIRS

近红外光谱仪（near infrared spectrum instrument，NIRS），通过扫描介于 Vis 和中红外 MIR 的光谱区为 780～2526nm 的电磁辐射波，获得样品中有机分子含氢基团的特征信息（图 1-12）；该方法具有高效、快捷、成本低和无污染等优点，广泛应用于农产品成分快速定量分析以及药物的鉴别和定性、定量分析等领域。

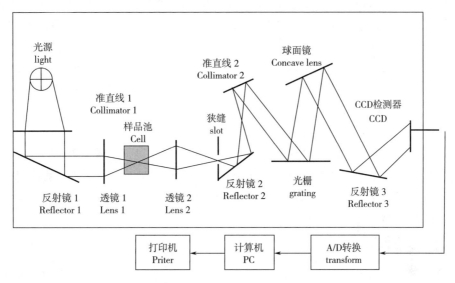

图 1-12 近红外光谱仪工作流程

基于近红外光谱技术，进行多波长统计鉴别分析（MW-SDA），提出 LSSVM、SMLR 和 SVM 模型，建立茶叶分类、产地鉴别系统，为茶叶分类、安全溯源和产地鉴定提供理论支撑。

3. 同位素

同位素技术是将由原子核和核外电子所组成同位素（^3H、^{14}C、^{32}P 等）或其标记化合物，用科学的方法掺入所研究的对象中，检测其在生物体内变化中含量或踪迹或位置的技术。常见的技术有同位素稀释法、放射性免疫分析法、放射性自显影法等，具有灵敏、快速、准确、可定位等特点，广泛应用于遗传工程、物质代谢、生物工程和蛋白质合成等方面。

不同产区茶叶中氢、镉、氮、铅、氧、锶、碳等稳定同位素比率，表现出产地差异；采用决策树 C5.0、BP-ANN 和 FLDA 等构建模型，随地区纬度增加而同位素比率增大，尤其是决策树 C5.0 算法模型，其回代验证准确率、预测准确度分别为 91.35%、92%。不同产地的茶叶和土壤具有独特的矿物元素指纹图谱，而土壤中的矿物元素浓度是稳定的，在茶叶的地理鉴定中起着重要作用，广泛应用于追踪茶叶的地理来源。基于同位素技术，提高了模型的预测能力，可快速鉴定茶叶（未知）样品的地理来源，有效地识别茶叶产品中欺诈性错误标记，为龙井茶品牌的原产地保护和鉴定提供技术支撑；但该技术具有一定的局限性，应用时需考虑季节变化。

4. XRF

X 射线荧光光谱分析（X-ray fluorescence，XRF）是一种新兴的矿物和元素分析筛选技术，分为波长色散型和能量色散型；其原理是激发被测样品中的元素放射出特定能量或波长的二次 X 射线，利用仪器软件将探测系统所收集该射线的能量及数量等信息转换为样品中各种元素的种类及含量，有利于收集重金属污染的数据，可有效地评估农产品或土壤中重金属污染情况，广泛应用于农业、医药、地矿、工业等领域。

基于 XRF 技术，分析产品中从氧到铀范围内的元素，建立产品 XRF 指纹图谱以及矿物药真伪鉴别和质量控制分析方法，可实现农产品地理来源预测、矿物药（不含结晶水）快速鉴别和质量控制，为农产品的预测、鉴别和质量控制提供理论支撑。

5. HRM

高分辨率熔解曲线（high-resolution melting，HRM）是一种无须序列特异性探针的新型单核苷酸分析技术，可根据其熔解温度，构建不同形态熔解曲线；该方法具有通量高、成本低、速度快、结果准确、敏感性高等特点，广泛应用于序列匹配、基因分型、突变扫描、甲基化等单核苷酸多样性及其突变研究。

姜广泽等提取产品的 ITS2、rbcL、psbA-trnH 基因序列，进行扩增、测序、比对、分析，筛选出 ITS2 为其最适 DNA 条形码。基于 HRM 技术，进行 ITS2 序列比对，一管式闭合分析，快速、准确的真伪产品鉴定，为食品标签标识的检验提供技术支撑，可应用于检验更大范围的植物性茶叶掺假品。

（二）信息处理

1. 大数据分析

大数据分析（big data analysis），即对量大（volume）、速度快（velocity）、类型多（variety）、价值（value）和真实性（veracity）多变的数据进行可视化分析。

基于大数据技术，采集茶叶种植、采摘、加工、储运、经营等溯源信息，进行数据的文本分析、聚类分析、可视化分析，构建茶叶信息化溯源平台；该平台可实现产业链的全链条和全环节中信息的标准化和智能化，以及农产品市场的精准定位、卖点的精准挖掘、直播的精准选择、微信（小程序）的精准营销，提高茶叶的产地预测、品质评估、生产溯源等的精确度和准确度。

2. 图像处理技术

图像处理技术（image processing，IP），利用计算机对图像信息进行增强、恢复、识别、编码、分割、描述等的点、组、几何和帧四种处理的技术，已广泛应用于农业、工业、文化、艺术等方面。

茶叶加工、生产、审评等环节，主观性较强，误差较大；计算机技术具有客观的、精准的判断力，有效地避免了茶叶加工、质量评审、安全评价等环节的主观误差，减小质量安全监管过程中的判断误差。基于计算机图像处理技术，采集茶叶生产链全环节的有关信息，进行 HSV（色调、饱和度、色值）颜色空间的数据处理及其多维度比较分析，实现了茶叶质量安全监管的精准化和数字化。

（三）信息采集

传感器（transducer/sensor）是一种自动控制的检测装置，分为气敏、光敏、声敏及化学传感器；基于生物、化学及物理反应等原理，可自动监测溯源信息，编码为电信号等形式传递，实现信息自动化检测到显示的全过程；该装置具有多功能化、网络化、智能化等特点，避免了人为主观误差，广泛应用于资源调查、工业生产、环境保护、医学诊断、生物工程等领域。

基于传感器装置，利用二维码、射频识别技术、数据库等技术，开发了专门网站及用户查询终端，设计了茶叶"由产到销"全链条——茶园生产以及茶叶加工、仓储、销售等的功能模块，构建基于茶叶质量安全溯源系统；该系统实现了溯源信息检测、采集、处理和传递等的智能化，有效地提高平台的可控度、可信度以及溯源效率，扩大了企业的品牌价值和信誉度。

生物、光学或化学传感器具有自动化、小型化、选择性好、灵敏度高等特点，已被广泛应用于检测、鉴别、诊断、溯源等多个领域。利用 SELEX、QCM、IDA、纳米以及荧光分析和斑点分析等技术，检测潜在致畸性、致癌性的小分子化合物——丙烯酰胺（acrylamide，AA）的荧光特性和光聚合特性，进行亲和性和特异性的表征，构建荧光化学传感器、比色传感器、光学生物传感器，实现了小分子化合物的特异性检测，为检测、鉴别、诊断和预防提供了一种灵敏、先进的技术支撑。

（四）信息识别

1. RFID

射频识别技术（radio frequency identification，RFID）是一种通过无线射频（$1 \sim 100GHz$）识别特定目标数据的通信技术；该技术具有安全防盗、体积小型化、数据容量大、快速扫描、抗污耐磨、可重复使用等特点，已广泛应用于生产、流通、溯源、门禁等系统。

基于 RFID 技术，对茶叶生产、流通过程中的原材料、半成品、成品进行唯一标识；利用 Java EE、数据库等技术进行溯源数据的交互、采集、传递、共享、修改，构建 Web 安全信息管理系统。该系统实现了农产品的安全监督以及质量信息可查询、供求信息可互通、安全信息可追溯，提高追溯系统的易用性和移动性以及企业的品牌形象、市场竞争力，可为茶叶生产、流通过程的防伪识别与溯源追踪提供技术支持。

利用 RFID、Java Script、EPC 编码、碰撞算法、Web Service 等技术，串联茶叶"种植""加工""物流"等各个环节的溯源信息，确保茶叶在生产、流通过程中信息流与实物流的交互、共享，建立茶叶物流追溯体系；该系统实现茶叶从"茶园到茶杯"可视化、信息化追溯，满足消费者的知情权和体验感，提高了茶叶生产者的管理水平和响应安全机制的效率。

2. NFC

近场通信（near field communication，NFC）是一种由 RFID 演变而成的近距离高频（20cm，13.56MHz）无线通信技术；该技术可被动或主动模式读取消费类电子产品等设备载体的信息，广泛应用于信息识别、防伪、电子票务等领域。

基于 NFC 模块，采用 B/S 架构技术，构建兼容多种硬件平台和操作系统；该系统优化了农产品溯源信息存储的位置、方式和权限，克服了使用不便以及产品宣传、推广困难等问题，提高溯源信息的公正性、真实性和可靠性。

六、 信息传递

（一） GIS

地理信息系统（geographic information systems，GIS）是一种具有信息空间、可进行数据管理的计算机系统（图 1-13）；该系统具有数字化、可视化、多空间等特点，以地理空间为基础，采用地理模型方法，进行数据的采集、储存、运算、分析等；可实时监测多空间、动态的数据信息，已广泛应用于环境保护、资源管理、科学调查、发展规划等领域。

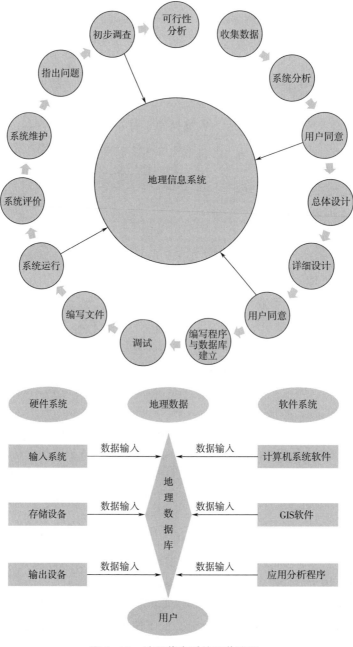

图 1-13　地理信息系统工作流程

以 GIS 技术为基础，利用 VisualC#、ArcGIS Engine、PostgreSQL、EAN/UCC、Eclipse 等技术，可进行生产基地大气环境监测以及农产品的信息标识、产地定位、优化生产基地的选址、布局等规划，改良产地身份码、生产信息码、流通追溯码的编码方法，建立农产品溯源系统；该系统有效地促进环境友好型农业的发展，实现溯源信息的存储、获取、编码、标识等的信息化、全程化、精确化和数字化，为农业信息化和地方经济发展提供技术支撑。

（二）WebGIS

网络地理信息系统（web geographic information systems，WebGIS）是一种基于 Web 技术扩展、完善、延伸和发展的地理信息系统；该系统具有传统 GIS 及其大众化、全球化、交互性、可扩展性等特点，可实现空间数据的检索、查询、传递、交互、共享等操作，已广泛应用于地理信息、环境监测等领域。

以 WebGIS 技术为基础，利用 SQL Server、.NET、Eclipse、ArcGIS 和 JSP 等技术，采集生产经营数据和质量安全数据，建立溯源系统；该系统实现了生产基地的信息化监管、溯源信息的可视化查询，为农产品的 WebGIS 溯源系统提供参考。

基于 WebGIS 技术，采用 B/S 架构、ASP.NET 语言、ArcGIS Server、数据库、Flex 和 iOS 等技术，进行茶叶生产过程中采摘、施肥、农药、加工等整个茶叶产前-产中-产后溯源信息的采集、处理、识别、传递、管理，实现了产地环境、茶园管理、加工现场等安全评价、远程管理、辅助诊断、实时定位、视频监控，可为管理者提供可视化的茶园产地等实时气象、视频监测，为生产者、管理者、消费者等提供综合信息服务平台。

（三）云计算

云计算（cloud computing，CC）是一种通过无数服务器依次处理大数据计算的若干分解小程序获得结果汇总反馈给用户的类似网格或分布式计算模式。该模式具有网络资源丰富、基础软/硬件可靠、构建/管理成本低等特点，改变信息技术服务架构，有效解决相关机构平台或硬/软件等基础设施的成本高、能耗大、运维难的问题，为人工智能、物联网、大数据等领域提供技术支撑，极大地延伸了产业链和产业生态。

以云计算为基础，利用 Android、Web 等技术，优化的存储算法，开发数据交互层，实现了溯源数据采集、传递、交互、共享，建立溯源系统的各功能模块，为相关人员扫描溯源码获得溯源信息提供较强的实用性和一定的理论基础。基于物联网和云计算技术，搭建产业链安全溯源平台，可实现对农产品产业链基本信息的监控和溯源。基于云计算 SaaS 服务模式，可降低建设和维护溯源系统成本，有效地提升品牌价值，促进企业的产业化、品牌化。

（四）可视化技术

可视化技术是一种科学计算、数据和信息等可视化的软件技术，可分为操作系统、可视化软件开发工具和可视化应用软件三个层次；其核心是实现地理空间信息的可交互、可视、直观环境，广泛应用于农业、工业、医疗等领域。

基于可视化技术，采用面向对象、SSM 框架、PDA 端、Web 端、uni-app 框架、区块链等技术，进行系统需求的分析、静态模型的构建以及总体架构和功能模块设计，建立 Web 端、微信小程序端和 PDA 端三个子系统，实现了食用农产品溯源信息追溯系统的可视化。

七、　信息监管

基于 B/S 架构，采用二维码、Java、SQL Server 2008 等技术，建立农产品质量安全现代化管理平台，实现了农产品的生产、检测和销售各环节信息传递、查询、交互、监管、执法、投诉等功能。

基于 ASP. NET 服务器，采用 C#语言、B/S 构架、SQL Server 2008 数据库、QC Code 编码，构建了农产品质量安全溯源系统，实现了农产品流通、质量检测等环节的监控。

基于移动互联网和 6LoWPAN 无线传感网，采用 Java UDP 编程技术、Java EE 技术、Android 移动开发技术、MySQL 数据库，进行数据采集、处理、展现和存储，建立新型的农产品监测系统；该系统可采集、标识、传递和展现农作物生长环境因素的实时数据，进行分析和监测信息，为管理人员监控农产品生产提供技术支持。

基于 J2EE 技术，采用 B/S、Eclipse、TomcatJ2EE、MySQL、Web、Struts、Hibernate、JSTL/EL 等，建立农业产品质量追踪溯源系统，实现了农产品的生产、流通和消费等全程信息共享，有利于管理人员对产品质量安全的监管。

基于 RFID、传感器、二维码等技术，建立茶叶质量溯源系统，可查询农产品生产中各环节信息，提高了农产品的质量安全监管力度，实现茶叶生产、流通整个环节的追溯、监测、监管、执法等。

以物联网为基础，采用 RFID、EPC、编码等技术，建立茶叶溯源系统，确保茶叶生产、销售过程中信息流与实物流的交互、共享，实现了茶叶规范、高效的监管、监测，为茶叶质量安全追溯体系的构建提供参考借鉴。

基于 WebGIS 技术，采用 B/S 模式、C#语言、NET 架构、ArcIMS、ArcSDE、双重编码等技术，进行茶叶基地规划、企业管理、数据处理等监控、分析，实现了茶叶"从茶园至茶杯"的信息化、可视化和数字化溯源。

茶叶质量安全体系

第一节 茶叶质量安全标准体系

一、茶叶质量安全标准体系概述

(一) 相关概念

1. 标准定义

标准是以科学、技术和实践经验的综合成果为基础，经有关方面协商一致制定，由主管机构批准，在一定的范围内获得最佳秩序，对活动或其结果规定共同重复使用的规则、导则或特性的文件。标准编号用标准代号+发布的顺序号和年号表示，如 GB/Z 21722—2008 中"GB/Z"是标准代号，表示国家标准化指导性技术文件，"21722"是顺序号，"2008"是发布的时间。

2. 标准体系

标准体系是指与实现某一特定的标准化目的有关的标准，按其分级和属性等基本要求所形成科学的有机整体，反映了标准之间相互连接、相互依存、相互制约的内在联系。

(二) 标准分类

1. 按标准适用的范围分类

按标准适用的范围可分为国际标准、区域标准、国家标准、行业标准、地方标准、企业标准等层次，详见表 2-1。

表 2-1   按标准适用范围分类

标准类别	简介
国际标准	主要包括 CAC（国际食品法典委员会标准）、EN（欧洲标准）、EC（欧盟法规）、ISO（国际标准化组织）等
区域标准	即世界某一区域适用的标准。对于我国缺乏标准的区域来说，区域标准由标准化委员会制定，并报有关部门备案，且有国家标准或行业标准公布后即刻废止

续表

标准类别	简介
国家标准	由国家标准团体依照全国统一技术要求制定。常见国家标准代号：CB、ANSI、BS、NF、DIN、JIS 等；我国常见标准代号：GB、JJF、JJG、GHZB、GWPB、GWKB、GBJ、GJB
行业标准	由行业标准化团体制定，常见行业标准代号有 ASTM、LR 等。对于我国某些缺乏国家标准的行业来说，应按某个行业统一技术要求制定标准，待国家标准公布实施后该行业标准即行废止
地方标准	由某个国家的地方部门制定并实施的标准。对于我国缺乏统一标准的地区来说，地方标准由省级标准化委员会按要求统一组织制定，在公布国家或行业标准后即刻废止。常见中国地方标准代号由"DB"加上区域代码前两位数字表示，如"DB52"代表贵州省地方标准
企业标准	即由企事业单位按统一技术、管理和工作要求自行制定的标准。常见中国企业标准代号有 Q 等
技术文件	某些需要有相应的标准文件引导其发展或使其具有标准化价值的技术，尚不能制定为标准的项目，或采用国际标准化组织及其他国际组织的技术标准的项目，可以制定国家标准化指导性技术文件。常用"/Z"表示，如"GB/Z 21722—2008"

2. 按标准的性质分类

按标准的性质可分为基础标准、技术标准、管理标准和工作标准，详见表 2-2。

表 2-2　　　　　　　　　　按标准的性质分类

标准类别	简介
基础标准	在一定范围内作为其他标准的基础并普遍使用，并具有广泛指导意义。常见基础标准有术语、符号、代号、代码、计量与单位标准等
技术标准	对标准化领域中需要协调统一的技术事项所制定的标准，常见技术标准有基础技术标准、产品标准、工艺标准、检测标准以及安全、卫生、环保标准等
管理标准	对标准化领域中需要协调统一和资源分配等管理事项所制定的标准。常见管理标准有管理基础标准、技术管理标准、经济管理标准、行政管理标准、生产经营管理标准等
工作标准	对工作的责任、权利、范围等所制定的标准，常见工作标准有部门和岗位（个人）工作标准

3. 按标准法律的约束性分类

按标准法律的约束性将国家标准和行业标准分为强制性标准和推荐性标准，详见表 2-3。

表 2-3　　　　　　　　　　按标准法律的约束性分类

标准类别	简介
强制性标准	国家通过法律形式明确要求对标准所规定的技术内容和要求必须执行，不允许以任何理由或方式加以违反、变更的国家标准、行业标准和地方标准
推荐性标准	国家允许使用单位结合自身情况，自愿采用具有普遍指导作用的、不宜强制执行的标准。常在国家标准或行业标准代号后增加"/T"表示，如 GB/T 或 QB/T 等

4. 按标准化的对象和作用分类

按标准化的对象和作用分类可分为产品标准、方法标准、安全标准、卫生标准和环境保护标准，详见表 2-4。

表2-4 按标准化的对象和作用分类

标准类别	简介
产品标准	为保证产品的适用性，对产品必须达到的某些或全部特性要求所制定的标准，主要包括品种、规格、技术、实验、检验、包装、标志、运输和储存等要求
方法标准	以实验、检查、分析、抽样、统计、计算、测定、作业等各种方法为对象而制定的标准
安全标准	以保护人和物的安全为目的而制定的标准
卫生标准	为保护人的健康，对食品、医药及其他方面的要求而制定的标准
环境保护标准	为保护环境和有利于生态平衡，对大气、水体、土壤、噪声、振动、电磁波等环境质量、污染管理、监测方法及其他事项而制定的标准

（三） 标准制定

制定标准应遵循三个原则：

（1）要从全局利益出发，认真贯彻国家技术经济政策；

（2）充分满足使用要求；

（3）有利于促进科学技术发展。

标准制定流程如图 2-1 所示。

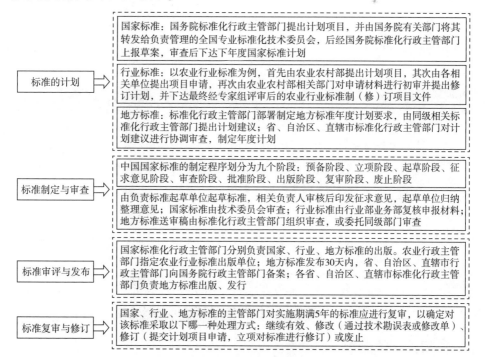

图 2-1 标准制定流程

（四）相关组织机构

1. 茶叶相关国际组织机构

与茶叶相关的国际组织机构详见表2-5。

表2-5 茶叶相关的国际组织机构

名称	简介
国际食品法典委员会（CAC）	由联合国粮食及农业组织（FAO）和世界卫生组织（WHO）共同建立，以保障消费者的健康和食品贸易公平为宗旨。法典包括在售的加工、半加工食品或食品原料的标准等或其他指导性条款，以及有关食品卫生、污染物、食品添加剂、农药残留等方面的通用条款、准则
国际植物保护公约（IPPC）	1951年FAO通过的一个有关植物保护的多边国际协议，1952年生效。目的是确保全球农业安全，并采取有效措施防止有害生物随植物和植物产品传播和扩散。由于认识到在植物卫生方面所起的重要作用，WTO/SPS协议规定IPPC为影响贸易的植物卫生国际标准的制定机构，并在植物卫生领域起着重要的协调一致的作用
国际标准化组织/农产食品委员会（ISO/TC34）	主管农产食品类国际标准制修订工作，由13个技术委员会组成，以"在全世界范围内促进标准化工作的发展，以便于国际物资交流和服务，并扩大在知识、科学、技术和经济方面的合作"为宗旨。ISO/TC34标准体系分13个子体系，由方法标准、指南、技术规范和基础标准组成

2. 中国茶叶质量行政监管体制

茶叶属于农产品的一类，中国农产品质量安全行政管理采取多部门分段和统一相结合的农产品质量监管体制，分别由农业农村部、国家市场监督管理总局等组成部门和直属机构进行共同管理（表2-6）。

表2-6 中国茶叶质量行政监管体制

层级	简介
中央层级	国务院设立食品安全委员会，对农产品安全监管工作进行协调和指导。农业农村部负责农产品质量安全监管，国家市场监督管理总局对生产、流通等环节的食品和药品的安全性、有效性实施统一监督管理。国家卫生健康委员会负责食品安全风险评估和食品安全标准制定
地方层级	由各级地方人民政府统一负责领导、组织、协调本级行政区域的食品安全监督管理工作，确定本级卫生行政、农业行政、食品药品监督、质量监督、工商行政管理部门的农产品质量监督管理职责

二、 中国茶叶质量安全标准体系

（一）相关法律法规

茶叶质量安全标准制定的相关法律法规详见表2-7。

表2-7 相关法律法规

法律法规		内容与要点
中华人民共和国农产品质量安全法	内容	2006年11月1日正式实施，该法的施行有效地从源头上保障农产品质量安全，维护公众的身体健康，促进农业和农村经济的发展
	要点	以强化产地检测、源头控制为基本出发点；以推行标准化生产和规范化管理为主要手段；以质量安全追溯制度为突破口。推进产品认证，构建农产品质量安全监管体系，保护消费者知情权
中华人民共和国食品安全法实施条例	内容	2009年7月8日国务院第73次常务会议通过。该条例有利于进一步落实企业的食品安全，强化政府及其有关部门的监督工作，有效配合食品安全法的实施，从制度上改善我国食品安全状况，切实提高食品安全整体水平
	要点	该条例共有10章，包括总则、食品安全风险检测和评估、食品安全标准、食品生产经营、食品检验、食品进出口、食品安全事故处置、监督管理法律责任和附则
无公害农产品管理办法	内容	2002年4月29日农业部、质检总局令第12号公布，自发布之日起施行。本办法为加强对无公害农产品的管理，维护消费者权益，提高农产品质量，保护农业生态环境，促进农业可持续发展
	要点	内容涵盖总则、产地条件与生产管理、产地认定、无公害农产品认证、标志管理、监督管理和责罚
中华人民共和国认证认可条例	内容	分总则、认证机构、认证、认可、监督管理、法律责任、附则共7章78条
	要点	遵循客观独立、公正公开、诚实信用的原则，国家鼓励平等有利的开展认证认可国际互认活动；认证认可国际互认活动不得损害国家安全和社会公共利益，从事认证认可活动的机构及其人员，对其所知悉的国家秘密和商业秘密负有保密义务
有机产品认证管理办法	内容	2004年11月5日国家质检总局令第67号公布，并于2005年4月1日实施
	要点	设立有机产品认证机构的认可制度、有机产品认证检查员的注册制度、有机产品出口管理制度、有机产品进口管理制度、有机产品认证监督检查制度等

（二）茶叶质量安全标准体系

建立完善的茶叶质量安全标准体系，采取积极有效的应对措施，解决各体系建设中存在的问题，详见表2-8。

表2-8 茶叶质量安全标准体系建立标准

层级		内容
农业标准体系建设方面	考虑因素	主要考虑标准的先进实用、系统配套和贸易发展需要
	解决问题	在合理规划基础上，加大标准清理和修订力度，解决标准陈旧、技术指标落后、配套性和可操作性差、针对性不强、重点不突出等问题
		参照国际通行做法，将现行强制性标准转化为技术法规
		积极参与国际标准化活动，对标准实施动态管理
体系构筑方面	考虑因素	主要考虑构筑具有较强竞争力的农业产业体系的需要
	解决问题	积极推进优势农产品区域布局，解决我国农业生产力布局不合理、结构雷同的问题，把各地的资源和区位优势发挥出来
		进一步加强农业标准化示范区建设，推进优势农产品区域化种植（养殖）和标准化生产
		大力开展农业产业化经营，发挥龙头企业和农村合作经济组织在标准化生产方面的带动作用，解决"小农户"与标准化生产的矛盾
		严格规范农业投入品的生产、经营和使用行为，解决常规实用技术的使用与农产品质量安全的矛盾
		加大环境监管力度，为实施标准化生产、提高农产品质量安全水平创造条件
完善农产品质量安全管理体系方面	考虑因素	主要考虑农产品质量安全管理、农业贸易发展的需要
	解决问题	健全和完善技术法规体系，制定和修改相关的法律法规，建立风险评估制度等，为农产品质量认证、检验检测和监管工作提供法律制度保障
		整合现有农产品质检资源，加强检验检测技术研究，形成层次清晰、布局合理、职能明确、反应快捷的农产品质量检验检测服务体系
		建立以产品认证为重点，产品认证与体系认证相结合的认证体系，实行统一国家认可制度，培育符合要求的农产品认证机构，寻求质量认证的国际合作和国际相互认可，促进农业贸易的开展
		建立农产品质量安全预警和溯源系统等管理系统，提高预防和控制能力
		加强对检验检测和认证机构的管理，确保其工作能够客观、公正地进行

（三）茶叶质量安全标准制定情况

茶叶质量安全标准制定情况详见表2-9。

表 2-9　　　　　　　　　　　　茶叶质量安全标准制定情况

分类		内容
标准体系框架	涉及行业	各级农业行政管理部门组织负责农、林、牧、副、渔等领域的国家、行业及地方标准制订
	标准范围	从原有的农作物种子、种畜禽品种发展到农产品生产的全过程
	标准内容	从产品标准延伸到关键技术、生产加工过程、产品质量安全、包装贮运等环节
	行业标准	农业农村部组织制定了无公害食品行业标准、绿色食品行业标准和有机食品行业标准
农业标准水平		高新技术的使用使一些标准达到了国际水平，如我国的小麦标准，在"容重"这一主要技术指标上，我国标准参数要求远比 ISO 标准要求严格得多，水分等指标也比 ISO 标准要求严格
农业标准化队伍		农业农村部设立了相应的标准化管理机构，并筹建了一批专业性农业标准化技术委员会，其成员近 1500 人。近年来，初步建成了一支以研究、技术人员为主体，老、中、青相结合的农业标准制（修）订人才队伍，其中首席专家就有 2000 余人，各类专家近 15000 余名
农业标准国际化		我国政府每年选派 50 名以上专家和技术人员参与国际法典委员会活动，参与农产品国际质量标准和安全卫生标准的制定工作；自 2001 年，农业部对食品法典标准进行了系统跟踪、翻译和分析工作，为维护我国农产品国际贸易的合法权益和加大国际标准采用力度奠定了基础
体系运行取得成效		通过标准引导农业结构调整、示范区建设加快标准实施、认证与执法检查推动标准应用；农产品质量安全标准体系已成为指导农产品生产、推动农业依法行政、发展农产品国际贸易的重要技术依据，成为提高我国农产品质量、降低生产成本、保护和合理利用农业资源的技术保障

三、　欧盟茶叶质量安全标准体系

（一）相关法律法规

欧盟立法分为一级立法（基础条约）和二级立法（派生条约）。欧盟技术法规主要由条例、指令和决定等类别的法律文件组成。欧盟委员会依据《建立内部市场白皮书》（1985年）的技术措施，构建了欧盟技术法规体系：行业技术协调措施（旧方法指令，非欧盟成员国适用）和技术协调与标准新方法（新方法指令）。

从 20 世纪 60 年代起，当时的欧洲共同体的食品立法主要采取了针对具体产品的纵向措施和只提出保护消费者基本健康和安全要求的横向措施。涉及茶叶的法规指令主要是"食品控制指令（EC882/2004）"，而其中与茶叶相关度最高的农残法规是其子指令 EC396/2005，欧盟法规对茶叶中农药残留限量要求共 468 个。

由于欧盟对所有的法规指令均实施动态管理，根据欧盟对贸易的需要及食品安全控制的需要，会不定期对指令进行修订。2012 年，欧盟委员会对法规《EC396/2005 动植物源性食品及饲料中农药最高残留限量的管理规定》进行了 8 次修订，对其附件Ⅱ［制定的农药最大残留限量值（MRLs）的清单］、附件Ⅲ［暂定农药最大残留限量值（MRLs）的清单］中的相关产品的农药残留限量进行了调整，同时还首次公布了附录Ⅴ（残留限量默认标准不为 0.01mg/kg 的农药清单）。

（二）茶叶质量安全标准体系

1. 检测方法的改变

很多农药残留难溶于水，但是出口的茶叶要将其粉碎再进行检测。目前，国内检测农药残留的方法达不到国际水平。日本依据新规将"茶汤检测法"改为"全茶溶剂检测法"，并明确规定若农药残留超过设限标准将被视为违法。

2. 检测项目逐步增加

《新茶叶农药残留限量标准》自 2000 年 7 月 1 日起施行以来，几乎每年度欧盟都要对其进行修订，因此最为严格。1988 年规定的农药残留仅 6 种；2004 年初，新增到 134 项；2006 年 1 月起，增加到 210 项；2014 年 8 月 25 日正式实施的 EU87/2014 指令，茶叶检测指标增加到 480 多个，其中还有 6 个必测指标，含量都不能超过 0.1mg/L。

（三）茶叶质量安全标准制定情况

欧盟是目前世界上农药最高残留限量（MRL）标准最严格的地区之一。

1. 欧盟法规 EU270/2012

欧盟法规 EU270/2012 于 2012 年 3 月 26 日公布并实施。该法规对附录Ⅱ中的 3 种农药残留和附录Ⅲ中的 5 种农药残留限量进行了调整，同时在附录Ⅲ中增加了氟吡菌酰胺（fluopyram）和甲咪唑烟酸（imazapic）两种杀菌剂的暂定限量要求，其中茶叶的限量均为 0.01mg/kg。

2. 欧盟法规 EU322/2012

欧盟法规 EU322/2012 于 2012 年 4 月 16 日公布并实施。该法规对附录Ⅱ中的 2 种农药残留和附录Ⅲ中的 2 种农药残留限量进行了调整，同时在附录Ⅲ中增加了杀菌剂二甲戊乐灵（pendimethalin）的暂定限量要求，其中茶叶的限量为 0.01mg/kg。

3. 欧盟法规 EU441/2012

欧盟法规 EU441/2012 于 2012 年 5 月 24 日公布并实施。该法规对附录Ⅱ中的 7 种农药残留和附录Ⅲ中的 13 种农药残留限量进行了调整。其中涉及茶叶的有乙螨唑（etoxazole）、噻虫胺（clothianidin）、噻虫嗪（thiamethoxam）。同时在附录Ⅲ中增加了杀菌剂硫线磷（cadusafos）的暂定限量要求，其中茶叶的限量为 0.01mg/kg。

4. 欧盟法规 EU592/2012

欧盟法规 EU592/2012 于 2012 年 7 月 4 日公布并实施。该法规对附录Ⅱ中 2 种农药残留和附录Ⅲ中的 6 种农药残留限量进行了调整。其中附录Ⅲ茶叶中的噻螨酮（hexythiazox）的标准由 0.05mg/kg 放宽为 4mg/kg。

5. 欧盟法规 EU899/2012

欧盟法规 EU899/2012 于 2012 年 9 月 21 日公布，并于 2013 年 4 月 26 日实施。该法规对附录Ⅱ中 17 种农药残留和附录Ⅲ中的 4 种农药残留限量进行了调整。

另外，该法规还公布了法令 EC396/2005 中的附录Ⅴ和附录Ⅲ，即残留限量默认标准不包括 0.01mg/kg 的农药清单，将附录Ⅱ中的 22 种农药纳入其中，同时，还对呋线威、乳氟禾草灵的、灭锈胺、久效磷、灭草隆、毒草胺、敌百虫、十三吗啉、氟乐灵在茶叶中的限量进行调整。

上述法规的调整实施已经对我国茶叶出口带来了直接影响。据统计，2012 年出口欧洲茶叶量较 2011 年下降 3%，被通报批次达到史无前例的 34 批次，涉及的货物均被退运或销毁，对我国茶叶输欧产业冲击巨大。

第二节　茶叶质量安全检测体系

一、 中国茶叶质量安全检测体系

中国茶叶质量安全检测体系具体内容详见表 2-10。

表 2-10　　　　　　　　　　　中国茶叶质量安全检测体系

分类	内容
管理机构和职能	国务院食品安全委员会负责组织协调政府各主管部门对我国食品安全的监管，为食品安全政策的制定提供建议，提出食品安全保障机制，并宣传食品安全政策法规知识，调查评估食品安全状况并提出改进措施
机构类型和组成	整合统一成一个独立的食品安全管理机构，彻底解决机构重复和管理区域问题；按照农产品产业链的环节进行分工，服从统一的农产品安全标准体系
机构管理和认可机制	由各级政府负责所辖区域的农产品安全监管工作，实行主管领导负责制；地方监管机构必须按照国家标准进行检验监测；以国家标准或国际标准进行监管农产品的流通；没有国家标准的，各地可以按照地方标准进行监管
体系运行情况	依据《中华人民共和国食品卫生法》和《中华人民共和国产品质量法》实施茶叶质量安全管理和执法，部分地区需制定地方性法规。为了规范农产品质量安全管理工作，于 2006 年正式颁布《中华人民共和国农产品质量安全法》。到目前为止，《中华人民共和国农产品质量安全法》《中华人民共和国环境保护法》《中华人民共和国食品卫生法》等一系列法律法规构成了我国农产品质量安全管理的法律体系，为茶叶质量安全管理提供了法律依据

二、 欧盟茶叶质量安全检测体系

欧盟茶叶质量安全检测体系具体内容详见表 2-11。

表 2-11 欧盟茶叶质量安全检测体系

分类	内容
管理机构和职能	有机产品认证检测机构以官方检测机构为主，私人检测机构为辅，官方或官方认可的检测检验属于具有根本重要性而广泛使用的食品管理方式。欧盟政府以危害分析的临界控制点（HACCP）系统为基础进行检测，且在任何可能发生危害的环节都能进行检测
机构类型和组成	瑞士生态市场研究所（IMO），于 1990 年在瑞士注册，是欧盟对有机产品认证最严苛且最具权威的认证机构。按照欧盟 834/07 和欧洲 889/08 法规规定，IMO 提供有机产品和其交易的认证服务，对其生产中的各环节进行检测，各检测指标均需要达到欧盟标准。同时，IMO 可依据美国国家有机项目（NOP）和日本有机农业标准（JAS）从事有机认证，统一农产品安全标准体系
机构管理和认可机制	瑞士生态市场研究所为有机食品加工和贸易，包括农产品，水产养殖产品，木材纸制产品，以及公平贸易等提供全方面的检查和认证。其中认证证书在世界范围得到高度评价和认可
体系运行情况	瑞士生态市场研究总部位于瑞士，是 20 多年来最有经验的国际认证机构。其拥有 9 个国际公司和 20 多个办事处（主要在发展中国家），遍布 90 个国家/地区，并在全球聘用了 400 多名专家为大约 70 种不同的生态和社会标准提供认证服务
对完善我国茶叶质量安全检测体系的启示	对于出口茶叶的企业而言，需大力投资原料基地建设及企业自检自控能力，严把原料质量安全关，掌握茶叶种植场农药使用情况和茶叶原料农残状况，确保茶叶质量符合欧盟要求 对于农业主管部门而言，需要尽快完善茶园农药登记制度，加快低毒、低残留农药的研发和替代工作，及时淘汰不符合市场要求的农药品种。同时，加强对茶农用药的指导和检查，避免违规和不合理使用农药 对于行业协会而言，需要充分发挥行业纽带作用，通过行业协会的宣传、管理和规范，进一步提高企业诚信经营意识，强化行业自律，规范行业经营秩序，从根本上解决企业间相互压价的恶性竞争，维护出口茶叶行业健康发展 对于技术贸易措施应对相关政府部门而言，需要建立快速应对反应机制，加强对技术性贸易措施信息的收集、解读和研究，及早发布预警信息。同时，要不断提升社会公共机构的研究及应对能力。当进口国利用技术壁垒对我国出口茶叶造成影响时，应加大交涉力度，努力消除影响，保护我国茶叶顺利出口

第三节　茶叶质量安全管理体系

一、中国茶叶质量安全管理体系

（一）茶叶质量安全管理体制

1. 成立国务院食品安全委员会

根据《中华人民共和国食品安全法》规定，为贯彻落实食品安全法，切实加强对食品安全工作的领导，2010年2月6日决定设立国务院食品安全委员会，作为国务院食品安全工作的高层次议事协调机构。

2. 明确农产品安全管理机构的分工

（1）将目前分散在各部门的食品安全管理机构完全整合为独立的食品安全管理机构，彻底解决重复管理、无管理区域的问题。

（2）国家食品药品监督管理总局（CFDA）根据食品类别划分各部门的工作，按照质检、卫生、农业等相关部门的现有监管体系及能力划分；各部门对所管农产品进行全方位独立监督，其他部门无权干涉。

（3）在现有管理体制的基础上稍作调整，仍按农产品产业链的环节分工；国家食品药品监督管理总局组织质检、卫生、农业等部门研究并制定具体分工方案。

（二）茶叶质量安全标准与法律法规体系

随着"无公害食品行动计划"的全面实施，明显存在缺乏法律体系、监管制度等现象，迫切需要一部全面的法律来具体规范农产品的质量和安全管理。为此，农业部于2002年向国务院提出《中华人民共和国农产品质量安全法》，国务院于2003年正式将该法纳入立法计划。历时三年，2006年4月29日第十届全国人民代表大会常务委员会第二十一次会议审议通过，2006年11月1日正式实施。

到目前为止，我国农产品质量安全管理的法律体系由《中华人民共和国农产品质量安全法》《中华人民共和国产品质量法》《中华人民共和国农业法》《中华人民共和国动物防疫法》《中华人民共和国食品卫生法》《中华人民共和国环境保护法》和《中华人民共和国水污染防治法》等法律法规构成，为农产品质量安全提供了法律保障。

（三）茶叶质量安全监督制度及措施

1. 发挥地方农产品安全管理体系的作用

建立中央与地方政府相互独立和协作的农产品质量安全网络；积极发挥地方农产品质量安全监管体系的作用，实行主管领导责任制。

2. 建立良好的沟通机制

主体的自我规范与监管是决定农产品质量安全的内在因素，政府及社会监督管理则是外在约束。必须以政府部门监管为主并重视发挥社会力量的作用，进行农产品市场的监督以及相关信息和农产品安全技术的推广。

（四）茶叶质量安全管理存在的主要问题和对策

1. 存在的主要问题

（1）体系构建不够完善；

（2）对标准的修订不及时；

（3）未培育农业标准化制定主体；

（4）未构建标准化实施网络；

（5）未建立健全农业标准化法律法规体系；

（6）未完善标准投入机制；

（7）未培育标准化人才队伍。

2. 应对对策

（1）构建完善体系；

（2）对标准进行及时修订；

（3）培育农业标准化制定主体；

（4）构建标准化实施网络；

（5）建立健全农业标准化法律法规体系；

（6）完善标准投入机制；

（7）培育标准化人才队伍、参加国际标准化活动。

二、 欧盟茶叶质量安全管理体系

（一）茶叶质量安全管理体制

茶叶质量安全管理体制如图 2-2 所示。

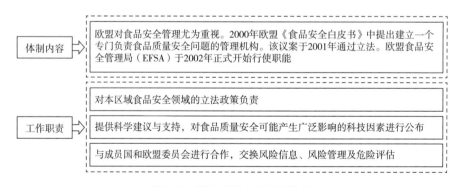

图 2-2　茶叶质量安全管理体制

（二）茶叶质量安全标准与法律法规体系

1. 茶叶产品标准法规的制定背景

随着各国经济在单一市场内的不断统一、市场和食品加工的发展，以及新的包装与流通形式的出现，欧盟有必要制定新的综合统一措施和标准。而实施的技术壁垒主要通过技术标准和法规、产品质量认证与合格认定、标签和包装以及绿色技术壁垒等来实现。

2. 茶叶产品标准法规体系

茶叶产品标准法规体系如图 2-3 所示。

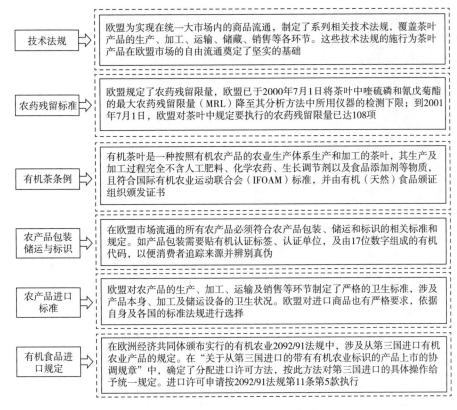

图 2-3 茶叶产品标准法规体系

(三) 茶叶质量安全监督制度及措施

茶叶质量安全监督制度及措施如图 2-4 所示。

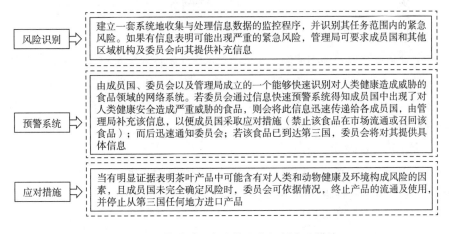

图 2-4 茶叶质量安全管理监督制度及措施

(四) 茶叶质量安全管理存在的主要问题和对策

1. 存在的主要问题

(1) 未构建系列标准;

（2）未合理规划优势产区；

（3）未建立示范基地；

（4）未加强市场管理；

（5）未完善标管理措施；

（6）未培育标准化人才队伍。

2. 应对对策

（1）构建系列茶叶加工标准；

（2）合理规划产区，形成质量优势；

（3）建立示范基地，提高质量安全认识；

（4）加强市场管理，提高市场竞争力；

（5）完善管理措施，加强过程控制；

（6）开展技术培训，培育标准化人才队伍。

第四节　茶叶质量安全风险分析

风险分析（risk analysis，RA）是在参考相关因素的前提下，评估影响食品质量和安全的各种生物、物理和化学危害，定性或定量地描述其风险特征，提出并实施管理风险的措施，使风险信息进行交流的过程。

茶叶质量安全风险分析的主要目的是保护公众健康，使消费的茶叶在安全性风险方面处于可接受的水平。风险分析主要包括三个部分：风险评估、风险管理和风险交流。

一、　风险评估

（一）风险评估概念

风险信息评估即采取各种相关信息及科学技术方法定性或定量描述危害人体健康的某环节的评估方法。风险信息评估由不同学术背景专家组成，包括病理学家、毒理学家、化学家、药理学家、营养学家等，风险信息评估本身存在不确定性，且由于评估方法、数据缺乏及有效性等问题的制约，也为风险信息评估带来偏差。

（二）风险评估内容

茶叶的危害因素主要来源于化学性、生物性和物理性的危害。目前，化学危害（茶叶中的农药残留、重金属及有机物污染、化学肥料等）和微生物（寄生虫、病毒和病原菌等微生物危害）的风险评估是茶叶风险评估的重点领域。

1. 风险评估的范围

（1）制定或修订国家安全标准的评估；

（2）检验可能存在安全隐患的评估；

（3）有关部门提出相应的例行评估；

（4）法律法规的规定评估。

2. 有关管理部门根据需要提出风险评估的建议

相关监督管理部门根据以下方面的需要，可以提出风险评估的建议，同时并尽可能提供相关的安全风险监测信息、科学数据以及其他有关信息。

（1）发现某一茶叶及原料、添加剂和相关产品可能有安全性隐患的；

（2）因科技发展需求，对某一茶叶危害因素进行重新评估的；

（3）为确定茶叶质量安全监督管理的重点领域和品种而需要评估的。

3. 下列情形可作出不予风险评估的决定

对于以下情形之一，经国家相关部门提出意见的，可以不对其进行评估，除非发现新的科学依据，证明仍有必要进行风险评估的，应重新作出风险评估的决定。

（1）依法采取措施能够解决茶叶生产经营过程中存在的违法行为；

（2）缺乏评估必要性的茶叶产品，如安全风险系数过低或以简单风险管理方式能够解决的；

（3）国际上已认可的风险评估结果，并且适合我国的膳食暴露模型。

4. 风险评估时应向提出风险评估的部门收集的信息

（1）危害的性质、涉及的茶叶数量和分布范围；

（2）危害进入茶叶的途径和含量；

（3）危害可能引起的健康问题；

（4）危害涉及的人群和数量；

（5）国内外现有的监督管理措施；

（6）其他与风险评估相关的信息。

（三）风险评估等级

风险分级管理是以风险分析为基础，结合食品生产经营者的安全监管能力及记录情况，依据风险评估指标，划分风险等级，对其实施监督管理，是一种有效监管安全风险，提升监管资源利用率，促进茶叶生产经营者确保主体安全责任的重要方式。

茶叶生产经营者风险等级可从低到高分为 A 级、B 级、C 级、D 级四个等级（表 2-12）。食品药品监督管理部门可依据茶叶生产经营者年度监督管理记录，调整生产经营者风险等级。

表 2-12 风险评估等级划分

风险分值	风险级别
0～30	A
31～45	B
46～60	C
≥60	D

注：静态风险因素量化风险分值为 40 分，动态风险因素量化风险分值为 60 分；分值越高，风险等级越高。

（四）风险评估步骤

风险信息评估包括四个步骤，即危害信息识别、危害信息特征描述、暴露评估、风险特征描述。

1. 危害信息识别

危害信息识别属于定性风险信息评估，指对可能存在于特定食品或食品类别中具有导致有害作用的生物、化学和物理等因子的识别，以及对其所带来的影响或后果的定性描述。

其目的在于确定人体摄入危害物的不良作用的可能性以及确定性与不确定性，采用证据加权法，以已证实的科学结论来获取危害程度的依据。

2. 危害信息特征描述

危害信息特征描述是指定性或定量评估食品中存在的不利于人体健康的危险物质。通常用剂量-反应评估分析化学危害因子；若数据足够时对物理和生物危害因子也应进行剂量-反应评估。

剂量-反应评估（dose-response assessment，DRA）是指进行风险评估时，用数学关系对人体摄入的危险物质剂量和产生不良影响的可能性进行描述。

3. 暴露评估

暴露评估是指对于食品中暴露的物理、生物和化学等有害因子以及经其他途径接触的危害物质的可能摄入剂量的定性和（或）定量评价。进行暴露评估分析时，需要将食品原料添加到整体食品环境的危害水平，以此来追踪其生产链中的危害水平变化。特定时期内实际消费食品中的危害暴露是以这些数据与目标人群的食品消费模式相结合来评估的。

4. 风险信息特征描述

风险信息特征描述是指对特定人群在不同暴露情况下对人体健康潜在风险的信息估计。具体来说，是指以危害信息识别为基础，编辑和整合暴露评估阶段所得的相关信息数据，并形成风险信息评估结果的过程。

二、 风险管理

（一） 风险管理概念

风险管理依据风险评估结果，采取合适的预防监管措施，使农产品风险的控制发挥最大效力，有效确保公众健康及加强贸易公平。

我国已经加入世界贸易组织（world trade organization，WTO），危险性管理应该按照国际规则来进行。严格禁止滥用不合理的措施限制贸易，依据风险评估技术，采取保护措施，确保风险管理决策的透明度。CAC 系统的危险性分析有许多部门执行，其领域如下。

（二） 风险管理范围

1. 化学污染物

主要包括天然毒素（如霉菌毒素）和工业与环境产生的污染物（包括重金属和不易降解的氯化联苯等致癌物质）。暂定每周耐受摄入量（PTWI）或暂定每日最大耐受摄入量（PMTDI）的估计值常用来表示危险性分析的结果，类似于对健康不构成危害性的每日容许摄入量（ADI）。目前，食品添加剂和污染物法典委员会（CCFAC）已按照危险性评估与管理的原则制定了化学污染物及天然毒素的通用标准（GSCTF）。

2. 农药残留

农药残留联合专家会议（JMPR）根据农药残留毒理学评价的结果制定出 ADI 值，此外依据良好农业规范（GAP）下的农药残留水平制定某些产品中农药最大残留限量（MRL）的建议值。农药残留法典委员会（CCPR）使用各种方法计算摄入量，这是因为初始估计值大于 ADI 值并不代表一定存在问题，根据农药监测和国家食品消费数据计算的摄入量更加精确。农药残留法典委员会对农药残留联合专家会议提出的 ADI 值和 MRL 值进行审议，并对 MRL 值进行修改。

3. 生物因素

国际食品法典委员会（CAC）对生物性因素（细菌、病毒、寄生虫等）做系统的危险性分析，主要采用个案研究，目前主要集中于沙门菌和单核细胞增生李斯特菌。有关微生物的危险性管理信息，FAO/WHO 已经建立了微生物风险评估联席专家会议（JEMRA）开展定量危险性的结论。

4. 食品添加剂

食品添加剂的 ADI 值通常由食品添加剂联合专家委员会（JECFA）提出，且此添加剂在食品中使用范围及最大摄入量由食品添加剂和污染物法典委员会（CCFAC）批准。目前，食品添加剂正从单一食品向涵盖多种食品的食品添加剂通用标准（GSFA）转化，且总摄入量的评估也应被考虑。

（三）风险管理原则

在进行风险信息管理时要考虑到风险评估以及保护消费者健康和促进公平贸易行为等其他相关因素，有必要时，还应选择适当的预防和控制措施。

茶叶风险信息管理的一般原则如下：

（1）应采用系统的方法对风险信息进行管理；

（2）将人类健康保障作为风险信息管理政策的首要考虑因素；

（3）使风险信息管理决策及操作透明化；

（4）将风险评估政策作为风险信息管理的主要内容之一；

（5）确保风险评估过程中的科学一致性；

（6）风险评估结果中的不确定性应被纳入考虑范围；

（7）风险信息管理是一个持续的过程，需要不断地把新出现的数据用于对风险管理决策的评估和审视中。

（四）风险管理目标

采取合理恰当的管理措施及处理方法，对食品的风险性进行有效评估与控制，保障公众健康，为我国进出口食品贸易营造公平的竞争环境。

（五）风险管理措施

茶叶的风险信息管理措施包括：

（1）最高限量的制定；

（2）食品标签准则的制定；

（3）公众教育计划的实施；

（4）用农业生产替代品代替某些化学产品的使用。

（六）风险管理步骤

1. 风险信息评价

风险信息评价即以茶叶质量风险信息评估为基础，将风险信息发生的概率纳入综合考虑范畴，得出在茶树种植和茶叶生产过程中发生质量风险的结果并分析原因，决定是否需要采取合理的控制措施及提出妥善的解决方案。其基本内容：①确认茶叶质量安全问题并就风险概况进行描述；②对风险信息评估的危害性有效排序并制定相关策略；③对风险信息评估的结果进行审议。茶叶从种植到生产的过程，风险信息可能随时发生变化，也可能出现新的风险信息，由此，茶叶从种植到生产的全过程必须进行风险信息评价，以便及时了解风险和风险因素变化的情况。

2. 风险管理选择的评估

风险管理选择的评估应依据风险信息评估的结果，由风险管理人员制定若干个管理选项，最终选择效果最佳的一项。在制定管理选项时，首先应当考虑人体健康的保障，其次考虑风险信息评估结果的不确定性，最后最好与风险评估人员共同制定。在选择选项时，应认清选项之间的差别，同时应避免随意选择，保持理性的态度和明确问题所在。应适当考虑其他因素对风险信息管理的影响，如资金、效用、可行性研究等。因此，为确保风险管理决策的合理有效，应将风险信息评估结果与管理选项评估进行结合。

3. 风险管理决定

风险管理决定是指根据风险信息评估的结果所制定出能确保茶叶质量安全的措施。风险管理决定是风险信息管理重要环节，其直接影响茶叶质量安全。所以执行风险决定的理由应当保持透明性。各相关组织或团体（如消费者、茶树种植者、茶叶生产公司以及茶叶管理机构）都应有机会参与风险管理决策。

4. 监控和审查

监控和审查是评估风险管理决策措施有效性，并在必要时审查风险信息管理与评估的重要手段。风险信息管理是一个连续的过程。在执行风险管理决定之后，应当有效监控风险管理措施。为确定其能有效地保障茶叶质量安全，应定期监控和审查风险管理决策。再者，为避免风险评估与管理之间的利益冲突，二者相关人员的职能应保持分离。

三、 风险交流

（一） 风险交流概念

风险交流是一些相关团体（包括风险评估人员、管理人员和消费者等）针对与风险相关的信息进行的交流。风险交流体现了风险信息管理的透明度，如各项风险管理工作的公开透明化，确保公众对食品安全信息的知情权。有效的风险交流可以扩大作为风险管理决策依据的信息量，提高参与者对相关风险问题的理解水平，并且给管理者提供一个有效控制风险的宽广的视野和潜能。

（二） 风险交流内容

风险交流内容见表2-13。

表2-13   风险交流内容

分类	内容
危害的性质	危害特征及重要性；危害大小及程度；危害变化趋势；危害暴露的可能性及暴露量；风险人群的性质、规模及高风险人群

续表

分类	内容
风险评估不确定性	危害评估方法；所得资料的缺点或不准确性；估计假设变化及有关风险信息管理决策估计变化
风险管理选择	控制或监管危害行动；减少风险的个人行动；特定风险管理选项的理由、有效性、利益、管理费用来源、执行风险管理选择后仍然存在的风险

四、 茶叶质量安全风险分析实例

茶叶中塑化剂的含量为 5mg/kg，过多摄入严重危害人体健康。

针对茶叶产品中塑化剂风险评估如下：

（1） 茶叶中塑化剂可能源于包装材料等的污染；

（2） 长期大剂量摄入塑化剂，危害人体健康；

（3） 塑化剂评估结果不属于国家食品安全标准，但可作为评价产品质量安全的依据。

针对上述问题，预防措施有两点：

（1） 修订国家食品安全标准，禁止使用含塑化剂的包装材料等；

（2） 加强茶叶生产过程中的控制，严禁使用含有塑化剂的材料。

五、 茶叶质量安全危害分析实例

茶叶存储过程中，如水分含量过高，可能导致茶叶受潮变质，以及生长霉菌等。

1. 实施危害分析

茶叶受潮变质，以及生长霉菌等，其由于水分含量过高导致。

2. 测定关键控制点 （CCPs）

关键控制点为水分含量过高。

3. 确定关键限制因素

干燥度不够，包装破损或保密性不好，茶叶存储过久。

4. 建立监控关键控制点的体系

入库茶叶含水量检测，检测包装及其保密性，定期检测茶叶含水量。

5. 当监测表明某项关键控制点失控，采取可操作的纠正措施

若入库茶叶含水量过高，需重新烘焙；若包装破损或保密性不好，需及时更换；若存储过程中茶叶含水量过高，需及时复烘。

6. 建立确保 HACCP 体系有效运作的确认程序

入库前必须检测含水量；存储过程中，每三个月检测一次茶叶含水量。

7. 实施记录文件化

建立涉及所有程序和针对这些原则的实施记录，并将所有程序和实施记录文件化。

茶叶质量安全评价体系

第一节　基本要求

一、影响因素

茶叶加工技术流程如表 3-1 所示。

表 3-1　　　　　　　　　　茶叶加工技术流程

项目	内容
原料	鲜叶采摘后，应摊放于干净卫生及设施完好的贮青间；避免机械损伤、混杂和污染，准确记录原料来源和流转情况
辅料	可使用经认证的天然植物原料作茶叶产品的配料；深加工的配料允许使用常规配料，但不得超过总质量的 5%；配料应符合国家食品卫生标准；禁止使用人工合成的色素、香料、黏结剂和其他添加剂
加工厂	加工厂与"三废"工业企业的距离≥500m；加工厂与垃圾场及医院的距离≥200m；与化肥农田的距离≥100m；与交通主干道的距离≥20m；加工厂应有相关部门发放的卫生许可证
加工设备	加工设备的材料应符合国家相关卫生标准，不得使用含有有害物质的相关设备
加工人员	加工人员上岗前要进行相关生产培训，了解相关茶叶生产加工要求；每年进行体检，进入生产车间的员工应换鞋、穿戴工作服，并保持工作服的清洁；不得在加工车间用餐
加工方法	加工工艺应能保持原料的营养和有效成分，卫生符合相关国家标准

二、无公害茶叶

无公害茶叶加工技术流程如表 3-2 所示。

表 3-2　　　　　　　　　　　　　　无公害茶叶加工技术流程

项目	事项
原料	鲜叶原料在验收、盛装、运输、贮存等操作时均需避免机械损伤，贮运过程必须保持清洁、透气、无污染；应具有正常的质量指标，主要包括嫩度、匀度、净度和新鲜度
加工厂	远离有害废弃物、粉尘、气体、放射性物质和其他扩散性污染源；厂区环境应整洁、干净、无异味；厂房面积不少于设备占地面积的 8 倍；有足够的原料、辅料、成品和半成品仓库。原材料、半成品和成品分开放置，不得混放；仓库应具有防潮、防霉等功能
加工设备	加工设备中与茶叶接触的部位不宜采用会造成二次污染的金属及合金材料；加工设备中的炉灶、热风炉等应设置在加工车间墙外，有压锅炉应另设锅炉间；易爆设施与加工车间要有一定的安全距离；新购设备须清除材料表面的防锈油并定期检修；做好加工设备清洗记录
加工人员	加工人员上岗前应经过岗前培训；每年进行健康体检；进入生产车间的应换鞋、穿戴工作服，保持工作服的清洁；不得在加工车间用餐和进食；加工人员上岗时不得化妆、涂抹有异味的物品
加工方法	加工工艺应能保持原料的营养和有效成分，卫生符合相关国家标准
包装	包装材料应符合无公害食品相关卫生标准；可使用由木、竹、植物茎叶和纸制成的包装材料；直接接触茶叶的包装材料必须是食品级的；不得使用含有合成杀菌剂、防腐剂和熏蒸剂的包装材料
贮藏	贮藏仓库（或冷库）应干净、无有害物质残留；严禁与有毒、有害、有异味、易污染的物品混放；仓库周围应无污染
运输	运输工具应清洁、干燥；在运输过程中应避免受到污染

三、绿色茶叶

绿色茶叶加工技术流程如表 3-3 所示。

表 3-3　　　　　　　　　　　　　　绿色茶叶加工技术流程

项目	事项
原料	鲜叶原料应采自绿色茶园，不得混入来自非绿色茶园的鲜叶
加工厂	以绿色食品生产车间为主；配备原料库、包装材料库、成品库、辅助车间和动力设施、供水系统、排水系统、监测设施等；生产加工区建筑物与外缘公路或道路应有防护地带
加工设备	加工设备必须符合绿色食品加工工艺要求，确保产品质量；所选设备应符合食品卫生要求；与被加工原料、半成品、成品直接接触的零部件的材料必须选用无污染材料，严禁残留油漆或油污；与被加工原料、半成品、成品直接接触的部位须严禁出现漏油、渗油现象

续表

项目	事项
加工人员	加工人员上岗前应经过岗前培训；每年进行健康体检；进入生产车间应换鞋、穿戴工作服，保持工作服的清洁；不得在加工车间用餐；加工人员上岗时不得化妆、涂抹有异味的物品
加工方法	加工过程中不应着色，不应添加任何人工合成的化学物质和香味物质
包装	包装材料应符合无公害食品相关卫生标准；可使用由木、竹、植物茎叶和纸制成的包装材料；直接接触茶叶的包装材料必须是食品级；不得使用含合成杀菌剂、防腐剂和熏蒸剂的包装材料
贮藏	贮藏仓库（或冷库）应干净、无有害物质残留；严禁与有毒、有害、有异味、易污染的物品混放；仓库周围应无异气污染
运输	运输工具应清洁、干燥；在运输过程中应避免受到污染

四、 有机茶叶

有机茶叶加工技术流程如表 3-4 所示。

表 3-4   有机茶叶加工技术流程

项目	事项
原料	鲜叶原料应采自有机茶园，不得混入来自非有机茶园的鲜叶；鲜叶运输工具应清洁卫生；鲜叶及时运抵工厂后应立即摊放于清洁卫生的贮青间
加工厂	茶厂选址、厂区、建筑、加工车间和库房设计应符合有关规定
加工设备	设备应符合有机加工所要求的卫生条件，设备材料不会造成对茶叶的污染；基本要求与绿色茶叶加工基本相同
加工人员	参与有机茶生产和加工的所有人员上岗前应经过有机生产与加工培训，掌握有机操作基本要求和技能；且经卫生部门体检身体条件健康合格
加工方法	根据各类茶叶产品标准，按照鲜叶原料品种等级，采用相应加工工艺，确保产品质量安全
包装	包装材料应是食品级包装材料，应具有防潮、阻氧、无异味等
贮藏	有机茶仓库应保持清洁、避光、通风、干燥、无异味，并应远离污染源
运输	运输工具应清洁、干燥；在运输过程中应避免受到污染

第二节　关键控制点

一、 环境质量关键控制点

(一) 周边环境

茶园及周边无废水、废气和废物，控制方法如下：

(1) 选择环境生态良好、生物多样性丰富的地方；

(2) 植树造林，加强生态建设。

(二) 空气质量

污染来源于茶园及周边汽车尾气和公路扬尘中铅、氟等重金属，控制方法如下：

(1) 选址远离市区及公路；

(2) 选址远离化工、水泥等工厂。

(三) 土壤质量

土壤中 pH 过低及重金属超标可导致茶叶中铅等重金属含量增加，控制方法如下：

(1) 将白云石粉施于酸化严重的土壤中，提高土壤 pH，降低树梢中的铅含量；

(2) 加强土壤改良，提高土壤质量，促进茶树生长。

二、 茶叶生产关键控制点

(一) 重金属

重金属（铜、铅、汞及镉等）污染来源于陈旧不合格的机械设备，控制方法如下：

(1) 采用使用无铅汽油的机械采茶设备；

(2) 采用标准化、机械化、自动化的生产线以避免茶叶加工时遭受二次污染。

(二) 微生物

不合理的采摘、摊放及加工环节易造成病原微生物污染，控制方法如下：

(1) 茶叶加工人员需每年进行体检，且上岗前必须取得健康许可证；

(2) 茶叶加工过程中利用高温杀灭有害微生物，并保持茶叶装运器具干净。

(三) 非茶异物污染

茶叶外包装、工作人员直接接触茶叶及加工环境不洁净等都会造成非茶异物污染，控制方法如下：

(1) 严格挑选茶叶包装材料；

(2) 仔细侦查和选择加工过程中的化学原料；

(3) 提升工作人员管理水平和素质。

三、 茶叶审评关键控制点

感官审评是专业的审评人员依据人体正常感觉（视觉、嗅觉、味觉、触觉）对茶叶的品质特征（外形、香气、汤色、滋味及叶底）进行鉴定和评分。因此，在茶叶评定过程中，需要审评人员保持客观、专业、敏锐。

四、 茶叶检验关键控制点

在监控环节上，农药、重金属残留的快速检测技术及设备研制，检验标准按国家相关标准进行（表3-5）。

表3-5   茶叶检验标准流程

项目	事项
取样	取样以"批"为单位，同一批投料生产、同一班次加工过程中形成的独立数量的产品为一个批次，同批产品的品质和规格一致。按照相关规定进行
检验	卫生指标有一项不合格则该批产品为不合格产品；理化指标中有一项不符合要求经综合评判不符合规定的需进行复检；型式检验（原料改变大，影响产品质量；出厂检验结果与上一次型式检验有较大出入；国家规定）
判定规则	凡有劣变、异味严重的或添加任何化学物质的产品，均判为不合格产品
复验	对检验结果有争议时，应对留存样或在同批产品中重新按规定加倍取样进行不合格项目的复验，以复验结果为准

第三节 茶叶质量安全体系认证

为满足茶叶市场的需求，保证茶叶的质量，无公害茶叶、绿色茶叶和有机茶的认证逐渐进入消费者的视野。引导消费者消费具有质量安全认证的茶叶产品，有利于茶叶产业的发展。

一、 无公害茶叶认证

（一）概念

无公害茶叶指依据特定生产流程，在无公害环境下生产的成品茶及其相关产品的污染物指标（包括重金属、农药残留及有害微生物等）既符合国家生产标准（内销）又符合进口国（外销）相关标准。

（二）要求

无公害茶叶各项指标见表3-6。

表 3-6 无公害茶叶的感官、理化和卫生指标

项目	指标	要求	检验方法
感官评审	品质特征	产品应具有该茶类正常的商品外形及固有的色、香、味，无异味、无劣变	GB/T 23776—2018
	非茶物质	产品应洁净，不得混有非茶类夹杂物	
	添加剂	不着色，不得添加任何人工合成的化学物质	
理化成分/ (g/100g)	水分	≤7.0（碧螺春 7.5，茉莉花茶 8.5，砖茶 14.0）	GB 5009.3—2016
	总灰分	≤7.0（砖茶 8.5）	GB 5009.4—2016
	水浸出物	≤34.0（砖茶 21.0）	GB/T 8305—2013
卫生安全	氯氟氰菊酯/ (mg/kg)	≤0.5	GB/T 5009.110—2003
	溴氰菊酯/ (mg/kg)	≤0.5	GB/T 5009.110—2003
	乐果/ (mg/kg)	≤0.1	GB 2763—2021
	滴滴涕/ (mg/kg)	≤0.1	GB/T 23204—2008
	杀螟硫磷/ (mg/kg)	≤0.5	GB/T 23204—2008
	喹硫磷/ (mg/kg)	≤0.2	GB 2763—2021
	联苯菊酯/ (mg/kg)	≤5.0	GB/T 23204—2008
	铅（以 Pb 计）/ (mg/kg)	≤5.0	GB 5009.12—2017
	大肠杆菌/ (个/100g)	≤300.0	GB 4789.38—2012

（三）认证步骤

无公害茶叶认证步骤见图 3-1。

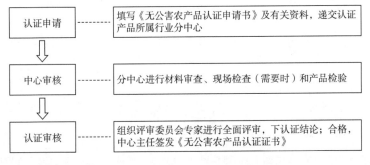

图 3-1 无公害茶叶的认证步骤

二、 绿色茶叶认证

（一）概念

绿色茶叶指依据绿色食品生产标准，在优良的环境下监控其质量生产出来并获得绿色安全认证标识的优质茶叶产品。

（二）要求

绿色茶叶认证各项指标见表3-7。

表3-7 绿色茶叶的感官、 理化和卫生指标

项目	指标	要求	检验方法
感官评审	外形	符合所属茶类产品应有的特色，具有正常的商品外形和固有的色泽，具有该类产品相应等级外形要求，无劣变，无霉变	GB/T 23776—2018
	汤色	具有所属茶类产品固有的汤色	
	香气、滋味	具有所属茶类产品固有的香气和滋味，无异味，无劣变	
	叶底	洁净，不含非茶类夹杂物	
理化成分/（g/100g）	水分	≤7.0（碧螺春7.5，茉莉花茶8.5，黑茶12.0）	GB 5009.3—2016
	总灰分	≤7.0	GB 5009.4—2016
	水浸出物	≤34.0（紧压茶32.0）	GB/T 8305—2013
卫生安全/（mg/kg）	滴滴涕	≤0.05	GB/T 23204—2008
	啶虫脒	≤0.1	GB 23200.13—2016
	氯氟氰菊酯和高效氯氟氰菊酯	≤0.5	GB/T 5009.110—2003
	氯氰菊酯和高效氯氰菊酯	不得检出（<0.01）	GB/T 5009.110—2003
	甲胺磷	不得检出（<0.03）	GB/T 5009.103—2003
	硫丹	不得检出（<0.01）	GB/T 23204—2008
	灭多威	不得检出（<0.02）	GB 23200.13—2016
	氰戊菊酯和S-氰戊菊酯	不得检出（<0.01）	GB/T 5009.110—2003
	三氯杀螨醇	不得检出（<0.01）	GB/T 23204—2008

续表

项目	指标	要求	检验方法
卫生安全/（mg/kg）	杀螟硫磷	不得检出（<0.01）	GB/T 23204—2008
	水胺硫磷	不得检出（<0.01）	GB/T 23204—2008
	乙酰甲胺磷	不得检出（<0.01）	GB/T 5009.103—2003
	茚虫威	≤5	GB 23200.13—2016
	吡虫啉	≤0.5	GB 23200.13—2016
	多菌灵	≤5	GB 23200.13—2016
	联苯菊酯	≤5	GB/T 23204—2008
	甲氰菊酯	≤5	GB/T 23204—2008
	铅（以 Pb 计）	≤5	GB 5009.12—2017
	铜（以 Cu 计）	≤30	GB 5009.13—2017

（三）认证步骤

绿色茶叶的认证步骤见图 3-2。

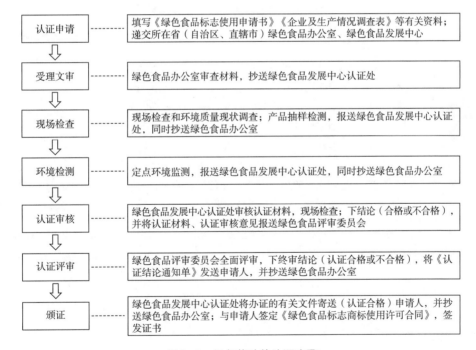

图 3-2　绿色茶叶的认证步骤

三、 有机茶认证

（一）概念

有机茶是指生产的成品茶及相关产品，其原料要符合生态与农业发展需求（不得使用化

图 3-3　有机茶认证标志

学肥料、调节剂及农药等），不得在加工过程中使用任何合成的食品添加剂。认证标志见图 3-3。

（二）要求

（1）有机茶的原料必须来自天然无污染的有机农业产品；

（2）有机茶必须是依据有机农业及食品加工标准生产出来的产品；

（3）有机茶必须经过有机茶颁证组织进行质量检查，符合其生产加工标准，并颁发证书。有机茶认证各项指标见表 3-8。

表 3-8　　　　　　　　　　有机茶的感官、理化和卫生指标

项目	指标	要求	检验方法
感官品质	基本要求	产品应具有该茶类正常的商品外形及固有的色、香、味，无异味、无劣变 产品应洁净，不得混有非茶类夹杂物 不着色，不得添加任何人工合成的化学物质	GB/T 23776—2018
	感官评审	各类有机茶的感官品质应符合本类本级实物标准样品质特征或产品实际执行的相应常规产品的国家标准、行业标准、地方标准或企业标准规定的品质要求	
理化成分	基本要求	各类有机茶的理化品质应符合产品实际执行的相应常规产品的国家标准、行业标准、地方标准或企业标准的规定	GB 5009.3—2016
卫生安全/（mg/kg）	滴滴涕	<LOD* [* 为指定方法检出限（下同）]	GB/T 23204—2008
	六六六	<LOD*	GB/T 5009.19—2008
	氯氰菊酯	<LOD*	GB/T 5009.110—2003
	甲胺磷	<LOD*	GB/T 5009.103—2003
	氰戊菊酯	<LOD*	GB/T 5009.110—2003
	溴氰菊酯	<LOD*	GB/T 5009.110—2003
	三氯杀螨醇	<LOD*	GB/T 23204—2008
	杀螟硫磷	<LOD*	GB/T 23204—2008
	乙酰甲胺磷	<LOD*	GB/T 5009.103—2003
	乐果	<LOD*	GB 2763—2021

续表

项目	指标	要求	检验方法
卫生安全/ （mg/kg）	敌敌畏	<LOD*	GB/T 23204—2008
	联苯菊酯	<LOD*	GB/T 23204—2008
	杀螟硫磷	<LOD*	GB/T 23204—2008
	喹硫磷	<LOD*	GB 2763—2021
	铅（以 Pb 计）	<LOD*	GB 5009.12—2017
	铜（以 Cu 计）	<LOD*	GB 5009.13—2017
	其他化学农药	<LOD*	视需要检测

（三）认证步骤

有机茶认证步骤见图 3-4。

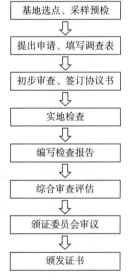

图 3-4 有机茶认证步骤

第四节 茶叶生产管理体系认证

一、 ISO 14000 认证

（一）概念

在臭氧层破坏、温室效应、生态环境恶化、生物多样性破坏等严重环境问题的背景下，ISO 14000 认证标准引导生产者按照 PDCA 循环，即 Plan（计划）、Do（执行）、Check（检

图 3-5　ISO 14000 认证标志

查）和 Act（处理）4 个阶段的模式建立环境管理的自我约束机制。ISO 14000 认证标志见图 3-5。

（二）意义

1. 外部动机

外部动机指来自政府、社区居民、市场的压力。

2. 内部效益

内部效益为加强公众的环保意识，减少环境污染；节约能耗，降低成本。

（三）认证步骤

ISO 14000 认证步骤见图 3-6。

信息交流	-------	电话、互访、邮件等方式交流，确定实施认证的可行性
认证申请	-------	填写《环境管理体系认证申请表》及其附件《认证信息调查表》
中心评审	-------	材料评审，现场检查（必要时），书面报价
签订合同	-------	合同评审，签订《环境管理体系认证服务合同》，SCEMS开展与实施
材料审核	-------	SCEMS审核环境管理体系手册、相关文件，书面审查结果
现场审核	-------	审核组，以抽样方式进行现场审核
不符合纠正与跟踪验证	-------	纠正递交的有关证据，必要时实施现场跟踪验证
核准发证	-------	中心技术委员会审议审核实施过程和审核报告，确定合格，中心主任签署认证证书
证后监督	-------	第一次证书有效期内，每半年监查一次，三年期满换证后每年监查一次

图 3-6　ISO 14000 认证步骤

二、良好生产规范（GMP）认证

（一）概念

良好生产规范（good manufacturing practice, GMP）是指导食品、药物生产中所遵循的安全质量管理的强制性标准。良好生产规范（GMP）认证标志见图 3-7。

（二）意义

调整产业结构，促进产业升级，增强生产企业的国际竞争能力。

图 3-7　良好生产规范（GMP）认证标志

（三）认证步骤

GMP 认证程序见图 3-8。

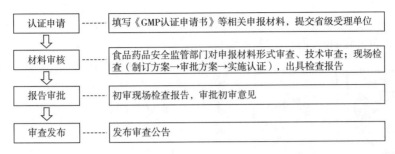

图 3-8　良好生产规范(GMP)认证程序

三、　危害分析关键控制点（**HACCP**）认证

（一）概念

危害分析的临界控制点（HACCP）能够系统和科学识别、评估和控制食品在生产、加工及食用等过程中可能发生的安全危害。

（二）意义

对食品在生产过程中可能出现的安全危害进行识别、监控等，以便减少其发生的概率。

（三）认证步骤

HACCP 认证步骤见图 3-9。

信息公开	-------	认证信息发布
认证申请	-------	填写《管理体系认证委托书》
评审申请	-------	填写《管理体系认证申请评审表》
评审评估	-------	填写《管理体系认证报价单》，材料评审，现场检查（必要时），书面报价
合同签订	-------	合同评审，签订《认证合同》
认证审核	-------	指派审核组长→确定审核目的、范围、准则→选择审核组→下达审核任务
现场审核	-------	编制审核计划→适当提供技术支持→编制核查记录表（需要时）
不符合纠正与跟踪验证	-------	纠正递交的有关证据，必要时实施现场跟踪验证
核准发证	-------	认证决定小组审核《认证评定表》；确定合格，中国质量认证中心签署发证
证后监督	-------	监督审核及再认证

图 3-9　危害分析关键控制点(HACCP)认证步骤

四、 食品生产许可证（SC）认证

（一）概念

SC 是食品生产许可证，其认证必须经过强制性的检验和有关部门的审批；带有 SC 标志的产品，必须符合食品质量安全的基本要求。

图 3-10　SC 认证标志

从 2015 年 10 月 1 日起正式生效的《食品生产许可管理办法》规定，其编号由 SC（"生产"拼音首字母）和 14 个阿拉伯数字组成。食品生产许可证（SC）认证标志见图 3-10。

（二）意义

食品生产许可证（SC）规范了食品生产，提高产品质量和管理水平，降低成本；且通过 SC 认证，产品获得入市资格，且实现食品的追溯。

（三）认证步骤

SC 认证步骤见图 3-11。

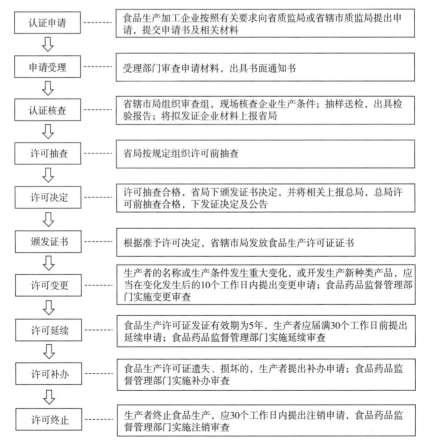

认证申请	----	食品生产加工企业按照有关要求向省质监局或省辖市质监局提出申请，提交申请书及相关材料
申请受理	----	受理部门审查申请材料，出具书面通知书
认证核查	----	省辖市局组织审查组，现场核查企业生产条件；抽样送检，出具检验报告；将拟发证企业材料上报省局
许可抽查	----	省局按规定组织许可前抽查
许可决定	----	许可抽查合格，省局下颁发证书决定，并将相关上报总局，总局许可前抽查合格，下发证决定及公告
颁发证书	----	根据准予许可决定，省辖市局发放食品生产许可证证书
许可变更	----	生产者的名称或生产条件发生重大变化，或开发生产新种类产品，应当在变化发生后的10个工作日内提出变更申请；食品药品监督管理部门实施变更审查
许可延续	----	食品生产许可证发证有效期为5年，生产者应届满30个工作日前提出延续申请；食品药品监督管理部门实施延续审查
许可补办	----	食品生产许可证遗失、损坏的，生产者提出补办申请；食品药品监督管理部门实施补办审查
许可终止	----	生产者终止食品生产，应30个工作日内提出注销申请，食品药品监督管理部门实施注销审查

图 3-11　食品生产许可证（SC）认证步骤

第五节　茶叶加工评价

一、影响因素

（一）温度

1. 温度对茶鲜叶质量的影响

茶鲜叶的呼吸作用主要受到外界温度的影响，叶温随着鲜叶呼吸过程中释放的热量而迅速升高。叶温升高的速度与鲜叶呼吸作用和外界温度成正比，当叶温升高速度加快时，鲜叶中酶的活性也不断增强，使叶片中的活性成分大量消耗或分解，这对茶叶品质形成将产生不利的影响。因此，在鲜叶采摘、运输和贮存过程中，适当降低温度将有利于保持茶鲜叶的新鲜度。

2. 温度对杀青的影响

杀青的主要目的是利用高温破坏茶叶中酶的活性，使在后续加工过程中茶叶物质不再发生酶促氧化。温度对酶的作用主要表现为两重性，就是在增加催化反应的同时，高温条件能够增强钝化反应的速度。据测定，40~50℃为氧化酶的最适温度，若温度≥50℃，酶活性则开始下降，当温度≥85℃时，酶活性会遭到不可逆的破坏。但是，在杀青过程中如果温度不够高，酶活性没有被彻底破坏，只是受到抑制，那么在后续的加工过程中则会产生红叶红梗的现象。杀青温度过高，叶内水分迅速变成蒸汽而膨胀，使叶面起泡破裂，并留下爆点或焦斑，影响茶叶的色泽和香气。

3. 温度对闷黄的影响

闷黄是黄茶加工过程中促进在制品黄变的工序，也是黄茶品质形成的关键工序。闷黄时间长短和黄变程度与温度的高低密切相关。在湿热的条件下，叶温越高黄变速度越快；但闷黄过程中温度过高，叶片中的某些内含成分（如儿茶素、氨基酸等）会因消耗过度而含量降低，会影响黄茶品质的形成。

4. 温度对渥堆的影响

渥堆是黑毛茶品质形成的关键工序，也是黑茶初制中的独特工序。渥堆是将揉捻叶堆积成一定高度，使之在湿热与微生物的共同作用下发酵一段时间，其内含成分发生氧化、分解并促使黑茶独有品质形成的过程。渥堆的环境适宜温度条件为25℃以上，叶温在30℃以上，随着渥堆时间的延续，叶温也会逐渐升高，堆内温度升高至45℃左右比较适度。

5. 温度对萎凋的影响

温度为萎凋的首要条件。在茶叶的萎凋过程中，温度高低直接影响鲜叶理化变化。温度升高时，叶温也随之上升，从而加剧叶片内水分蒸发，萎凋时间缩短，也会影响萎凋叶内源酶的活性变化，理化变化进程加快。

6. 温度对发酵的影响

发酵是红茶品质特征形成的关键工序。红茶发酵与鲜叶内源酶的酶促氧化作用密切相关。多酚氧化酶活性的最适温度是45~55℃，但生产上不能用这样高的温度，若发酵室温度超过35℃，多酚类物质会被过快氧化，致使可溶性发酵产物过多地转化成不溶性物质。但室温低于15℃，发酵几乎无法进行。同时还要考虑到由于氧化作用，叶温往往比室温高出2~6℃。故发酵室的温度一般控制在20~30℃。

7. 温度对做青的影响

做青是形成乌龙茶品质风格的关键工艺，是在适宜的温湿度条件下，通过多次摇青使叶缘细胞损伤，由此诱发酶促氧化作用逐步进行。鲜叶内的理化变化与温度高低密切相关。温度过高可导致酶促氧化及强呼吸作用，从而使茶多酚、氨基酸与蛋白质等内含物质过度消耗，对茶叶香气与滋味的形成造成不利影响；温度过低则使酶活性降低，影响内含物质的转化速度，使其过度消耗，不利于茶叶品质的形成。

8. 温度对干燥的影响

温度影响茶叶干燥过程中的化学变化。烘炒时增加了叶温，从而加强了水分子的运动量，加快水分蒸发，促进干燥，也加速了其他成分的化学反应。干燥时，温度应随着茶叶含水量的变化而变化，水分多增温，水分少则应降温。

（二）湿度

1. 湿度对茶鲜叶质量的影响

在生产实践中，为了达到鲜叶保水、保鲜的目的，通常采取洒水或喷雾方式，让鲜叶在贮青场所保持较高的湿度。这主要是因为鲜叶中水分的散失，不仅使鲜叶枯萎，更会使鲜叶中的有效活性成分因氧化分解而过度消耗，对茶叶质量和茶产品的经济效益都会造成不同程度的影响。

2. 湿度对萎凋的影响

萎凋的首要条件就是先使水分蒸发，空气相对湿度影响水分蒸发速度。若空气湿度低，水分蒸发速度相对较快；相反空气湿度高，水分蒸发得就慢。

3. 湿度对发酵的影响

发酵作用只有在发酵叶含有一定水分的情况下才能正常进行，为了控制发酵过程中水分的蒸发，多采用洒水、喷雾等方法，保持发酵室相对湿度在90%以上，有时还在发酵叶表面覆盖湿布保湿。

4. 湿度对做青的影响

乌龙茶品质的形成与做青环境湿度密切相关。湿度过高会抑制做青叶的水分散失，湿度太低导致水分散失过快，增加叶内细胞浓度，使叶肉、叶脉和梗的水分散失程度不一，导致酶系活动不能有序进行，做青叶出现红叶红梗现象。

（三）摊叶厚度

1. 摊叶厚度对茶鲜叶质量的影响

鲜叶因通气不良可产生无氧呼吸。由于长时间厚堆引起通气不良，使叶堆温度升高，叶内的酶活性随之增强，促使酶促氧化及有机物分解加快。

2. 摊叶厚度对萎凋的影响

萎凋首先要蒸发水分。摊叶过厚会造成气流的穿透受到影响，水蒸气不能及时蒸发，不仅萎凋速度慢，而且萎凋不匀，影响茶叶制作的后续工序；摊叶太薄，会造成萎凋叶失水过快，造成茶叶枯萎，萎凋叶的化学变化也就越慢。同时，在摊叶时，务必保证摊叶厚度整体一致性，以免萎凋不匀，造成成茶品质不良。

3. 摊叶厚度对闷黄的影响

影响闷黄的因素主要有制品含水量、温度。在制品含水量越高，叶温越高，则湿热条件下的黄变进程也越快。而摊叶厚度间接影响闷黄湿度和闷黄的温度，厚度越大，越有利于湿热反应，但对其通氧量也会造成一定的影响。

4. 摊叶厚度对渥堆的影响

黑茶渥堆是在特定湿热与微生物的共同作用下，促进茶叶内含成分发生氧化、水解、聚合和转化。摊叶厚度通过影响茶叶温度、湿度和通氧量，间接影响微生物的种类、生长和代谢，同时影响着酶活性。太厚则会造成供氧量不足，造成厌氧性微生物繁殖过快，多酚类化合物氧化不足；太薄则会使渥堆叶温度不足，影响酶系统对茶叶中有机物的分解、转化，影响黑茶特征性风味的形成。

5. 摊叶厚度对发酵的影响

在红茶发酵过程中，如摊叶过厚，中下层叶间透气性差，热量不易散发，叶温上升快，促使酶活性加强，多酚类物质氧化程度加深，而下层发酵叶则因供氧不足，导致发酵不均匀；反之，摊叶过薄，则不能保持茶坯湿润，也不利于正常发酵的进行。一般以气温高低、条索松紧、颗粒大小等，决定发酵叶的摊叶厚度，通常以 10~15cm 为宜。

6. 摊叶厚度对做青的影响

在做青过程中，"还阳""退青"交替进行。"还阳"是指晒青叶梗脉中水分向叶脉中输送，叶片复苏呈鲜状；"退青"是指在晾青过程中，叶片因水分蒸发速度大于叶梗往叶片输送水分的速度而再次萎蔫。在做青前期，青叶含水量较高应薄摊，促进水分的蒸发；在做青中后期，青叶含水量减少，则需厚摊，使水分蒸发速度减慢，同时提高叶温。

7. 摊叶厚度对干燥的影响

干燥过程，一般分为两次进行，分为毛火和足火。毛火主要是通过高温迅速破坏酶活性，使茶叶中的内含物质不再发生转变，此时应该薄摊。如果摊叶过厚，会造成中间部分的茶叶品质受到破坏。足火主要是散失水分，此时可以适当摊厚一些，过薄则会造成茶叶表层干硬，影响成茶的品质。

除了上述的几种因素外，茶叶品种、茶叶含水量、通风条件、光照条件、时间等都会对茶叶制作产生一定的影响。

二、　主要技术及评价要点

（一）萎凋

1. 目的

（1）提高叶温，使叶质柔软，便于造型；

（2）散发部分水分，提高细胞浓度，促进内含物的转化。

2. 原理

在鲜叶萎凋过程中，水分沿着叶脉扩散，并通过叶缘上的水孔和叶表面的气孔（大部分在叶的底部）蒸发。伴随着水分的散失，细胞内物质浓度增大，酶的活性增加，鲜叶中的内含物质发生自体分解。

3. 方法

（1）摊青　散发热气和水分，使用水筛/晒青布。

（2）晒青　需注意厚薄、含水量，20～35℃、10～60min（含水量、温湿度、光照），以叶面无光泽、叶色暗绿、微青草香、二三叶垂软为宜。

注意轻翻拌，及防止晒青过度，以免死青（凋枯干瘪状，叶脉不通、部分红变，无法走水还阳）。

（3）晾青　晒青叶移入室内，防止风吹日晒，摊放散热，以叶色暗转亮、叶态变硬为宜，约60min。

注意室内、荫处、日光、萎凋槽等：萎凋槽长10m，宽1.5m，摊叶厚度14～20cm，摊叶量200～250kg，温度20～30℃，历时6～8h。晒青室外温22～35℃，厚度2～3cm，翻拌2～3次，历时30～60min；加温萎凋控温38→30℃，1次/30min，历时30～60min。

4. 理化变化

萎凋过程中，其物理变化伴随着化学变化同时进行。这两种变化是互相联系，互相制约的。

（1）物理变化　茶叶水分沿着叶背气孔及叶子表皮角质层散失，叶片逐渐萎缩，叶片质地逐渐变软，叶色也由鲜绿色转变为暗绿色。

（2）化学变化　水解作用是萎凋过程中最主要的形式。水解酶类的活性随着萎凋失水明显增强，鲜叶中部分内含物质分解，促使水溶性物质含量逐渐增加。具体表现为：多酚氧化酶活性提高；多酚物质减少；可溶性糖增加；氨基酸含量增加；叶绿素减少；芳香物质增加等。

5. 评价要点

萎凋叶质量与水分散失程度、温度高低和时间长短密切相关，其中最主要的是温度。萎凋宜采取风量"先大后小"、温度"先高后低"的操作原则。一般的摊叶厚度要求为15～20cm，萎凋时风温为30～32℃。

（二）杀青

1. 目的

（1）使鲜叶中部分水分散失；

（2）抑制叶中化合物的酶促氧化；

（3）促进内含物质的转化；

（4）散发鲜叶青草气、巩固茶香。

2. 原理

杀青基本原理是利用高温迅速破坏酶的活性，抑制其催化作用。在高温的作用下，大部分低沸点的青草气物质会随之散失，而高沸点的芳香类物质会透发出来；在湿热作用下，也会使叶绿素被破坏。

3. 方法

杀青方式包括蒸汽、炒热、热风和微波杀青等。其中炒热杀青包括锅式、滚筒、槽式杀青等。

蒸汽杀青是利用蒸汽对鲜叶的强穿透力，使叶面温度快速升高，从而达到杀青的目的；炒热杀青是将茶叶直接在锅中或者滚筒中炒热杀熟；热风杀青是利用高温热空气快速使鲜叶酶活力被破坏；微波杀青是利用微波撕裂水分子产生内部热能，从而达到杀青的目的。

4. 理化变化

在杀青过程中，叶绿素物质破坏，但部分色素物质进一步转化，水溶性色素增加；在湿热作用下，部分酯类物质发生氧化分解，形成部分醇、醛、酸类香气物质；多酚类物质、氨基酸、维生素、咖啡因等物质，都会随着湿热作用发生氧化分解反应，含量减少。

对于黄茶，保留少量耐高温、热稳定性强的酶类，如多酚氧化酶的活性；β-糖苷酶的存在，能促进糖苷的分解，有利于醇和香气的形成；其他水解酶也有少量活性，促进不溶物质的积累。

5. 评价要点

绿茶杀青原则：高温杀青，先高后低；抛闷结合，多抛少闷；嫩叶老杀，老叶嫩杀。

黄茶杀青原则：高温杀青，先高后低。以杀匀杀透、钝化酶活性为基础，尽可能地促进在制品黄变。

黑茶杀青原则：洒水灌浆，提高叶堆温度，保证杀匀杀透；高温短时，迅速破坏酶活，保留较多的有效成分，也可以软化或水解黑茶粗老纤维和半纤维。

青茶杀青原则：高温快炒，以闷炒为主，多闷少抛，闷抖结合，炒熟炒透，不生不焦。

（三）揉捻

1. 目的

缩小茶条体积，使其紧实卷曲，以便后续炒干成条；破坏叶细胞结构，使其做出的成茶品既多出汁又耐冲泡。

2. 原理

（1）嫩叶冷揉，老叶热揉　嫩叶冷揉指将杀青叶在室温摊放一段时间，使其温度降低到适当程度再进行揉捻，老叶热揉指杀青叶不经过摊凉放置趁热揉捻。

（2）轻重交替，快慢结合　在一定范围内，揉捻机转速影响揉捻叶的成条率并与其成比，即转速越快成条率越低；而揉捻机转速与叶子断碎率成正比，即转速越快断碎率越高。

①加压：以轻→重→轻原则，鲜嫩叶应轻压短揉，粗老叶则重压长揉；先轻揉后重揉，逐步增加压力，轻重交替进行，最后不加压。轻重、次数、时间（长/短、早/迟）视鲜叶的老嫩、投叶量决定；嫩叶，轻、少、短、迟；老叶，则相反。

②速度：慢（避免破碎）→快（卷、紧）→慢（松团、揉条）。

3. 方法

揉捻方式有热揉和冷揉两种方式。

4. 理化变化

（1）物理变化　叶片细胞破坏，茶条体积缩小且成条，部分茶汁溢出附着于叶片表面。

（2）化学变化　在揉捻的过程中，叶肉细胞破坏，细胞内的物质和酶进行接触，使多酚类物质含量减少；叶绿素物质因湿热作用使其发生水解与脱镁反应而含量降低；同时湿热作用也有利于氨基酸及可溶性糖类含量的增加。

5. 评价要点

压力作用的轻重、用力时间长短及早迟、次数多少都是相互联系、相互影响的，应根据叶质、叶量和揉捻机的不同而定。

（1）加压轻重　一般而言，加压重，条索多紧结；加压轻，条索粗松。

（2）加压时间　加压时间较长则使叶条扁碎；加压时间过短则使叶条粗松。加压过早，叶条扁而不圆；过迟，叶条松而不紧。

简而言之，嫩叶加压轻，时间短，加压迟些；老叶则相反。揉捻机的转速应依据慢→快→慢的原则。

（四）发酵

1. 目的

发酵目的是使叶子中多酚类物质进行酶促氧化，叶色由绿色转变成铜红色，形成红茶色、香、味品质特征。

2. 原理

叶肉细胞组织因揉捻受到破损，主要是由于液泡膜的损伤促使多酚类化合物与氧化酶类相互作用，引起酶促氧化聚合，形成茶黄素和茶红素等有色物质。

3. 方法

揉捻使萎凋叶的细胞组织受到破损，酶促氧化反应伴随着液泡中多酚类物质与酶类接触而产生，并形成茶黄素（黄色物质）、茶红素（红色物质）及其他深颜色物质，决定了红茶滋味（浓、强、鲜）和汤色（红艳、明亮）的品质特征，而茶黄素与茶红素的含量和比例也成为衡量发酵程度的重要指标。

4. 理化变化

（1）物理变化　叶色一般是由青绿、黄绿、黄色、红黄、黄红、红色、紫色到暗红色。香气一般是由强烈的青草气到青草气消失，并产生清香、青花香、花香、果香、熟香等变化。

（2）化学变化　多酚类化合物在酶促氧化的作用下，氧化成邻醌，邻醌再进一步氧化聚合形成茶黄素和茶红素。部分茶红素或与蛋白质结合留在叶底，或进一步氧化成茶褐素，使茶多酚含量不断减少；叶绿素在这个发酵过程中不断被氧化、分解，含量不断减少；蛋白质水解成氨基酸；多糖、双糖含量减少，单糖、水溶性物质增加。

5. 评价要点

影响发酵的因素很多，如液泡膜损伤、发酵温度、含水量、氧气、摊叶厚度、发酵时间等。

一般在生产上，发酵室温度控制在 $25 \sim 28℃$，相对湿度在 90% 以上，细胞破坏率达到 85% 以上，茶叶含水量以 60% 左右为宜，$10 \sim 15cm$ 厚度，工夫红茶发酵时间 $2 \sim 3h$，红碎茶为 $80 \sim 90min$。

（五）闷黄

1. 目的

将杀青叶趁热堆积，使茶坯在湿热条件下发生热化学变化，最终使叶子全部均匀变黄为止。

2. 原理

黄茶独特品质是在湿热作用与干热作用交替进行中形成的。湿热作用能引起叶片中内含物质发生氧化、水解，促使黄茶形成黄汤黄叶、滋味浓醇的品质特征；而干热作用则以发展茶香为主。

3. 方法

揉捻叶经解块后盛于竹筐中，放置于避风且湿度大的干净地方，厚度 30~40cm（根据气温高低不同）、叶温 35~40℃；闷堆时间，视气温变化而定（20~25℃，4~5h；28℃，3h）。闷黄方式分为湿坯闷黄和干坯闷黄。

湿坯闷黄：先杀青或热揉后再进行堆闷，如沩山毛尖、广东大叶青。该过程中需盖上湿布阻止空气流通，提高局部湿度。

干坯闷黄：毛火后，及闷炒或烘交替进行，黄变时间较长，如霍山黄芽、蒙顶黄芽、君山银针。该过程中需烘、炒以提高叶温，或翻堆散热。

4. 理化变化

（1）物理变化　主要是叶色的变化，茶叶由绿色转为绿黄色、黄绿色、黄色等。

（2）化学变化　主要是色素物质的变化，叶绿素 a、叶绿素 b 等在长时间的热化学作用的影响下，发生氧化、裂解、置换等反应，含量不断减少；儿茶素也会发生氧化、聚合、异构化反应而降解；水浸出物、茶多酚和氨基酸含量都明显降低。

5. 评价要点

闷黄过程与在制品含水量和温度密切相关。在湿热条件下，在制品含水量和叶温越高，黄变进程越快。闷黄时间长短与黄变要求、在制品含水量和温度紧密相关，不同的黄茶对品质要求也不同，对水分、温度控制的也不一样。

（六）渥堆

1. 目的

使叶内多酚类化合物在湿热作用下发生氧化，除去部分涩味和青草气；使叶色由暗绿或暗绿泛黄转为黄褐，以形成黑毛茶汤色橙红而浓、滋味醇和的品质特征。

2. 原理

渥堆将微生物的酶促反应与微生物呼吸代谢和茶坯水分的湿热作用相结合，促进叶内物质发生一系列生化反应，从而形成黑茶独特的品质风味。

3. 方法

渥堆场地应选择背窗洁净的地面，避免阳光直射，室温和相对湿度适宜（≥25℃，85%）。茶坯高度为 70~100cm，上面加盖湿布以便保湿保温。渥堆时间为 12~24h，一般约 18h。

4. 理化变化

（1）物理变化　随着渥堆时间的延续，叶温逐渐上升，水分逐渐减少，到渥堆后期出现酒糟香和刺鼻酸辣味，色泽变黑褐色。

（2）化学变化　虽然高温杀青破坏了酶的活性，但是多酚类氧化物仍在湿热作用下进行非酶性自动氧化，产生茶黄素、茶红素等；在湿热作用下，产生醇类、醛类、酸类、酮类等物质，主要跟叶绿素减少有关。

5. 评价要点

茶坯含水量、叶温、茶堆松紧、外界温湿度以及供氧条件，对渥堆都会产生影响。

渥堆要有适宜的条件，相对湿度在 85% 左右，室温随着气温不同加以调节，一般应在 25℃以上；渥堆需要保温保湿，茶堆就要适当筑紧，同时杀青叶趁热揉捻，及时渥堆也是保温措施。

（七）做青

1. 目的

做青是乌龙茶加工特有的工序。在鲜叶萎凋（晒青）的基础上，进一步进行由晾青和摇青两部分组成的做青工序，是奠定乌龙茶香气、滋味的基础。

2. 原理

做青是在鲜叶轻度失水（萎凋）的基础上，在适宜的温湿度条件下，通过多次摇青使茶青叶片因碰撞和摩擦引起叶缘细胞逐步受损并均匀加深，由此诱发的酶促氧化作用逐步进行，其氧化产物及其他内含成分的转化产物随做青的进程不断在叶内积累，做青叶产生绿底红镶边。而在静置凉青过程中，萎蔫的叶片也逐渐恢复紧张状态的现象，俗称"还阳"，同时散发出自然的花果香。随后由于叶片水分蒸发速度大于水分从梗往叶片输送的速度而萎软下来，俗称"退青"。

3. 方法

摇青有手工摇青和机械摇青两种，全程采用摇青与静置交替进行；做青的总原则是摇青竹筒转速由低到高，晾青时间由短渐长，应根据乌龙茶类别、鲜叶、季节、气候等条件灵活掌握。

（1）看青做青　依据鲜叶特征：

深绿色（叶质硬脆，嫩梢肥壮，含水量高，叶肉厚，叶绿素含量高，难做青，如铁观音、大红袍）：重晒青、多摇青、长晾青。

黄绿色（叶质柔软，嫩茎较细，含水量低，叶肉薄，叶绿素含量低，易做青，如黄观音、金观音）：轻晒青、少摇青、短晾青。

嫩叶轻揉、薄摊，老叶重揉、厚摊，轻晒重摇，促红边；重晒轻摇，防死青。

（2）看天做青　依据温度、湿度、风速风向：

低温高湿：薄摊、重晒、多摇、长晾、走水；厚摊，发酵。

高温低湿：薄摊，轻晒、少摇、短晾。

天高气爽：厚摊，短晾。

低温低湿：厚摊，轻晒。

高温高湿：薄摊，重晒。

4. 理化变化

（1）物理变化　摇青后，青叶形态稍呈萎蔫状态，做青结束后青叶呈半膨胀状态，叶缘垂卷，叶背翻成"汤匙状"。摇青和晾青的前中期，青叶色泽逐渐转变为淡绿色、淡黄绿色，逐渐显现出光泽，叶尖、叶缘逐渐显现出红斑点。做青的后期，青叶中部色泽逐渐转变为黄绿色、绿黄色，光泽度逐渐增强，叶尖、叶缘产生较多明显的红斑点，形成"绿叶红镶边"。做青前期，青叶的青臭气逐渐散发，由浓转淡，清香逐渐显露，由淡转浓，并略带果香、花香；做青后期，青叶的清香由浓转淡，果香、花香显露。

（2）化学变化　多酚类叶绿素、类胡萝卜素等色素物质发生酶促氧化降解、转化、氧化降解产物形成、积累以及水分蒸发、"走水""退青"等剧烈变化。低、中、高沸点挥发性物质组分发生复杂的酶促生化变化。

5. 评价要点

为达到做青要求，做青间要保持稳定的温度和湿度：一般室温在 18~26℃，相对湿度

65%～80%。做青技术性强，时间长，化学变化复杂，应根据气候条件、杀青老嫩、晒青程度而零活掌握，要做到"看青做青、看天做青"。

（八）干燥

1. 目的

彻底破坏酶活性，制止多酚类氧化；散发青草气，巩固和发展茶香；紧结茶条，塑造外形；蒸发水分，固定品质，便于贮运。

2. 原理

叶内水分气化是干燥的主要特点。在干燥过程中，叶内水分的蒸发有以下步骤，即湿茶坯受热时，水分从表层逐渐汽化蒸发；接着由内层向表层扩散，最后再由表层蒸发到空气中。

3. 方法

干燥的方法有很多，根据不同的茶类进行，如绿茶有烘干、炒干、晒干等。

又根据所用机械的不同，可以分为炭火烘焙和烘干机烘干等。

4. 理化变化

（1）物理变化　水分蒸发，体积缩小，叶色逐渐加深；清香、花香、果香、焦糖香等不断显现。

（2）化学变化　在制品因干燥作用使酶逐渐钝化，而茶黄素和茶红素在干燥初期氧化作用仍在进行。果胶类物质逐渐形成一层光泽薄膜，包裹着茶叶，使色泽润。多酚类化合物减少、叶绿素破坏最多。内含物变化的总趋势是减少，水浸出物含量减少。

5. 评价要点

影响干燥的因素有很多，包括温度、风量、时间、摊叶厚度等。根据不同的因素掌握不同的干燥方式，一般干燥技术有三原则：分次干燥，中间摊凉；毛火快烘，足火慢烘；嫩叶薄摊，老叶厚摊。

第六节　茶叶感官评价

一、审评程序

（一）把盘

1. 把盘目的

（1）扦取有代表性的样茶；

（2）进行干茶外形审评。

2. 把盘过程

从茶叶中取出200～500g放入审评盘，进行把盘。将样匾前后左右回旋转动（依据长短、粗细、轻重、大小等不同均匀有序地分布），然后通过反转顺转收拢集中成馒头形（分出上中下三层次）。

注意：一般以中段茶多为好；若上段茶过多，表示粗老茶叶多、身骨差；下段茶过多，表明做工、品质有问题。

3. 审评因子

审评因子见表3-9。

表3-9 审评因子

审评因子	内容
性状	长条形（条索松紧、壮瘦、曲直、轻重、匀整、扁圆等）；圆形（颗粒细圆紧结，圆整，松散等）；扁形（扁平、挺直、光滑度等）
整碎	有完整、平伏、匀称与短碎、碎茶过多之分
色泽	色度（颜色的种类）；匀杂（是否花杂，有青条等）；光泽度（有润、枯、鲜、暗之分）
净度	是否有非茶类夹杂物，老片、黄叶是否超过标准样

4. 常见弊病

审评因子中常见的弊病见表3-10。

表3-10 审评因子中常见的弊病

审评因子	内容
松散	鲜叶粗老或老嫩不匀；揉捻不足或加压不足；二青失水过多、炒干投叶量过少；炒干湿度过高，时间短
短碎、片末多	杀青温度过高或过嫩；揉捻加压不当，加早加重；茶叶包装或结构不合理，叶被挤碎，鲜叶老嫩混杂，人为整理做碎
弯曲	条索呈弯状或钩状。揉捻机棱骨形状排列不确切；炒手结构安装不当；全滚干茶叶
扁条	加压过早、过重；投叶量过多；炒干时茶叶过湿、投叶量过多；炒手安装过紧有挤压作用
爆点	黄色火烧疤痕。炒干时火温过高
黄暗	闷杀时间过长；鲜叶不新鲜；湿坯堆积过久，未及时干燥；低温长炒
花杂	鲜叶老嫩混杂、采摘粗放、夹杂物多，鲜叶变杂；杀青程度不一，红梗红叶

（二）开汤

开汤顺序：均匀茶样→称样→按序冲泡。各大茶类冲泡方式见表3-11。

表3-11 各大茶类冲泡方式

茶类	茶叶用量[1]/g	茶水比	冲泡[2]次数及时间
精制绿茶、黄茶、白茶、红茶	3	1：50	1次，5min
乌龙茶	5	1：22	3次，2min → 3min → 5min

续表

茶类	茶叶用量[1]/g	茶水比	冲泡[2]次数及时间
黑茶	5	1:50	2次，2min → 5min
花茶	3	1:50	2次，3min → 5min

注：①扦样：用拇指，食指和中指轻轻扦取有代表性的一小撮（可比所需要略多一点），准确称量后投入已洗净烫过的审评杯内。

②冲泡：杯盖置于审评碗中，用滚烫适度的开水冲泡满杯（依据慢–快–慢的速度进行），泡水量与杯口相齐。计时从冲泡第一杯开始，随泡随加杯盖，盖孔朝向杯柄。沥汤：杯应卧搁在碗口上，杯中残余茶汁应完全滤尽。

（三）嗅香气

1. 审评因子

香气正常与否及类型、高低、持久性。

2. 审评过程

应一手拿住审评杯，一手揭开杯盖少许，靠近杯沿用鼻嗅几下，分为热嗅、温嗅及冷嗅。热嗅以嗅出茶叶香气纯异及高低为主，温嗅主要辨别香型，冷嗅了解茶叶香气的持久程度。

嗅香气一般重复一两次，每次嗅的时间约3s，不宜过久，以免嗅觉疲劳；若杯数较多，嗅香时间过长，导致每杯的冷热程度不一致，就很难进行评比。因此，每次鼻嗅评比前应将杯底茶叶抖动翻身，未评定香气前不得打开杯盖。

3. 常见弊病

（1）青气 杀青不足、发酵不足。

（2）日晒气 日光干燥。

（3）烟焦气 机具漏烟、出叶不净、茶锅巴等。

（四）看汤色

1. 审评因子

汤色正常与否及深浅、明暗、清浊等。

2. 审评过程

若茶汤中混入茶渣残叶，应用网匙捞出，再用茶匙在碗里打一圈，使沉淀物旋转集于碗中央，然后进行观察比较，要眼快、手灵，也可排队比较。

3. 常见弊病

（1）黄汤 加工过程中，鲜叶过度存放或不及时进行湿坯干燥；闷杀时间太长，炒干时温度低、时间长或温度高、时间长；干燥不彻底、含水量高、贮存受潮。

（2）深暗 毛茶受潮变质。

（五）尝滋味

1. 审评因子

茶汤的浓淡（刺激性的强弱），厚薄（茶汤内含物的多少），爽涩、纯异等方面去判断。

2. 审评过程

将大半匙（5~8mL）茶汤放入口中，将舌尖顶往上层门齿，再用口慢慢吸入空气，让茶汤在舌中跳动，以便接触舌的不同部位（舌尖：甜味；舌的两侧前部：咸味；两侧后部：酸味；舌心：鲜味、涩味，近舌根部位：苦味）。

（1）审评术语有浓烈、浓厚、浓纯、醇厚、醇和、纯正、粗涩、粗淡等；

（2）温度约50℃，过高，太烫，舌麻木；过低，舌灵敏度差，或者溶解的某些物质逐步被析出，滋味不协调；

（3）茶汤不下咽，尝第二碗时，茶匙应用白开水漂洗干净，以免互相影响。

（六）评叶底

1. 审评因子

叶底的嫩度、匀度与色泽。

（1）嫩度　通过叶底的软硬、色泽和芽头数量，以及叶脉情况可判断嫩度。

（2）匀度　厚薄、老嫩、大小、整碎、色泽是否一致。

2. 审评过程

将杯中冲泡过的茶叶放入审评盖的反面或倒入叶底盘，要注意倒时应把黏在杯壁、杯盖和杯底的茶叶全部倒干净，将叶底依次拌匀、铺开在杯盖或叶底盘上，并观察其嫩度、匀度及色泽。

若观测不明显，可用茶汤慢慢将叶底展平，使叶底平铺以便观察。

二、 评分方法

（一）级别判定

评比未知茶样品与标准样品在内质和外形方面某一层次级别的相符程度或差别。按照公式（3-1）评定位置茶样级别：

$$未知茶样级别 = （外形级别 + 内质级别）÷ 2 \tag{3-1}$$

（二）合格判定

1. 评分

依据标准样相应的等级要求（如色、香、味、形），按照规定的审评因子（表3-12）及审评方法对生产样逐项审评，结果以"七档制"（表3-13）进行评分。

表3-12　　　　　　　　　各类成品茶品质审评因子

茶类	外形				内质			
	形状（A_1）	整碎（B_1）	净度（C_1）	色泽（D_1）	香气（E_1）	滋味（F_1）	汤色（G_1）	叶底（H_1）
绿茶	√	√	√	√	√	√	√	√
红茶	√	√	√	√	√	√	√	√
乌龙茶	√	√	√	√	√	√	√	√
黑茶（散茶）	√	√	√	√	√	√	√	√

续表

茶类	外形				内质			
	形状（A_1）	整碎（B_1）	净度（C_1）	色泽（D_1）	香气（E_1）	滋味（F_1）	汤色（G_1）	叶底（H_1）
白茶	√	√	√	√	√	√	√	√
黄茶	√	√	√	√	√	√	√	√
花茶	√	√	√	√	√	√	√	√
袋泡茶	√	×	√	×	√	√	√	√
紧压茶	√	×	√	√	√	√	√	√
粉茶	√	×	√	√	√	√	√	×

注："×"为非审评因子。

表 3-13　　　　　　　　　　　　　　"七档制"审评方法

七档制	评分	说明
高	+3	差异大，明显好于标准样
较高	+2	差异较大，稍好于标准样
稍高	+1	仔细辨别才能区分稍好于标准样
相当	0	标准样或成交样的水平
稍低	−1	仔细辨别才能区分稍差于标准样
较低	−2	差异较大，差于标准样
低	−3	差异大，明显差于标准样

（1）结果计算　审评结果按公式（3-2）计算：

$$Y = A_1 + B_1 + \cdots + H_1 \qquad\qquad (3\text{-}2)$$

式中　Y——审评总得分

A_1、B_1、$\cdots$、H_1——各审评因子得分

（2）结果判定　任何单一审评因子中得−3分者判为不合格；总得分≤−3分者判为不合格。

2. 评分的形式

评分形式见表 3-14。

表 3-14　　　　　　　　　　　　　　评分形式

分类	内容
独立评分	由一个或若干个评茶员独立完成整个审评过程
集体评分	由≥3名评茶员一起完成整个审评过程。其中一人为主评。由主评先评出分，其他评茶员依据品质标准对主评出具的分数进行修改与确认，观点不一可进行讨论，得出最终分数，并加注评语，评语应引用 GB/T 14487—2017《茶叶感官审评术语》中的术语

3. 评分的方法

评分前对样品进行分类、编号，再由审评人员进行盲评，采用百分制对茶样"五因子"进行评分，并加注评语。

4. 分数的确定

（1）每个评茶员所评得分相加的总和除以参评人数，得到分数；

（2）若独立评分评茶员人数≥5人，可去除一个最高分和最低分，计算剩余分数平均分。

5. 结果计算

根据公式（3-3）计算茶样审评的总得分：

$$Y = AXa + BXb + \cdots + Exe \tag{3-3}$$

式中　Y——审评总得分

　　　A、B、$\cdots$、E——各品质因子审评得分

　　　a、b、$\cdots$、e——各品质因子的评分系数

各茶类审评因子评分系数见表3-15。

表3-15　　　　　　　　　各茶类审评因子评分系数　　　　　单位:%

茶类	外形（a）	汤色（b）	香气（c）	滋味（d）	叶底（e）
名优绿茶	25	10	25	30	10
普通（大宗）绿茶	20	10	30	30	10
工夫红茶	25	10	25	30	10
（红）碎茶	10	20	30	35	5
乌龙茶	20	5	30	35	10
黑茶（散茶）	20	15	25	30	10
压制茶	30	10	20	30	10
白茶	40	10	20	20	10
黄茶	30	10	20	30	10
花茶	20	5	35	30	10
袋泡茶	10	20	30	30	10
（红）碎茶	20	10	30	30	10
粉茶	10	20	35	35	0

（三）结果评定

评定分数从高到低排列，若有分数相同，则按"外形、香气、汤色、滋味、叶底"的次序比较单一因子得分的高低，分高者居前。

三、影响审评因素

要保证评茶人员评茶结果的正确性，必须尽最大可能排除外界因素和评茶人员自身情绪

的干扰或影响。如光线照射条件不适宜，就会影响评茶人员对茶叶的色泽、汤色的正确评价；评茶室的气味不正常，就会影响评茶人员对茶叶香气的判定；评茶用具不齐备或不完善，规格不一致，也会对评定结果造成误差。因此，为保证评查结果的准确性，必须建立完善的评茶环境条件。

（一）评茶室环境

1. 评茶室的外部环境要求

茶叶具有吸潮气、吸异味的吸附性。干茶吸附异味的能力很强，在选择评茶室时，其周围环境必须没有任何污染，也不宜与化验室、食堂、卫生间等场所靠得太近。

2. 评茶室的内部环境要求

无公害、无异味，做到干燥清洁，空气新鲜，严禁在室内吸烟和吃东西。评茶室最好安排在楼上，避免地面潮湿。有条件可安装空调或空气除湿机，地面不宜打蜡，噪声不得超过45dB，严禁与办公室混用。

3. 确保温度适宜

最适温度为 $20 \sim 27^{\circ}\mathrm{C}$，温度过高或过低都会使审评人员感到不适，影响最终的评茶结果。

4. 评茶室朝向与面积要求

朝向宜坐南朝北。面积，主要依据评茶人员的多少和日常工作量的大小而定。人多宜大一些，人少宜小一些，但最小不得小于 $8\mathrm{m}^2$，否则给审评工作的开展带来不便，影响审评结果。

5. 评茶室室内色调要求

评茶室内以白色为宜（包括门窗、墙壁和天花板），以增加室内光线的明亮度；地板宜浅灰色。

6. 评茶室的采光要求

光线柔和、明亮，无直射阳光和红、黄、蓝、紫等杂色。茶叶香气与滋味可因强光产生的光化学反应发生改变，影响茶叶品质风味。光线不均匀会影响审评人员对茶叶色泽、外形、汤色及叶底的辨识度。

评茶室的采光一般分为两种：自然光和人造光。

（1）自然光　一般利用来自北面的自然光，其从早晨到傍晚都比较均匀，强弱变化较小。将一块倾斜约 30° 左右的黑色遮光板装置在北窗外沿，用来遮蔽室外的强光直射，使评茶台面均匀受光。

（2）人造光　通常使用二管或四管式箱型盒式人造光，其具有集光装置，箱门中部装有可上下移动的活板，能灵活调节窗口的高度。箱内涂以黑色或浅灰色，用以防止产生眩光。此外，还有一种为箱型台式人造昼光观察箱，可安装在评茶室的任何地方，但必须防止室外光线的干扰。

不管使用何种人造昼光标准光源，要求干评台面的照度不得低于1000lx，湿评台面不得低于750lx。

7. 噪声

一般噪声会影响评茶人员心理行为，因此，应确保审评室的隔音效果，通常外源声音音量必须 $\leqslant 60\mathrm{dB}$。

8. 异味

审评室室内及周围不得存在强烈气味，应保持空气流通。

（二）审评室内的基本布置

1. 干评台

置放在审评室靠窗部位，台高 90~100cm，长短适宜，台面漆黑，以便干茶外形审评的进行。

2. 湿评台

置于干评台的后面，台面为白色，用以放置审评杯、审评碗等；用于茶样的泡水开汤、审评内质等操作。

3. 茶样柜

置于干湿评台的后方或侧面，用以存放茶叶样品。

（三）评茶用水

评茶用水要求无色无味、干净透明，另外需要注意的是水的酸碱度、硬度、矿物质等对茶汤颜色及香气、滋味都有影响。

一般建议用略偏酸性的水进行冲泡（如 pH6.0~7.5），这样冲泡出来的茶水品质较好。水的硬度会影响 pH、内含物浸出率和茶汤滋味。另外，水中的矿物质会使茶汤产生苦涩味。

审评泡茶用水的标准水温是 100℃，水温<100℃茶叶泡出来效果不佳。因此，沸滚起泡的开水挥茶汤香味，且水浸出物也较多。

（四）泡茶的时间

茶汤色泽与茶汤水浸出物的含量密切相关。

（五）茶水的比例

茶汤滋味和浓淡与干茶用量和冲泡水量密切相关。茶多水少，茶汤滋味浓厚；反之，淡薄。

（六）审评人员

审评人员应获得评茶员资格证书和健康证明，视力良好。评茶前，要更换专业工作服并确保双手清洁卫生。操作过程中不得使用香水、化妆品，不得吸烟。

四、 主要审评项目及评价要点

（一）外形

外形审评项目与评价要点见表3-16。

表3-16　　　　　　　干茶审评中形状、 嫩度、 色泽、 整碎和净度

审评因子	内容
形状	指茶叶形状、大小、粗细和长短等。外形呈条状的有烘青、炒青等。条形茶的条索要求紧直有锋苗，除烘青条索略带扁状外，都以松扁、曲碎的差。其他不成条索的茶叶称为"条形"，如龙井、湄潭翠芽，以扁平、光滑、尖削、匀齐的为好，粗糙、短钝的差，但珠茶要求颗粒圆结的好，呈条索的不好。黑毛茶条索要求皱褶较紧，无敞叶的好

续表

审评因子	内容
嫩度	嫩度为外形审评因子的重点，评比深浅、润枯、匀杂程度。一般来说，嫩叶中可溶性物质含量高，叶质柔软肥厚，有利于初制中成条和造型，故条索紧结重实，芽毫显露饱满，而嫩度差的则不然。由于茶类的不同，对外形的要求不尽相同，因而对嫩度和采摘标准的要求也不同，审评茶叶嫩度时应因茶而异
色泽	色泽主要从色度和光泽度两方面去看。色度即指茶叶的颜色及色的深浅程度，光泽度指茶叶接受外来的光线后，形成茶叶色面的亮暗程度。各类茶叶均有其一定的色泽要求，如红茶以乌黑油润为好，黑褐、红褐次之；绿茶以翠绿、深绿光润的为好，绿中带黄者次之；黑毛茶以油黑色为好。色泽评比颜色、枯润、匀杂，通常以新鲜、油润、一致为好
整碎	整碎指外形的匀整程度。毛茶基本上要求保持茶叶的自然形态，完整的为好，断碎的为差。精制的整碎主要评比各种茶的拼配比例是否恰当，要求筛档匀称不脱档，面张平伏。下盘茶含量不超标，上、中、下三段茶互相衔接
净度	净度指茶叶中含夹杂物的程度。不含夹杂物的为净度好，反之则净度差。茶类夹杂物之茶梗、茶籽、茶朴、茶末等，非茶类夹杂物指采制、贮运中混入的杂物，如杂草、砂石等。对于茶梗、茶籽、茶朴等，应根据含量多少来评定品质优劣

注：紧压茶审评其形状规格、松紧度、匀整度、表面光洁度和色泽。分里茶、面茶的紧压茶，审评是否起层脱面，包心是否外露等。茯砖加评"金花"是否茂盛、均匀及颗粒大小。袋泡茶仅对包装茶袋的滤纸质量和茶袋的包装质量进行审评。

（二）汤色

汤色是指茶叶经热水冲泡后呈现出的色泽。汤色审评主要评比色度、亮度和清浊度。

1. 茶汤颜色种类

（1）绿茶汤色类型

①深绿型：鲜叶为一芽二叶初展，轻揉捻，细胞破损率低，制造及时合理，常伴有清鲜香，鲜醇味，叶底嫩绿色鲜亮，大多数名优茶属此类型。

②杏绿型：芽叶新鲜细嫩，如瓜片、高级龙井等。

③浅绿型：芽叶鲜嫩，色泽绿明、清亮，常见于高级绿茶汤色，如毛尖、安化松针等。

④黄绿型：新鲜一芽二叶或三叶，属大众化绿茶的典型汤色，有烘青、眉茶、珠茶等。

（2）黄茶汤色类型

①杏黄型：汤色黄稍带绿，鲜叶幼嫩，为全芽或一芽一叶初展，属高级黄茶的典型汤色。属此类型的茶有蒙顶黄芽、君山银针等。

②橙黄型：黄中微泛红，似橘黄色，有深浅之分。属此类型的茶有沩山毛尖、北港毛尖、广东大叶青等。

③嫩黄型：鲜叶细嫩，嫩黄色，一芽一叶，该色为高级黄茶典型的色泽，干茶微黄或浅黄，毫毛满布。有蒙顶黄芽，莫干黄芽等。

（3）白茶汤色类型

①微黄型：鲜叶柔嫩，制造经萎凋、干燥两工序，白茶制法，属高档白茶的典型汤色，

属此类型的有白毫银针、白牡丹。

②橙黄型：属此类型的茶有贡眉、寿眉等。

（4）乌龙茶汤色类型

①金黄型：俗称茶油色。凡鲜叶具一定成熟度，青茶制法或经压造加工，属此类型，如铁观音、黄棪、闽南青茶、广东青茶等。

②橙黄型：属此类型的茶较多，如闽北青茶、武夷岩茶等。

③橙红型：包括红黄色，制造中经整堆和压制加工，如精制火功饱足的青茶类。

（5）红茶汤色类型

①红亮型：凡芽叶鲜嫩，制法合理，干茶色泽乌褐、油润，茶汤滋味醇厚，叶底红艳明亮，属较好的工夫红茶汤色。

②红艳型：凡芽叶较嫩，内含成分丰富（尤其茶多酚含量较高），制造经快速揉切，茶汤滋味独特（浓、强、鲜），叶底红艳，属红茶最优良的汤色，如高级工夫红茶和优质的红碎茶。

③深红型：鲜叶较老，加工中经压制，如红砖茶等。

（6）黑茶汤色类型

①橙黄型：属此类型的茶较多，如沱茶、茯砖茶等。

②橙红型：包括红黄色，制造中经整堆和压制加工，如花砖、康砖等。

③深红型：鲜叶较老，加工中经压制，如方包茶、六堡茶。

2. 茶汤审评因子

茶汤审评因子见表3-17。

表3-17   茶汤审评中色度、亮度和清浊度

审评因子	简介
色度	色度反映的是汤色的色调和饱和度。汤色随茶树品种、鲜叶老嫩、加工方法不同而变化，但各类茶均有一定的色度要求，如绿茶的黄绿明亮、红茶的红艳明亮等
亮度	茶汤的明暗度是指茶汤的亮暗程度。亮表明射入茶汤中的光线被吸收的少，反射出来的多，暗则相反。凡茶汤亮度好的，品质亦好。茶汤能一眼见底的为明亮，以清澈明亮为好；低档茶汤色一般欠明亮；陈茶的汤色发暗变深
清浊度	清浊度是指茶汤的清澈或者浑浊程度。清澈是指茶汤纯净、透明、无混杂，清澈见底，一般以清澈明亮为好；茶汤浑浊是指茶汤不清，透明度差。但在浑汤中有两种情况要区别对待，其一是红茶汤的"冷后浑"，这是咖啡因与多酚类物质的氧化物形成的络合物，茶汤冷却后，产生"冷后浑"，这是红茶品质好的表现。还有如都匀毛尖等细嫩多毫的茶叶，冲泡后大量茸毛浮于茶汤中，造成茶汤浑而不清，这也是此类茶叶品质好的现象

（三）茶叶香气

不同茶树产地、品种、加工方式等与茶叶香气的形成密切相关，即使是同一类茶，也会因产地等不同而表现出独特的地域香。

1. 茶叶香气类型

（1）绿茶类香气类型　见表3-18。

表3-18　　　　　　　　　　　　　绿茶类的香气类型

香型	特征
毫香型	凡有白毫的鲜叶，嫩度在一芽一叶以上，经正常制茶过程，干茶白毫显露，冲泡时，这种茶叶所散发出的香气，叫毫香，部分毛尖、毛峰有嫩香带毫香
嫩香型	凡鲜叶新鲜柔软，一芽二叶初展，制茶及时合理的茶有嫩香。具嫩香的有峨蕊、各种毛尖毛峰等
花香型	凡鲜叶嫩度为一芽二叶，散发出类似各种鲜花的香气，可分为青花香和甜花香两种，属青花香的有兰花香、栀子花香、珠兰花香等；属甜花香的有玉兰花香、桂花香、玫瑰花香和墨红花香等，绿茶如桐城、舒城小兰花、涌溪火青、高档舒绿等有馥郁的兰花香等
清香型	凡鲜叶嫩度在一芽二三叶，制茶及时正常，该香型包括清香、清高、清纯、清正、清鲜等，清香属绿茶的典型香

（2）黄茶类香气类型　见表3-19。

表3-19　　　　　　　　　　　　　黄茶类的香气类型

香型	特征
清香型	凡鲜叶嫩度在一芽二三叶，制茶及时、正常，属此香型包括清香、清高、清纯、清正、清鲜等，少数闷堆程度较轻，干燥火功不饱满的黄茶也属此香气
火香型	凡鲜叶较老，含梗较多，制造中干燥火温高，充足，糖类焦糖化。该香型包括米糕香、高火香、老火香及锅巴香在内。属此类型的茶有黄大茶等
松烟香型	凡在制造干燥工序用松柏或枫球、黄藤等熏烟的茶叶，属此香型的茶有沩山毛尖等

（3）白茶类香气类型　见表3-20。

表3-20　　　　　　　　　　　　　白茶类的香气类型

香型	特征
毫香型	凡有白毫的鲜叶，嫩度在一芽一叶以上，经正常制茶过程。干茶白毫显露，冲泡时，这种茶叶所散发出的香气叫毫香。如白毫银针
嫩香型	鲜叶嫩度为一芽二叶初展，如部分毛尖茶

（4）乌龙茶类香气类型　见表3-21。

表 3-21　　　　　　　　　　　　　乌龙茶类的香气类型

香型	特征
花香型	凡鲜叶嫩度为一芽二叶，制茶合理，散发出类似各种鲜花的香气，分为青花香和甜花香两种，属青花香的有兰花香、栀子花香、米兰花香等；属甜花香的有玉兰花香、桂花香和玫瑰花香等。属花香型的茶有铁观音、冻顶乌龙、凤凰单丛、水仙、台湾青茶等
清香型	凡鲜叶嫩度在一芽二三叶，制茶及时、正常，该香型包括清香、清高、清纯、清正、清鲜等，青茶类摇青做青程度偏轻及火工不足的香气也属此香型
火香型	凡鲜叶较老，含梗较多，制造中干燥火温高，充足，糖类焦糖化。该香型包括米糕香、高火香、老火香等，属此类型的茶有武夷岩茶等
果香型	茶叶中散发出各种类似水果的香气。如毛桃香、蜜桃香、雪梨香、佛手香、橘子香、李子香、菠萝香、桂圆香、苹果香等，如闽北青茶及部分品种属此香型

（5）红茶类香气类型　见表 3-22。

表 3-22　　　　　　　　　　　　　红茶类的香气类型

香型	特征
花香型	凡鲜叶嫩度为一芽二叶，制茶合理，茶叶可散发出青花香和甜花香。属青花香的有兰花香、米兰花香等；属甜花香的有玉兰花香等。属此香型的祁门红茶有花果香
甜香型	鲜叶嫩度在一芽二三叶，红茶制法，甜香为工夫红茶的典型香型。该香型包括清甜香、甜花香、干果香、甜枣香、橘子香、蜜糖香、桂圆香等
松烟香型	凡在制造干燥工序中用松柏或枫球、黄藤等熏烟的茶叶，属此香型的茶有小种红茶等
果香型	茶叶中散发出各种类似水果的香气。如蜜桃香、橘子香、苹果香等，红茶常有苹果香

（6）黑茶类香气类型　见表 3-23。

表 3-23　　　　　　　　　　　　　黑茶类的香气类型

香型	特征
陈醇香型	鲜叶较老，制造中有渥堆陈醇化过程，属此香型的茶有六堡茶、普洱茶及大多数压制茶
松烟香型	凡在制造干燥工序用松柏或枫球、黄藤等熏烟的茶叶，属此香型的茶有黑毛茶等

2. 茶叶香气浓度

茶叶香气审评因子见表 3-24。

表 3-24　　　　　　　　　　茶叶香气审评中浓度、纯度、持久性

审评因子	特征
浓度	浓度指茶叶香气的浓淡程度，即浓、鲜、清、纯、平、粗。所谓浓，指香气高，刺激性强；鲜，有醒神爽快感；清，则清爽新鲜，其刺激性不强；纯，则香气正常，无粗杂异味；平，指香气平淡但无异杂气味；粗，则感觉有老叶粗腥气。香气以浓、鲜、清为好；以淡薄、低沉、粗老为差
纯度	纯度指香气与茶叶应有的香气是否一致，是否夹杂异味，有焦、霉、馊气。纯正的茶叶香气要区别三种情况，即茶类香、地域香和附加香。茶类香为某茶类应有的香气，如绿茶要清香，小种红茶要松烟香，青茶要带花香或果香，普洱茶要有陈香，红茶要有甜香等
持久性	茶叶香气的持久性是指茶叶香气的持久程度。香气纯正持久的一般视为好茶。从热嗅到冷嗅都能嗅到香气，则表明香气持久，反之则短；香气以高而长、清爽馥郁的好，香高而短次之，低而粗为差。凡有烟、焦、酸、馊、霉、陈及其他异味涩味为低劣

（四）茶叶滋味

1. 茶叶滋味类型

（1）绿茶类滋味类型　　见表 3-25。

表 3-25　　　　　　　　　　　绿茶类的滋味类型

滋味类型	特征
浓烈型	芽叶肥壮，嫩度较好的一芽二三叶，内含与味有关的良种鲜叶，制茶合理，这类味型绿茶还具有清香或熟板栗香，叶底较嫩，肥厚，外形较壮；尝味时，味浓而不苦，富有收敛性而不涩，回味长而爽口有甜感，属此味型的茶有屯绿、婺绿等
浓醇型	鲜叶嫩度较好，茶汤入口感到内含物质丰富，刺激性和收敛性较强，回味甜或甘爽。属此类型的茶有毛尖、毛峰等
浓厚型	鲜叶嫩度较好，叶片厚实，茶汤入口，感到内含物丰富，并有较强的刺激性和收敛性，回味甘爽，属此类型的茶有舒绿、遂绿、石亭绿、凌云白毫等，浓爽也属于此类型
醇厚型	凡鲜叶质地好，较嫩，制工正常的绿茶，如高桥银峰、古丈毛尖等茶均属于此类型
鲜醇型	鲜叶较嫩，新鲜，制造及时，揉捻较轻，细胞破损率较低，味鲜而醇，回味鲜爽。属此类型的茶有太平猴魁、紫笋茶，高级烘青茶等
鲜浓型	鲜叶嫩度高、叶厚、芽壮、新鲜，水浸出物含量较高，制造及时合理，味鲜而浓，回味爽快，属此味型的有黄山毛峰、茗眉等
清鲜型	凡鲜叶为一芽一叶，新鲜，绿茶制法及时合理，有清香味和鲜爽感。属此类型的茶有蒙顶甘露、碧螺春、雨花茶、都匀毛尖等
甜醇型	鲜叶嫩而新鲜，制造讲究合理，味感甜醇，属此味型的茶有安化松针、恩施玉露等。醇甜、甜和、甜爽味都属此味型
平和型	鲜叶较老，整个芽叶约一半以上老化，制茶正常，属此味型的各类茶味除有平和外，也具有其他品质因素的特点，绿茶伴有黄绿色或橙黄汤色，叶底色黄绿稍花杂

（2）黄茶类滋味类型　见表3-26。

表3-26　　　　　　　　　　　　　黄茶类的滋味类型

滋味类型	特征
鲜淡型	鲜叶嫩而新鲜，鲜叶中多酚类儿茶素和水浸出物含量均少，氨基酸含量稍高，制造正常，茶汤入口鲜嫩舒服、味较淡，属此味型的茶有君山银针、蒙顶黄芽等
醇爽型	凡鲜叶嫩度好，加工及时合理，滋味不浓不淡，不苦不涩，回味爽口者属此类型。如黄茶的黄芽等
平和型	鲜叶较老，芽叶约一半以上老化，制茶正常，如黄茶的中下档及黑茶的中档茶，属此味型的各类茶味除平和外，也具有其他品质因素的特点，黄茶伴有深黄色，叶底色较黄暗

（3）白茶类滋味类型　见表3-27。

表3-27　　　　　　　　　　　　　白茶类的滋味类型

滋味类型	特征
鲜醇型	鲜叶较嫩、新鲜，制造及时，揉捻较轻，细胞破损率较低，味鲜而醇、回味鲜爽。属此类型的茶有大白茶、小白茶等
甜醇型	鲜叶嫩而新鲜，制造讲究合理，味感甜醇，属此味型的茶有白牡丹等。醇甜、甜和、甜爽味都属此味型

（4）乌龙茶类滋味类型　见表3-28。

表3-28　　　　　　　　　　　　　乌龙茶类的滋味类型

滋味类型	特征
浓醇型	鲜叶嫩度较好，茶汤入口感到内含物质丰富，刺激性和收敛性较强，回味甜或甘爽。属此类型的有部分青茶，青茶鲜叶具一定成熟度，审评时冲泡茶量多，水量少，这是青茶汤味"浓"的基础
浓厚型	鲜叶嫩度较好，叶片厚实，制造合理，茶汤入口感到内含物丰富，并有较强的刺激性和收敛性，回味甘爽，属此类型的茶有武夷岩茶等。浓爽也属于此类型
醇厚型	凡鲜叶质地好，较嫩，制工正常的青茶，如水仙、包种、铁观音等
平和型	鲜叶较老，整个芽叶约一半以上老化，制茶正常，属此味型的各类茶味除有平和，有甜感，不苦、不涩外，也具有其他品质因素的特点，青茶有橙黄或橙红汤色，叶底色花杂

（5）红茶类滋味类型　见表3-29。

表 3-29　　　　　　　　　　　　　　　红茶类的滋味类型

滋味类型	特征
浓醇型	鲜叶嫩度较好，茶汤入口感到内含物质丰富，刺激性和收敛性较强，回味甜或甘爽。属此类型的茶有优良的工夫红茶等
浓厚型	鲜叶嫩度较好，叶片厚实，制造合理，茶汤入口感到内含物丰富，并有较强的刺激性和收敛性，回味甘爽，属此类型的茶有滇红等。浓爽也属于此类型
浓强型	凡鲜叶嫩度较好，萎凋适度偏轻，揉切充分，发酵适度偏轻的茶叶。"浓"表明茶汤浸出物丰富，茶汤入口感觉味浓厚黏滞舌头，"强"是指刺激性大，茶汤初入口有黏滞感，其后具较强的刺激性，此为红碎茶好的典型味
醇厚型	凡鲜叶质地好，较嫩，制工正常的红茶，如川红、祁门红茶及部分闽红等
鲜醇型	鲜叶较嫩，新鲜，制造及时，揉捻较轻，细胞破损率较低，味鲜而醇，回味鲜爽。属此类型的茶有高级祁红、宜红等
清鲜型	凡鲜叶为一芽一叶，新鲜，红茶制法及时合理，有清香味鲜爽感。属此类型的茶有白琳工夫红茶等
甜醇型	鲜叶嫩而新鲜，制造讲究合理，味感甜醇，属此味型的有小叶种工夫红茶。醇甜、甜和、甜爽味都属此味型
醇爽型	凡鲜叶嫩度好，加工及时、合理，滋味不浓不淡，不苦不涩，回味爽口者属此类型。一般中上级工夫红茶等属此类型
醇和型	凡滋味不苦涩而有厚感，回味平和较弱属此类型。如中级工夫红茶等
平和型	鲜叶较老，整个芽叶约一半以上老化，制茶正常，属此味型的各类茶味除有平和，有甜感，不苦、不涩外，也具有其他品质因素的特点，如红茶伴有红汤、香低，叶底花红

（6）黑茶类滋味类型　　见表 3-30。

表 3-30　　　　　　　　　　　　　　　黑茶类的滋味类型

滋味类型	特征
陈醇型	鲜叶尚嫩，制造中经发水闷堆陈醇化过程，属此类型的茶有六堡茶、普洱茶等
醇和型	凡滋味不苦涩而有厚感，回味平和较弱属此类型。如黑茶的湘尖、六堡茶等
平和型	鲜叶较老，整个芽叶约一半以上老化，制茶正常，如黑茶的中档茶，属此味型的各类茶除有平和，有甜感，不苦、不涩外，也具有其他品质因素的特点，如黑茶伴有松烟香等

2. 茶叶滋味审评因子

滋味审评因子见表 3-31。

表 3-31　　　　　茶叶滋味审评中浓淡、 厚薄、 醇涩、 纯异和鲜钝

审评因子	简介
浓淡	茶汤浓是指茶汤内含物丰富，收敛性强，有黏厚的感觉；淡是指茶汤内含物少，无杂物淡薄无味
厚薄	厚是指茶汤吮入口中感到刺激性或收敛性强，吐出茶汤长时间内味感强；薄则相反，入口刺激性弱，吐出茶汤口中味感平淡
醇涩	"醇"表示茶味尚浓，回味也爽，但刺激性不强；"涩"似食生柿，有麻嘴、厚唇、紧舌之感。一般先有涩感后不涩的茶汤不属于味涩，吐出茶汤仍有涩味才属于味涩，涩味一方面是夏、秋季节茶的标志，另一方面表示品质老杂
纯异和鲜钝	"纯"指正常茶应有的滋味。"异"属于不正常的滋味，如酸、馊、霉、焦味等。"鲜"指似吃新鲜水果的感觉；"钝"入口刺激性弱，吐出茶汤口中平淡

（五） 叶底

叶底是指冲泡后剩下的茶渣。看叶底主要依靠视觉和触觉，审评叶底的嫩度、色泽和匀度（表 3-32）。

表 3-32　　　　　茶叶叶底审评中嫩度、 色泽敏感度和匀整度

审评因子	简介
嫩度	嫩度是指芽叶的含量，叶质柔软程度。以芽及嫩叶含量比例和叶质老嫩来衡量。芽以含量多、粗而长的好，细而短的差。但应视品种和茶类要求不同而有所区别，如碧螺春细嫩多芽，其芽细而短、茸毛多。病芽和驻芽都不好。叶质老嫩可从软硬度和有无弹性来区别，叶的大小与老嫩无关，因为大的叶片嫩度好也是常见的
色泽明暗度	主要看色度和亮度，其含义与干茶色泽相同。审评时掌握本茶类应有的色泽和当年新茶的正常色泽。如绿茶叶底以嫩绿、黄绿、翠绿明亮者为优；深绿为差；暗绿带青张或红梗红叶者次；青蓝叶底者为紫色芽叶制成，在绿茶中认为品质差。红茶叶底以红艳、红亮为优；红暗、乌暗花杂者差
匀整度	主要从老嫩、大小、厚薄、色泽和整碎去看，上述这些因子都较接近、一致匀称的为匀整度好，反之则差；匀整度与采制技术有关，匀整度是评定品质的辅助因子，匀整度好不等于嫩度好，不匀也不等于鲜叶老，匀与不匀主要看芽叶组成与鲜叶加工合理与否

注：审评叶底时还应注意看叶的舒展情况、是否掺杂等。因为干燥温度过高会使叶底缩紧，泡不开、不散条的为差，叶底完全摊开也不好，好的叶底应具备亮、嫩、厚、稍卷等几个或全部因子，次的为暗、老、薄、摊等几个或全部因子，有焦片、焦叶的更次，变质叶、烂叶为劣变茶。

第七节　茶叶理化评价

一、　影响因素

（一）取样

取样是抽取能充分代表整批茶叶品质的最低数量的样品，作为审评品质优劣及理化检测指标的依据。取样受货源、品种、生产季节、加工方法和匀堆装箱等条件的限制。取样时要求工具卫生标准符合国家卫生要求的相关规定。

（二）样品的制备

茶样经磨碎时，磨碎的工具由不吸水的材料构成，以免影响试验的准确性。样品容器要清洁，外来物质会影响试验的准确性。

（三）实验设备

理化成分检验设备的准确性、恒定性、灵敏性是茶叶质量安全理化评价的基础，实验设备要求清洁，不与茶叶内含物质发生反应。

二、　主要技术及评价要点

（一）取样技术及评价要点

应用统一的方法和步骤，抽取能充分代表整批茶叶品质的样品。取样技术与评价要点见表3-33。

表3-33　　　　　　　　　　　　　取样技术及评价要点

项目	内容
取样工作环境	满足食品卫生的有关规定，防止外来杂质污染样品
取样用具和盛器（包装袋）	符合食品卫生的有关规定，即清洁、干燥、无锈、无异味；盛器（包装袋）应能防尘、防潮、避光
取样人员	有经验或经培训合格，或交由专门的取样机构负责取样；具体取样方法详见 GB/T 8302—2013《茶　取样》

（二）样品的制备技术及评价要点

样品制备技术与评价要点见表3-34。

表3-34　　　　　　　　　　　　　样品的制备技术及评价要点

设备	内容
磨碎机	材质要求不吸收水分；使磨碎样品能完全通过孔径为 $600 \sim 1000\mu m$ 的筛；死角尽可能小，易于清扫

续表

设备	内容
样品容器	材料要求干燥、清洁、密闭、避光的玻璃或不与样品起反应；以装满磨碎样为宜。具体的样品制备方法详见 GB/T 8303—2013《茶　取样》

第八节　茶叶卫生评价

一、　影响因素

（一）取样

取样是抽取能代表本批茶叶品质的最低数量的样品茶叶。样品茶叶作为审评检验品质优劣和理化指标的依据，受货源、品种多、生产季节、加工方法和匀堆装箱等条件的限制，且取样时要求工具卫生标准符合国家卫生要求的相关规定。

（二）样品的制备

茶样经磨碎时，磨碎的工具由不吸水的材料构成，保证磨样工具安全、无污染，以免影响实验的准确性，样品容器要清洁，外来物质会污染样品，导致其结果不准确。

（三）实验设备

理化成分检验设备的准确性、恒定性、灵敏性是决定茶叶质量安全理化评价的基础，实验设备要求清洁，不与茶叶内含物质发生反应。实验设备不得含有重金属，以免污染茶样，造成实验误差产生。

二、　主要技术及评价要点

（一）取样技术及评价要点

应用统一的方法和步骤，抽取能充分代表整批茶叶品质的样品。具体取样技术及评价要点同表 3-33。

（二）样品的制备技术及评价要点

具体样品的制备技术及评价要点同表 3-34。

茶叶质量安全溯源体系

第一节　茶叶质量安全溯源

一、　国外溯源系统发展

（一）国外食品质量安全事件

近年国外食品质量安全事件见表4-1。

表4-1　　　　　　　　　　　近年来国外食品质量安全事件

年份	食品质量安全事件
2018	美国生菜遭大肠杆菌污染并造成6人死亡
	南非即食加工肉类出现李斯特菌感染造成216人死亡
	美国麦当劳"环孢子虫病"事件
2019	德国"芳香烃门"事件
	美国"人造肉"事件
	瑞典"沙门菌感染"事件
2020	巴西"橄榄油"事件
	意大利葡萄酒以次充好
	印度牛奶含危险化学物质
	柬埔寨米酒掺入有毒物质
	墨西哥、多米尼加共和国"酒精饮料"分别造成105人和177人死亡
	巴基斯坦糖中掺入非法化学品
2021	意大利黄鳍金枪鱼注水及亚硝酸盐事件
	印度小麦"着色剂"事件

续表

年份	食品质量安全事件
	捷克"蛋白粉"事件
2021	意大利番茄浓缩汁农药残留超标
	保加利亚葡萄酒甘油残留

（二）国外实施追溯发展及其背景

国外溯源发展与背景见图4-1。

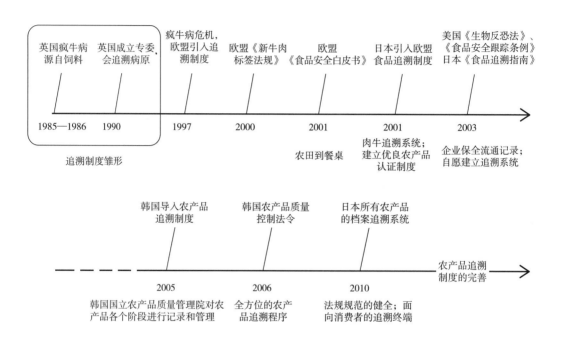

图4-1　国外溯源系统发展与背景

（三）欧盟追溯体系

欧盟农产品追溯体系初步建于1997年，首次在《食品安全白皮书》（2000年1月）中提出了"农田到餐桌"的农产品各环节全程追溯理念。

1. 法律法规

相关法律法规主要有《食品安全白皮书》（EC）/VO 178/2002《食品法规的一般原则和要求》（General principles and requirements of food law）等。

2. 追溯要求

2002年1月，欧盟颁布（EC）/VO 178/2002《通用食品法》号法令，通过法律强制执行，要求所有农产品生产经营者于2005年1月1日建立可追溯体系，尤其是肉类食品必须实施追溯，否则不允许上市。

3. 全程追溯流程

全程追溯流程见图4-2。

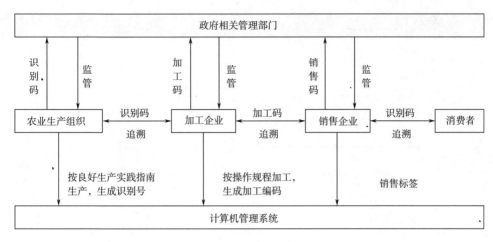

图 4-2 全程追溯流程

二、 我国溯源系统发展

（一）国内食品质量安全事件

近年国内食品质量安全事件见表 4-2。

表 4-2 近年国内食品质量安全事件

年份	食品质量安全事件
2018	甲醛白菜、真假有机菜事件
	陈醋造假事件
	冷冻包做外卖事件
	植物油造假事件
2019	浙江地沟油事件
	温州竹笋二氧化硫残留量超标事件
	某品牌奶香馒头发霉事件
	某品牌饮料"添加门"事件
	某品牌产品黄曲霉毒素超标
	某品牌产品被查出金黄色葡萄球菌事件
	沈阳"毒豆芽"事件
	"一滴香"食品调料事件
	海南毒豇豆事件
2020	"镉大米"事件
	假冒特医奶粉造成婴儿患上"佝偻病"事件
	黑龙江酸汤子引起食物中毒事件

续表

年份	食品质量安全事件
2020	山东海参事件
	某品牌使用过期面包事件
2021	羊肉使用"瘦肉精"事件
	沃柑调高除菌农药稀释浓度事件
	固体饮料冒充奶粉事件
	凉茶添加"非法西药"事件
	某品牌拉面"汤底门"事件
	毒胶囊事件

（二）国内实施追溯发展及其背景

国内实施追溯发展与背景见图4-3。

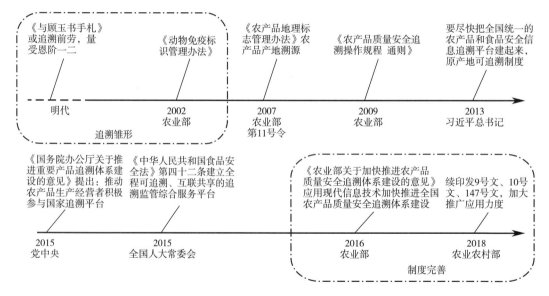

图4-3　国内实施追溯发展与背景

（三）中国溯源系统

1. 法律法规

（1）法律2部　《中华人民共和国食品安全法》《中华人民共和国农产品质量安全法》。

（2）制度6项　《农产品质量安全信息化追溯管理办法（试行）》以及5项配套制度《国家追溯平台主体注册管理办法》《国家追溯平台追溯业务操作规范》《国家追溯平台监管、监测、执法业务操作规范》《国家追溯平台追溯标签管理办法》《国家追溯平台信息员管理办法》。

（3）标准11项　《农产品质量安全追溯管理专用术语》等。

2. 追溯要求

（1）2015—2017 年中央一号文件　建立全程可追溯、互联共享的追溯监管综合服务平台。

（2）《国务院办公厅关于推进重要产品追溯体系建设的意见》　推动农产品生产经营者积极参与国家追溯平台。

（3）农业部文件（农质发〔2017〕9 号）　以广东、四川和山东 3 个省 15 个县 10 个品种为试点，推动国家追溯平台试运行。

（4）农业部文件（农质发〔2018〕9 号）　全面推广应用国家追溯平台。

3. 全程追溯流程

全程追溯流程见图 4-4。

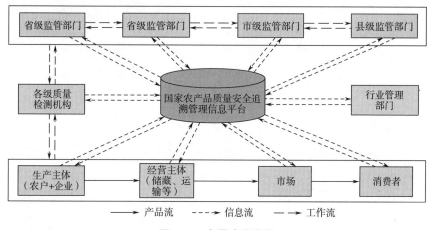

图 4-4　全程追溯流程

第二节　茶叶质量安全溯源体系

茶叶质量安全溯源体系主要包括追溯系统（追溯和查询）和管理系统（追溯管理、平台管理、监督管理），其建设需从系统构成、平台搭建、信息采集、溯源编码等方面进行。

一、系统模块

系统模块确定茶叶质量安全溯源系统构成，包括用户管理和角色管理等类型的系统管理模块，以及基地、加工、运输、销售、编码等环节的溯源管理模块，具体功能或事项见表 4-3。

表 4-3　　　　　　　　　　　　　　　　　　系统模块

名称	类型		内容
管理模块	系统	用户管理	即管理所有用户的功能，负责给不同用户分配权限；不同的用户登录系统，系统只显示用户所拥有权限的管理界面

续表

名称	类型		内容
管理模块	系统	角色管理	即后台某个用户的权限集合，进入角色管理，根据需要添加新角色，进行角色权限分配和功能修改更新
	溯源		农事管理、收购、加工、包装、仓储、出厂和运输等环节
模块功能	基地	品种信息	采集和维护所有茶园种植的茶树品种信息
		种植情况	采集和维护茶园种植的茶树基本种植情况，如品种来源、种植面积、种植规格等
		施肥情况	采集和维护茶树种植过程中的施肥记录
		农药使用情况	采集和维护茶树种植过程中的农药使用记录
		茶场作业记录	采集和维护茶树种植过程中的相关作业记录
		采摘记录	采集和维护茶树鲜叶采摘相关情况进行记录
	加工	系统管理	相关人员的管理、日常维护工作以及二维码生成
		茶青批次	按鲜叶批次的形式，将茶青原料的批次、数量、等级、日期及人员情况等相关信息数据进行采集和维护
		加工批次	按加工批次的形式，将茶叶产品的加工批号、工艺流程、原料来源、日期及负责人等相关信息数据进行采集和维护
		包装批次	按产品批次的形式，将茶叶包装的批次信息、产品批号、包装方式、包装材料、等级、规格及日期等相关信息数据进行采集和维护
		包装装箱打码	打印条形码和二维码标签，供成品包装箱盒贴标
		成品库存管理	成品入库、出库进行记录处理
		系统管理	相关人员的管理、日常维护工作以及二维码生成
	运输		包括运输管理（对运输环境、地点及时间的管理）、运输企业、系统管理三个子模块
	销售		包括销售管理（记录销售环境、过程及企业等信息）和系统管理两个子模块
	编码		通过批次链接各环节数据，建立系统商品的唯一性与可追溯性

二、 系统建设

（一） 建设思路

采集茶叶产地、种植、原料、加工、包装、贮藏、物流、销售、检验等各个环节的信息，录入种植、采摘、加工、销售等管理子系统，建立茶叶质量安全溯源系统；进行全面监督检查、跟踪溯源，实时监控和预警，行有迹、追有踪、溯有源、查有据；确保信息透明、可查，维护消费者权益，树立企业品牌价值和声誉，便于相关部门监管。

（二）系统建设

1. 建设目标

（1）实现茶叶生产、流通等整个过程的关键环节信息化管理；

（2）兼具灵活的适应性和功能的易扩展性，便于监管，保护消费者和企业等群体的权益。

2. 需求分析

从系统的用户接入、编码、溯源等功能需求，以及系统的整体性、先进性、实用性、安全性等性能需求进行需求分析，详见表4-4。

表4-4　　　　　　　　　　　　　　　系统需求分析

类型			内容
系统功能需求	用户接入	生产者	经统一认证接口进入系统，通过具有通信能力的设备进行茶叶生产过程中的数据读写
		消费者	用户通过登录农产品溯源系统，录入产品包装上的追溯码，即可查看农产品详细信息，同时可在溯源平台上查看企业其他农产品信息追溯码
		系统管理者	需要安全认证方法进行系统的调试维护，为各类数据库进行跟踪管理
	编码		由茶树种植及茶叶的类别、批次、工艺等构成的唯一标识，编码必须按照相应编码原则进行
	溯源		不同形式的溯源码是为了方便系统用户进行数据查询操作，查询管理的需求辐射到系统的各类用户，根据查询数据的时间属性可以分为实时查询和历史查询
系统性能需求	整体性		系统技术需充分考虑系统中心集成平台以及茶叶溯源管理系统、传感采集、视频监控、智能控制之间的相互关系，将各系统纳入到统一的操作管理平台，实现统一的调度、管理及多个终端的远程操控
	先进性		采用先进的技术、设备和材料，使整个系统在一定时期内保持技术的先进性
	实用性		具有良好的发展潜力，以适应未来发展和技术升级的需要，客户界面需要强调视觉效果，操作简便、直观，便于用户的理解，方便用户的使用
	安全性		系统需要设计相关的安全措施，对系统的所有用户进行权限控制，实现安全的接入管理，RFID阅读器进行数据采集时的操作权限管理

3. 架构设计

生产者采集茶叶产地、种植、原料等各个环节的信息，分种植、采摘、加工、销售4个管理子系统，录入中央溯源信息数据库，完善追溯系统的基本数据库；监管、监测、执法等管理部门登录溯源平台，进行茶叶生产流通各环节的监管、监测、执法，确保信息透明、可查，维护消费者权益。

4. 技术要求

溯源平台运作还需满足系统的操作系统、数据库等软件平台，以及服务器、扫描器、打码机等硬件配置，详见表4-5。

表4-5   技术要求

类型		内容
系统软件	操作系统	Windows 和 macOS 等操作系统
	数据库	MySQL5.6、SQL Server、Oracle、DB2 等数据库
系统硬件	服务器	Web 服务器、数据服务器
	扫描器	条形码、二维码等扫描器
	打码机	条形码、二维码等打码机
	其他	PC 终端等设备

三、 溯源信息

生产者采集产地、种植、原料、加工、包装、贮藏、物流、销售和检验等基本信息和质量/安全/流通信息，进行编码，分录入种植、采摘、加工和销售等管理子系统录入数据库，建立茶叶质量安全溯源体系（表4-6），实现茶叶质量安全的种植、管理、采摘、生产和流通等整个环节追溯与监督（图4-5）。

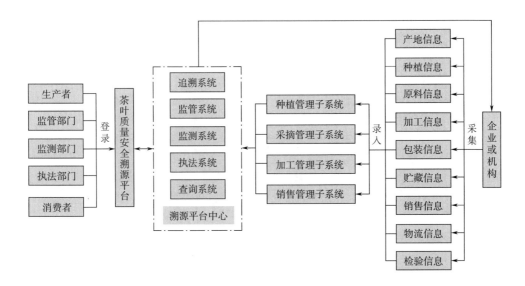

图 4-5   溯源系统框架

表 4-6　　　　　　　　　　　茶叶质量安全溯源信息

溯源信息	项目	基本信息	其他信息（质量/安全/流通）
采集	产地信息	基地名称、地址、技术人员等	
	种植信息	品种信息、土壤类型、种植环境、肥料信息、农药信息等	
	原料信息	鲜叶采摘时间、天气、等级等	
	加工信息	茶叶类别、工艺、日期、批次、设施、产量、等级等	
	包装信息	类型、批次、日期、规格、数量、责任人等	
	贮藏信息	贮藏的日期、设施、方式、环境条件、责任人等	
	物流信息	运输信息、运输方式、来源地信息、目的地信息等	
	销售信息	商品名、经销商、进货时间、上架时间等	
	检验信息	产品来源、检测日期、检测机构、检验结果等	
录入	种植管理子系统	基地（或茶园）责任人、通信地址、技术人员、品种名称、品种来源、种植面积、周边环境等	种植区域土壤类型、土壤重金属含量、肥料使用情况、农药使用情况等
	采摘管理子系统	基地（或茶园）责任人、通信地址、品种名称、采摘等级、采摘方式等	采摘时间、采摘天气、采摘用具、贮运设备等
	加工管理子系统	加工厂的责任人、食品生产许可证及茶树品种、茶青等级、采摘时间、入库信息等	茶叶加工方、加工设备、入库时间、贮藏方式等
	销售管理子系统	生产厂家、基地信息、加工信息、贮运、销售批次等	来源地企业、存储方式、销售目的地、运输方式、运输时间、物流信息等

四、 溯源编码

溯源编码是实现供应链追溯的基础，将采集茶叶产品信息转化或编码为计算机信息传递，为茶叶安全生产、追溯和监管的重要环节，须满足唯一性、开放性、实用性等原则（表4-7）。

表4-7   溯源编码原则及其依据

原则	内容
唯一性	一个产品追溯单元对应一个编码，一个编码仅表示一个追溯单元
开放性	通用性、全局性和可扩展性，保障编码在开放的环境中使用，便于供应链中的参与方加入
实用性	追溯单元由供应链中的参与方实际情况决定，不同追溯单元决定了不同追溯成本，应尽最大化利用各参与方已有的软件、硬件设施，减少参与方的追溯成本

注：编码依据为GB/T 16986—2003《EAN·UCC系统应用标识符》、NY/T 1431—2007《农产品追溯编码导则》、NY/T 1430—2007《农产品产地编码规则》、GB/T 7027—2002《信息分类和编码的基本原则与方法》。

（一）种植环节

1. 产地编码

对不同地块进行编码，同一地块以相对一致的地理区域进行划分（包括种植时间、品种及生产措施）。

地块编码可由数字、字母或数字与字母混合组成。

（1）农户地块   农户地块编号见图4-6。

图4-6   农户地块

（2）企业地块   企业地块编号见图4-7。

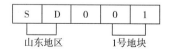

图4-7   企业地块

以地块为单位建立地块编码档案，内容应包括种植基地名称、地块编号、种植面积等。记录内容见表4-8。

表 4-8   茶园产地记录表

基地名称：

地块编号	种植面积	栽培品种	产地自然环境	植保员	负责人

注：产地自然环境应包括年平均温度、湿度，年最高、最低温度，年降水量，土壤 pH，土壤类型等。

2. 种植者编码

建立种植者编码档案，应包含以下信息：姓名（种植户名或种植组名）、种植区域、种植面积、种植品种。记录内容见表 4-9。

表 4-9   茶园种植者记录表

姓名	种植者编码	种植面积	种植品种	种植者地块号

3. 农事管理编码

（1）农事活动信息内容应包括作业内容、作业人及作业日期。农事活动内容应符合 DB52/T 624 的规定。记录内容见表 4-10。

表 4-10   茶园农事记录表

地块编号：   内部检查员：

日期	农事活动内容	作业人

注：农事活动内容包括采摘、修剪、施肥、除草、耕作、防治病虫害、灌溉等。

（2）做好农产品管理及使用详细记录，记录内容见表 4-11 和表 4-12。

表 4-11   茶园投入品管理记录表

类别	名称	购买日期	购买数量	采购人	库房收货人	领用人	领用量	领用时间

表 4-12   茶园投入品使用记录表

地块编号：   内部检查员：

类别	名称	主要成分	使用日期	使用面积/亩	使用量	投入生产商	操作人

3. 采摘者编码

建立采摘者编码档案，记录内容见表 4-13。

表 4-13　　　　　　　　　　　　茶园采摘记录表

日期	姓名	采摘者编号	采摘数量	地块编号	采摘面积	品种	级别	负责人

（二）加工环节

1. 环节分类

加工环节包括初加工、精加工、拼配、包装等。

2. 茶青批次编码

记录内容见表 4-14。

表 4-14　　　　　　　　　　　　鲜叶收购批次记录表

收购批次：　　　　　　　　　　　　　　　　　　收购日期：

采摘者编号	鲜叶数量	级别	运输方式	承运人	验青员

3. 加工批次编码

记录内容见表 4-15。

表 4-15　　　　　　　　　　　　茶叶产品加工记录表

加工批次编码：　　　　　　　　　　　　　　　　生产日期：

收购批次	鲜叶量	加工工艺	干茶量	等级	产品名称	负责人

4. 包装批次编码

记录内容见表 4-16。

表 4-16　　　　　　　　　　　　茶叶包装批次记录表

包装批次：

日期	产品名称	生产批号	产品数量	产品检测结果	包装编码	负责人

5. 分包批次编码

记录内容见表4-17。

表4-17 茶叶分包记录表

大包装编号	分包车间温湿度	小包装编号	分包负责人	分包产品库房	库房收货人

（三）贮运环节

1. 贮藏设施编码

记录内容见表4-18。

表4-18 茶叶产品库房记录表

库房编号	库房面积	湿度	温度	除湿设备	保洁员	负责人

2. 贮藏批次编码

记录内容见表4-19。

表4-19 茶叶产品贮藏批次记录表

入库日期	产品名称	入库数量	小包装编号	贮藏批次编号	交货人	收货人

（四）销售环节

1. 出库批次编码

记录内容见表4-20。

表4-20 茶叶产品出库记录表

出库日期	出库产品编号	产品名称	出库数量	提货人	负责人

2. 销售编码

常见两种方式：预留代码+销售代码为追溯码；或在企业编码外标出销售代码。

五、 国家农产品质量安全追溯管理信息平台

以国家农产品质量安全追溯管理信息平台为例，包括"追溯系统""监管系统""执法

系统""检测系统"等子系统。

　　该平台为部级监管机构提供主体注册和账号权限分配功能，再逐级分配省级、地市、县级监管机构及本级检测机构、执法机构和地市级监管机构，县级监管机构审核生产主体的在线入网登记申请、填报基础信息等（图4-8）。

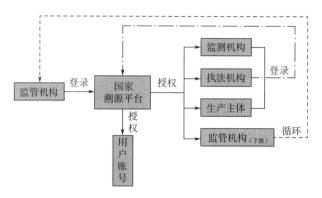

图4-8　溯源平台组成及运作流程

（一）监管系统

　　监管系统为各级监管机构提供信息化管理服务，通过集中管理基础数据（追溯、监管、监测、执法），实现政府监管的移动化、智能化、可视化，提升科学决策、风险预警和应急指挥能力，综合提升政府的智慧监管能力。其系统组成及运作流程见图4-9。

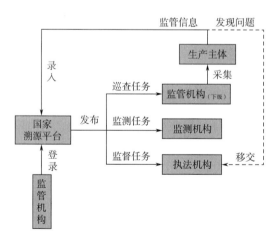

图4-9　监管系统组成及运作流程

（二）监测系统

　　监测系统为各级检测机构提供风险监测和监督抽查任务接收、分发、管理等业务操作，提升科学决策、风险预警和应急指挥能力，提升政府的智慧监管能力，实现信息化、智能化、可视化、移动化办公和服务。其系统组成及运作流程见图4-10。

（三）执法系统

　　执法系统为执法机构提供日常执法业务和监督抽查业务的信息记录、处理和管理。

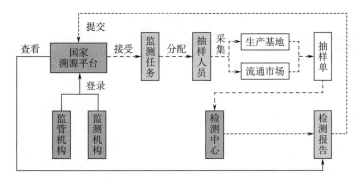

图 4-10　监测系统组成及运作流程

包括对生产经营主体实施现场巡查工作日志的记录，根据现场巡查抽样的情况，给检测机构发送委托检测任务，并对抽查结果不合格的生产经营主体进行行政处罚的信息记录管理；承担监管机构发布的监督抽查任务，对生产经营主体进行抽样，并根据抽样结果进行行政处罚工作。其系统组成及运作流程见图 4-11。

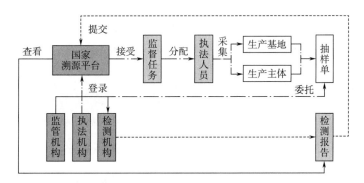

图 4-11　执法系统组成及运作流程

（四）追溯系统

追溯业务是国家追溯平台的主要组成部分，以责任主体和产品流向管理为核心，结合扫码交易记录与追溯凭证为市场准入条件，构建从"产地→市场→餐桌"的全程可追溯体系（图 4-12、表 4-21）。

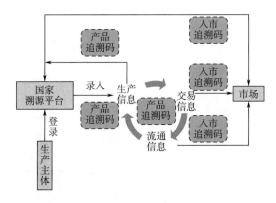

图 4-12　追溯系统组成及运作流程

表4-21 溯源平台职权与业务内容

系统	职权	业务
监管系统	（1）负责分配管理下级监管机构和本级检测、执法机构用户管理员账号； （2）监控和管理本级和下级各类用户使用平台情况； （3）负责分配本级用户账号及权限； （4）负责使用平台开展日常工作； （5）培训、指导各级各类机构工作开展业务操作； （6）处理本级和下级监管机构、本级检测机构和执法机构提交的各种申请	（1）发布基地巡查、风险监测（例行监测、专项监测）、监督抽查等任务和通知公告； （2）接收任务，开展基地巡查工作，查看主体信息，采集录入监管信息，实现监管信息与主体注册信息关联； （3）采集录入尚未登记的生产经营的主体、产品和监管信息； （4）在检查过程中发现问题，移交执法机构，由执法机构开展后续工作； （5）查看执法机构的工作执行情况； （6）收集整理平台使用情况和问题建议
监测系统	（1）负责分配本级用户账号及权限； （2）使用国家追溯平台开展检测信息采集和应用； （3）收集整理平台使用情况和问题建议	（1）接收风险监测（例行监测、专项监测）并开展工作； （2）获取样品信息，填写抽样信息，实现样品信息与主体注册信息关联； （3）手动录入无追溯码样品的产品信息； （4）接收监督抽查任务或委托任务抽样单并开展工作； （5）录入检测结果； （6）查看执法机构的工作执行情况； （7）开展数据汇总分析，并将结果上报至任务下发机构
执法系统	（1）负责分配本级用户账号及权限； （2）使用国家追溯平台开展执法信息采集和应用； （3）收集整理平台使用情况和问题建议	（1）发布工作任务； （2）接收工作任务并开展监督抽查和行政执法等相关工作，查看主体信息，采集录入执法信息，实现执法信息与主体注册信息关联； （3）采集录入未注册生产经营的主体、产品和执法信息； （4）提交监督抽查抽样单； （5）发布监测任务； （6）查看工作执行情况
追溯系统	（1）采集录入生产经营追溯信息； （2）生成和打印追溯标签	（1）完成注册，采集录入产品信息和批次信息，生成和打印产品追溯码； （2）确定下游主体后，填写交易信息以及相关承运、贮藏等追溯信息，提交追溯平台，下游主体即刻收到推送信息，交易确认后，生成产品追溯码； （3）进入批发市场、零售市场或生产加工企业时，选择入市操作，填报交易信息，生成并打印入市追溯凭证并交给下游主体

第三节 茶叶质量安全溯源系统规范

一、 基本要求

追溯系统建立的基本要求见图4-13。

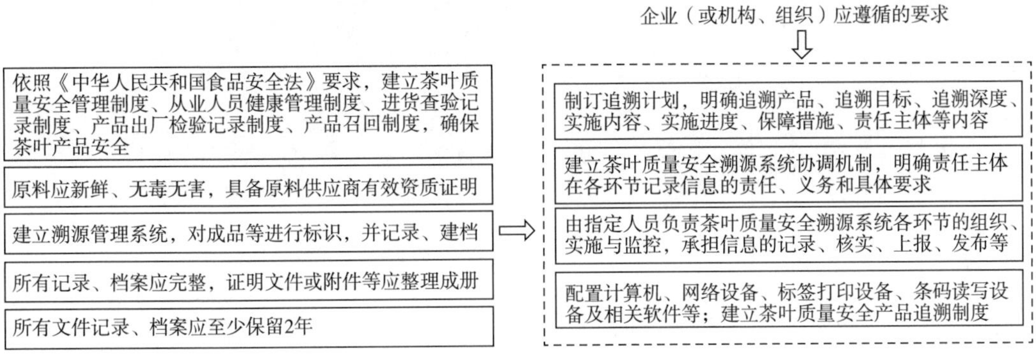

企业（或机构、组织）应遵循的要求

依照《中华人民共和国食品安全法》要求，建立茶叶质量安全管理制度、从业人员健康管理制度、进货查验记录制度、产品出厂检验记录制度、产品召回制度，确保茶叶产品安全

原料应新鲜、无毒无害，具备原料供应商有效资质证明

建立溯源管理系统，对成品等进行标识，并记录、建档

所有记录、档案应完整，证明文件或附件等应整理成册

所有文件记录、档案应至少保留2年

制订追溯计划，明确追溯产品、追溯目标、追溯深度、实施内容、实施进度、保障措施、责任主体等内容

建立茶叶质量安全溯源系统协调机制，明确责任主体在各环节记录信息的责任、义务和具体要求

由指定人员负责茶叶质量安全溯源系统各环节的组织、实施与监控，承担信息的记录、核实、上报、发布等

配置计算机、网络设备、标签打印设备、条码读写设备及相关软件等；建立茶叶质量安全产品追溯制度

图4-13 追溯系统建立的基本要求

二、 基本原则

基本原则见表4-22。

表4-22 基本原则

原则	内容
合法性	遵循国家法律、法规和相关标准的要求
完整性	追溯信息应覆盖茶叶产品生产、加工、流通全过程
对应性	实行代码化管理，确保茶叶产品追溯信息与产品的唯一对应
高效性	结合网络技术、通信技术、条码技术等，建立高效、精准、快捷的茶叶质量安全溯源系统

三、 体系实施

体系实施见表4-23。

表4-23 体系实施

类型	内容
确定追溯产品	明确企业可追溯茶叶产品的特点，划分追溯单元，确定生产、加工、流通过程中各环节的追溯精度

续表

类型		内容
追溯标识		（1）茶叶产品形成的追溯标识应作为茶叶质量安全追溯信息的载体或查询媒介； （2）追溯标识内容应包括茶叶产品追溯码、信息查询渠道、追溯标志； （3）追溯标识载体形式多样，标签规格大小由企业（或组织、机构）自行决定
编码	从业者编码	采用组合码对茶叶产品的各环节中相关从业者进行分级分类编码管理。企业（或组织、机构）应记录其贸易项目代码或组织机构代码，个体应记录公民身份证号
	产地编码	（1）编码方法按 NY/T 1430—2007《农产品产地编码规则》规定执行，建立统一、规定的茶叶产品产地编码； （2）国有农场产地编码采用 31100+全球贸易项目代码+7 位地块代码组成。地块代码采用固定递增格式层次码，第一、二位代表管理区代码，第三、四位代表生产队代码，第五至第七位代表地块顺序代码
	产品编码	采用组合码对茶叶产品进行分级分类，编码管理
	批次编码	采用并置码对茶叶产品的各个环节进行定点、定时、定量管理。批次编码应表达环节特征等信息
	追溯信息编码	追溯编码应从下面 3 种方式中选择适宜的编码方法： （1）按 NY/T 1431—2007《农产品追溯编码导则》规定执行，由 EAN·UCC 编码体系中全球贸易项目代码 AI（01）和产品批号代码 AI（10）等应用标识符组成； （2）以批次编码作为质量安全追溯编码； （3）企业（或组织、机构）自定义质量追溯信息编码
信息采集		（1）信息应包括产地、生产、加工、包装、储运、销售、检验等与质量安全有关的环节内容； （2）信息记录应真实、准确、及时、完整、持久，易于识别和检索。采集方式包括纸质记录和计算机录入等

四、信息管理

（一）基本要求

信息管理基本要求见表 4-24。

表 4-24　　　　　　　　　　信息管理基本要求

要求	内容
信息管理	对采集的信息进行分类、归类、分析、汇总，保持信息的真实性
信息存储	对整理后的信息应及时进行存储和备份。保质期不足 2 年的，追溯信息应至少保存 2 年

续表

要求	内容
信息传输	上一环节操作结束时，应及时将信息传输给下一环节。企业（或组织、机构）汇总各环节信息后传输到溯源系统
信息查询	凡经相关法律法规规定，应向社会公开的质量安全信息，均应建立一个技术平台，用于公众查询

（二）信息记录

根据茶叶生产流程状况，信息记录要求分为茶园管理及鲜叶采摘、加工、流通及销售4个环节。

1. 茶园管理及鲜叶采摘环节记录信息点

茶园管理及鲜叶采摘环节记录信息点见表4-25。

表4-25　　　　　　　　　　茶园管理及鲜叶采摘环节记录信息点

溯源信息	内容	信息类型	
		基本	扩展
生产基地信息	茶园名称、茶园负责人、联系电话、地址	★	
	茶园资质认证、茶园周边环境、茶园编号、茶园面积、茶树品种、植保员、水质及土壤检测报告		★
茶园灌溉和施肥信息	灌溉和施肥日期、灌溉和施肥人、时间、肥料品种、肥料生产商信息	★	
	肥料成分、肥料使用量、使用方式、气温		★
病虫草害防治信息	使用日期、使用药物名称、药物生产商、药物生产许可证号、药物批号	★	
	病虫草害名称、危害程度、使用方式、使用人、药物有效成分、药物生产日期、有效期、使用浓度、使用量、安全间隔期		★
鲜叶采摘信息	采摘时间	★	
	天气状况、产品认证信息（如有机食品、绿色食品或无公害食品等）、采摘量、采摘方式、采摘工具、采摘工具卫生状况		★
原料运输信息	运输起止时间、运输起止地点	★	
	运输工具、运输工具卫生状况、运输方式、天气状况、运输人员		★

注：★表示该项信息属于此类型。

2. 茶叶加工环节信息记录点

茶叶加工环节信息记录点见表4-26。

表4-26 茶叶加工环节信息记录点

溯源信息	内容	信息类型	
		基本	扩展
加工企业信息	企业名称、法人代表、联系电话、生产地点、地址或者组织机构代码	★	
	企业资质		★
原料来源	生产厂家、产品名称、生产日期	★	
	产品质量情况、规格、数量、产品检验报告		★
产品信息	产品名称生产日期、批号、产品的唯一性编码与标识	★	
	产品信息、产品认证信息、产品数量、规格、保质期、产品检验报告		★
初加工和精加工过程	加工起止时间、产品名称、加工负责人	★	
	加工方式、加工工艺、加工后半成品或成品数量、初加工产品精加工过程、质量情况、加工机械及卫生状况、包装材料及卫生状况、原料用量、产量检验人员、产品保质期		★
拼配过程信息	拼配用半成品名称、批号、拼配负责人、生产日期	★	
	产品质量情况数量、拼配后成品数量拼配时间、检验人员、卫生状况		★
包装信息	包装负责人、产品批号、包装时间	★	
	包装人员、包装方式、包装材料及卫生状况		★
出入库信息和仓储信息	出入库时间、流向、产品批号、检验报告编号	★	
	产品质量状况、仓库卫生状况、入库单号、入库数量、检验方式、原料及成品检验单号、出库单号、出库数量、仓库温湿度		★

注：★表示该项信息属于此类型。

3. 茶叶流通环节信息记录点

茶叶流通环节信息记录点见表4-27。

表4-27 茶叶流通环节信息记录点

溯源信息	内容	信息类型	
		基本	扩展
加工企业信息	企业名称、法人代表、联系电话生产地点、地址或者组织机构代码	★	
	企业资质		★

续表

溯源信息	内容	信息类型	
		基本	扩展
产品来源	生产厂家、产品名称、生产日期	★	
	产品质量情况、规格、数量、产品检验报告		★
产品信息	产品名称、生产日期、批号、产品的唯一性编码与标识	★	
	产品质量情况、产品认证信息、产品数量、规格、保质期、产品检验报告		★
包装信息	包装负责人、产品批号、包装时间	★	
	包装人员、包装方式、包装材料及卫生状况		★
产品出入库信息和仓储信息	出入库时间、流向	★	
	出入库数量、仓库温度和湿度、仓库卫生状况		★
产品运输信息	运输起止时间、运输起止地点	★	
	运输工具、运输工具卫生情况、天气状况、运输方式、运输人员、运输数量、运输过程温度和湿度		★

注：★表示该项信息属于此类型。

4. 茶叶销售环节记录信息点

茶叶销售环节记录信息点见表4-28。

表4-28　　　　　　　　　　　茶叶销售环节记录信息点

追溯信息	内容	信息类型	
		基本	扩展
经销商信息	经销商名称、法人代表、生产者、联系电话、地址或者组织机构代码	★	
	经销商资质、销售点		★
产品来源	生产厂家、产品名称、生产日期	★	
	产品质量情况、规格、数量、产品检验报告		★
产品信息	产品名称、生产批号、产品的唯一性编码与标识	★	
	产品质量情况、产品认证信息、产品数量、规格、保质期、产品检验报告		★
产品出入库信息和仓储信息	出入库时间、流向	★	
	出入库数量、仓库温度和湿度、仓库卫生状况		★

续表

追溯信息	内容	信息类型	
		基本	扩展
产品运输信息	运输起止时间、运输起止地点	★	
	运输工具、运输工具卫生情况、天气状况、运输方式、运输人员、运输数量、运输过程温度和湿度		★
零售信息	零售负责人、零售时间	★	
	零售数量、零售区域环境卫生状况、温度、湿度、零售方式		★

注：★表示该项信息属于此类型。

五、 人员管理

企业（或组织架构）溯源人员设置架构与人员管理要求见图4-14、表4-29。

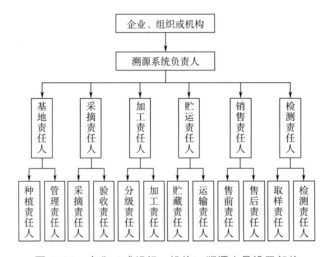

图4-14　企业（或组织、机构）溯源人员设置架构

表4-29　　　　　　　　　　　　人员管理要求

类型		内容
基本要求	知识水平	系统管理、平台维护等从业人员应具备计算机和信息系统运行维护知识、数据处理技术、安全性知识等。工作人员应具备系统功能需求的提出、系统建成后的使用与维护等基础知识
	组织架构	责任到人，在企业（或组织、机构）内指定人员承担溯源工作并覆盖相应岗位，可参照图4-12设置组织管理架构
	数据填报	质量检验负责人、仓管负责人、生产负责人、销售负责人分别对所属岗位人员填报的数据进行审核，对数据的真实性以及完整性负责

续表

类型		内容
管理岗位人员	岗位人员	具备使系统正常运行的管理能力，准确地将运行需求传递到技术岗位人员
	业务能力	具备规划、检查运行维护服务的能力，对系统运行和维护能力负责
技术岗位人员	技术人员	具备网络维护、系统操作、硬件维护、信息安全维护等方面的专业技术
	业务能力	根据管理规范和工作手册，执行运行维护服务各过程，并对其执行结果负责
	业务素质	对运行维护服务过程中的请求、事件和问题做出响应，遵守职业道德，保障信息并对处理结果负责

六、　原料管理

按图 4-15 进行原料进货验收管理，详细要求见表 4-30，填写表 4-31 至表 4-34：

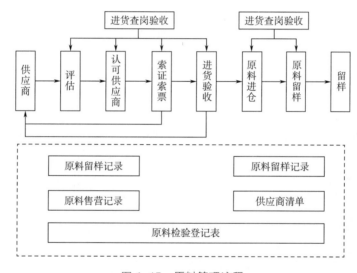

图 4-15　原料管理流程

表 4-30　　　　　　　　　　　　　　原料管理内容

类型		内容
供应商评估	审核	收齐供应商的资质证明，通过审核评估的供应商列为认可供应商
	检验	首批货物到达并检验合格后，由进货查验岗对供应商的资质证明进行记录，制作供应商清单内容见表 4-31
原料验收	验收要求	（1）所有原料检验合格后可投入生产； （2）原料入仓时需具备检验合格证明； （3）当供应商无法提供合格证明时，企业应该对原料进行自检并填写原料检验登记表（表 4-32），合格后方可投入使用

续表

类型		内容
原料验收	证明材料	（1）批次原料生产厂家的自检报告； （2）有资质的检验机构出具的检验报告； （3）由出入境检验检疫机构出具的该批次进口原料的检验检疫卫生证书
原料留样		（1）进货查验岗位人员负责填写原料留样登记表（表4-33）； （2）企业自行保留重要原料，留样量应满足原料执行标准规定的检验需要量，留样期限应不低于该原料制成的成品保质期
存储管理		（1）原料入库时，由进货查验岗核对供应商清单、原料批次检验合格报告，并详细填写原料进仓登记表（表4-34）； （2）原料进仓登记表保存时间应不少于产品保质期，且不得少于2年； （3）供应商未列入供应商清单或无对应批次的合格检验报告的原料，不得入库或者投入使用； （4）原料入库应按不同批次和不同进货时间记录该原料唯一的原料批号

表4-31　　　　　　　　　　　　　　供应商清单

单号：

名称	类型	地址	联系人	联系电话	原材料	备注

表4-32　　　　　　　　　　　　　　原料检验登记表

单号：

原料名称		类型	□原料 □辅料 □包装 □添加剂
供应商		填报人	
批号/内部批号		填报时间	
质检单号		结论	□合格 □不合格
检验明细			
检验指标	检验标准	检验结果	备注

表 4-33　　　　　　　　　　　　　原料留样登记表

单号：

名称		条形码	
批号		生产日期	
内部批号		供应商	
规格		留样数量	
留样时间		填报人	
留样机构		留样人	
保存期限		贮藏要求	
类型	□原料 □辅料 □添加剂 □加工助剂 □包装材料 □容器 □消毒剂 □其他_____		
备注			

表 4-34　　　　　　　　　　　　　原料进仓登记表

单号：

名称		类型	
内部编号		供应商	
批次号		仓库编号	
产地		成分	
品牌		规格	
仓管人员		进仓时间	
数量		计量单位	
保质期		生产日期	
检验单编号		检验人	
相关证件			
原料介绍			

七、　生产管理

（一）　管理流程

生产过程管理流程如图 4-16 所示。

（二）　清洗消毒

（1）设备设施的清洗消毒工作和生产人员洗手消毒应有相关记录。

（2）卫生查验岗位人员应定期对清洗消毒工作情况进行检查，并填写《清洗消毒检查记录》（表 4-35）。

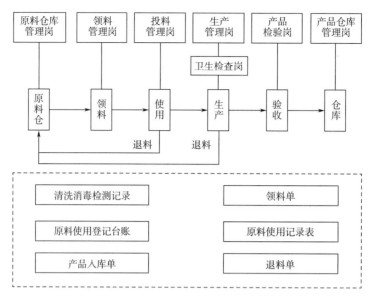

图 4-16   生产过程管理流程

表 4-35   清洗消毒检查记录

单号：

检验时间		填报人	
检验地点		填报时间	
检验明细			
卫生指标	卫生标准	检查结果	备注

（三）生产过程

（1）原料出库，生产部门应填写《领料单》（表 4-36），投料管理岗位应填写原料使用登记台账（表 4-37）。

表 4-36   领料单

单号：

原料名称		内部编号	
领料数量		单位	
领料时间		领料人	
仓库编号		仓管员	
备注			

表 4-37　　　　　　　　　　　　原料使用登记台账

单号：

原料名称		原料批号	
(半)成品名称		(半)成品批号	
领用数量		领用人	
计量单位		领用时间	
仓库编号		仓管员	
备注			

（2）投料管理岗位将原料投入生产时应填写《投料记录表》（表 4-38）。

表 4-38　　　　　　　　　　　　投料记录表

单号：　　　　　　　　　　　　填报人：

名称		批次	
编号		日期	
原料使用情况			
添加剂使用情况			
备注			

（3）生产管理岗在生产过程中应填写产品名称、生产日期、生产批号、批量等追溯性内容。

（4）生产过程中的关键工序的技术参数指标的检查情况应填写《生产过程关键工序检查记录表》（表 4-39）。

表 4-39　　　　　　　　　　生产过程关键工序检查记录表

单号：　　　　　　　　　　填报人：　　　　　　　　　　时间：

产品名称			批号		
生产日期			批量		
填报人			填报日期		
序号	关键控制点		检查时间	结果	备注
	名称	要求			

（5）产品仓库管理岗位应填写《产品入仓单》（表 4-40），记录产品相关追溯性内容，并做好标识，在产品检验合格前，不得销售。

表 4-40 产品入仓单

单号：

名称		类别	
品牌		批号	
产地		成分	
规格		供应商	
进仓时间		仓管员	
仓库编号		内部编号	
数量		计量单位	
生产工单号		生产责任人	
保质期		生产日期	
检验单号		检验员	
相关证件			
原料介绍			

（6）生产中有剩余原料，投料管理岗或生产管理岗位应填写《退料单》（表 4-41），将余料退回仓库，原料仓库管理岗核对退料单，并做好标识入库；或者由生产管理岗保管并做好标识、记录。

表 4-41 退料单

单号：

原料名称		内部编号	
退料数量		计量单位	
退料人		退料时间	
仓库编号		仓管员	
备注			

八、 检验管理

（1）产品检验岗位负责产品留样工作，留样量应满足该产品全部项目检验需要，留样期限应不低于该产品的保质期。应填写《产品留样记录》（表 4-42）。

（2）产品出厂应按标准由产品检验岗位进行检验，做好各检测项目的原始记录，并填写《产品出厂检验记录》（表 4-43）。

表 4-42 产品留样记录

单号：

名称		条形码/二维码	
批号		生产日期	
留样数量		计量单位	
留样日期		留样人	
保存期限		贮藏要求	
备注			

表 4-43 产品出厂检验记录

单号：

名称		类型	
批号		填报人	
检验单号		填报日期	
结论		审核人	
检验明细			
检验指标	检验标准	检验结果	备注

（3）质量检验负责人应对《产品出厂检验记录》进行审核。

九、 出厂管理

（1）成品出厂管理流程见图 4-17。

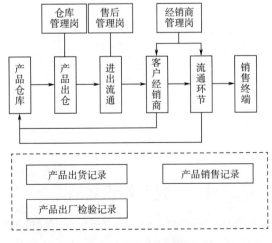

图 4-17 成品出厂管理流程

（2）产品经检验合格方可销售。《产品出货记录》（表4-44）由产品仓库管理岗位填写。

表4-44 产品出货记录

单号：

出货单号		条形码	
名称		仓库编号	
编号		批次	
数量		计量单位	
产地		规格	
品牌		进仓时间	
仓管员		生产时间	
保质期		出仓时间	
检验单号		检验员	
相关证件			
原料介绍			

（3）产品进入流通环节应填写《产品销售记录》（表4-45）。

表4-45 产品销售记录

单号：

出货单号		条形码	
名称		仓库编号	
类别		批次	
数量		计量单位	
产地		规格	
品牌		生产时间	
保质期		销售区域	
承运单位		承运员	
检验单号		检验员	
相关证件			
原料介绍			

十、 溯源标识管理

（1）产品最小销售包装上应有可追溯标识，能有效区分不同投料批次。

（2）可采用RFID标签作为内部流转和产品运输包装的追溯标识。

十一、 运行与维护管理

运行与维护管理相关要求见表4-46。

表4-46　　　　　　　　　　　运行与维护管理相关要求

要求		内容
实施	人员	建立畅通的与用户交流的渠道
	能力	对运行维护工作进行整体规划，提供必要的技术资源支持，实施运行维护能力管理
	素质	按照业务要求实施管理活动并记录，确保运行和维护过程可追溯，维护结果可计量或可评估
检查	时间	定期或不定期检查运行维护工作是否按照计划要求和质量目标进行
	要求	重视系统用户满意度调查，对系统稳定性和相关功能进行统计分析
改进	能力	不断改进运行维护工作过程中的不足，持续提升运行维护能力
	制度	建立运行和维护的改进机制，对不符合要求的情形进行调查分析
	方案	根据分析结果确定改进措施，制订服务能力改进计划，建立解决问题的方案或手册
过程	程序	运行与维护报告、事件管理、问题管理、配置管理、变更管理、发布管理和安全管理
	关键指标	解决问题的技术指标或标准的有效性、解决问题的方案或手册的可用性、测试环境与运行环境的匹配度、测试标准和方法的有效性
	技术要求	在运行维护服务过程中注重信息的保密性、可用性和完整性，保证系统安全和信息安全，对系统基本功能应采取控制手段，以避免软硬件受到篡改或欺骗性访问
应急管理	应急	建立流通追溯信息系统应急预案，日常应做好数据备份工作：常用备件如主板、硬盘、光驱、网线等；配置不间断电源，不间断电源应可在断电后维持工作>1h
	紧急	遇到紧急情况时应保护现场、日志文件及重要数据，及时通知有关单位并上报主管部门

茶叶加工评价实验

实验1　茶树鲜叶质量鉴定

一、　实验目的

（1）鲜叶质量鉴定三个度——新鲜度、嫩度、匀净度，鲜叶质量不同，适制茶类及其加工技术参数不一，看茶做茶。

（2）掌握鲜叶分级的基本判定技术。

（3）为茶叶质量评价、安全控制和溯源提供技术参考。

二、　实验原理

茶树鲜叶质量主要包括嫩度、匀度、净度、新鲜度四个方面。嫩度，用于划分鲜叶等级；匀度，鲜叶大小的一致性，与制茶的成形效率有关；净度，鲜叶中非茶杂质的含量多少；新鲜度，鲜叶的鲜活状态，与制茶的工艺参数有关。

根据不同茶类要求，对照相应的鲜叶指标等级标准进行分级，常见的鉴定方式有两种：

（1）鲜叶芽叶质量组成分析，即100g鲜叶中不同标准的芽叶所占质量百分比；

（2）鲜叶芽叶个数组成分析，即不同标准芽叶数占芽叶总个数的百分比。

三、　实验材料

实验材料见表5-1。

表5-1　　　　　　　　　　　　　　实验材料

名称	内容
材料	不同品种，不同采摘标准的鲜叶
仪器	天平（精度0.1g）、镊子、竹篮等

四、 实验方法

按图 5-1 取样分析鲜叶芽叶质量组成，根据公式（5-1）计算芽叶质量占比，重复 3 次，填入表 5-2。

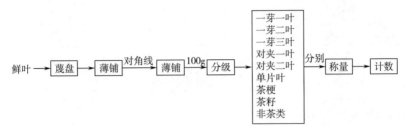

图 5-1　技术路线

$$芽叶质量占比 = \frac{各部分芽叶质量}{分析样品质量} \times 100\% \qquad (5-1)$$

按图 5-2 取样分析鲜叶芽叶数组成，根据公式（5-2）计算芽叶数占比，重复 3 次，填入表 5-2。

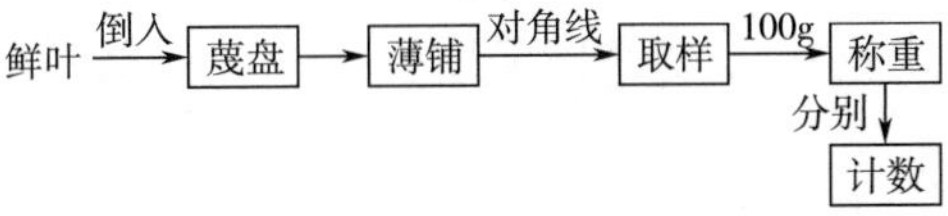

图 5-2　技术路线

$$芽叶个数占比 = \frac{各部分芽叶数}{分析样品芽叶总数} \times 100\% \qquad (5-2)$$

表 5-2　　　　　　　　　　鲜叶质量及个数分析

鲜叶组成指标		茶树品种			
		芽叶质量/g	芽叶质量占比/%	芽叶数	芽叶数占比/%
正常芽叶	一芽一叶				
	一芽二叶				
	一芽三叶				
	一芽四叶				
	一芽五叶				
	小计				
对夹芽叶	对夹一叶				
	对夹二叶				
	对夹三叶				
	小计				

续表

鲜叶组成指标		茶树品种			
		芽叶质量/g	芽叶质量占比/%	芽叶数	芽叶数占比/%
其他	单片叶				
	老叶				
	杂物				

五、 结果分析

（1）分析鲜叶芽叶质量组成。

（2）分析鲜叶芽叶数组成。

六、 注意事项

（一） 鲜叶等级

不同等级鲜叶制作茶叶品质各异，看茶做茶。

（二） 茶树品种差异

不同茶树品种鲜叶适制性各异，看茶做茶。

实验 2　茶叶生产机械识别

一、 实验目的

（1）了解茶叶机械的基本结构。

（2）掌握茶叶机械的工作原理。

（3）为茶叶质量评价、安全控制和溯源提供技术参考。

二、 实验原理

茶叶生产流程为鲜叶采摘、初加工（毛茶）、精加工以及再加工和深加工等，依据其工艺技术参数不同，使用的茶叶机械设备及配置各异。

三、 实验材料

实验材料见表5-3。

表5-3　　　　　　　　　　　　　实验材料

名称	内容
材料	铅笔、记录本
设备	茶园管理机械，初加工机械，精加工机械，再加工机械，深加工机械

四、 实验方法

按照茶叶生产流程依次认识相关茶叶机械，记录其基本组成和结构。

1. 采茶机的识别

单人采茶机；双人抬式采茶机。

2. 修剪机

3. 鲜叶预处理设备

鲜叶脱水机；鲜叶分级机；贮青设备。

4. 茶叶萎凋设备

5. 茶叶杀青机械

锅式杀青机；滚筒式杀青机；蒸汽杀青机；热风杀青机；微波杀青机。

6. 茶叶揉捻机械

7. 揉切机械

C.T.C. 揉切机；转子揉切机；L.T.P. 揉切机。

8. 解块分筛机械

解块分筛机；乌龙茶松包筛末机。

9. 茶叶做青机械

10. 发酵设备

槽式发酵设备；车式发酵设备；筒式连续发酵设备；床式发酵设备。

11. 干燥设备

（1）烘干机械　手拉百叶式；自动链板式；提香机。

（2）炒干机械　锅式炒干机；瓶式炒干机；双锅曲毫炒干机；扁形茶炒制机。

五、 结果分析

将茶叶生产机械识别结果记录至表5-4中。

表5-4　　　　　　　　　　　　　　茶叶生产机械

名称	型号	基本结构和组成	基本操作过程

六、 注意事项

（1）分组进行，过程中不得喧哗。

（2）在指导人员或老师的监督下进行相关机械操作，不可擅自行动，以保障个人安全。

实验 3 萎凋与白茶品质关系

一、 实验目的

（1）了解并掌握萎凋技术的概念、影响因素、控制方法、适度标准。

（2）掌握萎凋过程中鲜叶内含成分变化规律及其对茶叶品质的影响。

（3）为茶叶质量评价、安全控制和溯源提供技术参考。

二、 实验原理

白茶品质形成的关键工艺是萎凋，随着鲜叶水分散失、呼吸作用增强，细胞膜透性和水解酶活性增强，使叶细胞在未被破坏的情况下进行一系列水解反应。

三、 实验材料

实验材料见表 5-5。

表 5-5　　　　　　　　　　　　　　实验材料

名称	内容
材料	茶树鲜叶
试剂	甲醇、碳酸钠，乙腈（色谱纯）、超纯水等
设备	红外水分测定仪、分光光度计、离心机和萎凋槽等

四、 实验方法

按图 5-3 进行分组实验，每个处理 500g，重复 3 次，取样进行感官审评及内含成分测定。

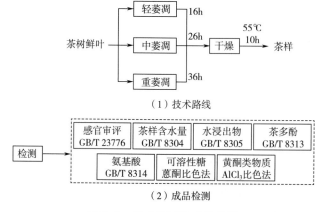

（1）技术路线

（2）成品检测

图 5-3　技术路线及成品检测

五、　结果分析

（1）不同样品的感官审评。

（2）不同样品的理化分析。

六、　注意事项

（1）严格保证茶树鲜叶的一致性。

（2）严格按照实验要求进行操作。

实验 4　发酵与红茶品质关系

一、　实验目的

（1）了解红茶发酵工艺过程中的影响因素、控制方法及适度标准。

（2）掌握其工序的基本技术及不同程度对茶叶品质的影响。

（3）为茶叶质量评价、安全控制和溯源提供技术参考。

二、　实验原理

红茶品质形成的关键工艺是发酵。发酵过程中，茶多酚在多酚氧化酶（PPO）和过氧化物酶（POD）催化作用下，酶促氧化为茶红素（TRs）、茶黄素（TFs）和茶褐素（TB）等物质，形成茶叶汤色亮、红、暗，及其滋味醇和、香气甜润等品质基础。

三、　实验材料

实验材料见表5-6。

表5-6　　　　　　　　　　　　　　实验材料

名称	内容
材料	茶树鲜叶
试剂	甲醇、福林酚、碳酸钠、磷酸、乙腈等
设备	红外水分测定仪、分光光度计和发酵机等

四、　实验方法

按图5-4进行分组实验，每个处理500g，重复3次，取样进行感官审评及内含成分测定。

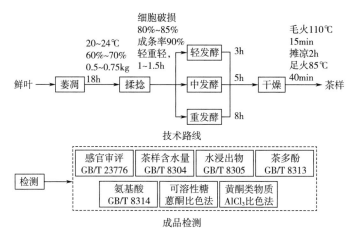

图 5-4 技术路线及成品检测

五、 结果分析

（1）不同样品的感官审评。

（2）不同样品的理化分析。

六、 注意事项

（1）严格保证茶叶原料的一致性。

（2）严格按照实验要求进行操作。

实验 5 　杀青与绿茶品质关系

一、 实验目的

（1）了解杀青技术的原理、影响因素、操作方法。

（2）掌握杀青适度标准和基本判定技术以及对茶叶品质的影响。

（3）为茶叶质量评价、安全控制和溯源提供技术参考。

二、 实验原理

绿茶品质形成的关键工艺是杀青。在杀青过程中，通过高温迅速钝化酶的活性，使低沸点的青草气物质——青叶醛、青叶醇散失，高沸点的芳香类物质显示出来。

三、 实验材料

实验材料见表 5-7。

名称	内容
材料	茶树鲜叶
试剂	甲醇、福林酚、碳酸钠、磷酸、乙腈、超纯水等
设备	红外水分测定仪、分光光度计和杀青机等

表5-7　　　　　　　　　　　　　　实验材料

四、 实验方法

按图5-5进行分组实验，每个处理500g，重复3次，进行感官审评及内含成分测定。

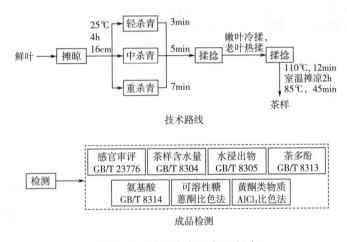

图 5-5　技术路线及成品检测

五、 结果分析

（1）分析不同茶样的感官变化。
（2）分析不同样品的理化变化。

六、 注意事项

（1）严格保证茶叶原料的一致性。
（2）严格按照实验要求进行操作。

实验6　闷黄与黄茶品质关系

一、 实验目的

（1）了解黄茶闷黄工艺过的程、影响因素、控制方法及适度标准。

（2）掌握闷黄工序的基本技术及其不同程度对茶叶品质的影响。

（3）为茶叶质量评价、安全控制和溯源提供技术参考。

二、　实验原理

黄茶品质形成的关键工艺是闷黄。鲜叶经过适度摊晾、杀青后，在湿热的条件下，引起茶叶成分一系列氧化、水解反应，呈现出黄或黄褐的色泽特征以及甘醇的滋味。

三、　实验材料

实验材料见表5-8。

表5-8　　　　　　　　　　　　　　　　　实验材料

名称	内容
材料	茶树鲜叶
试剂	试剂甲醇、福林酚、碳酸钠、磷酸、乙腈、超纯水等
设备	红外水分测定仪、分光光度计、揉捻机等

四、　实验方法

按图5-6进行样品制备，每个处理500g，重复3次，进行感官审评及内含成分测定。

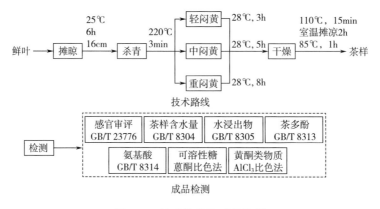

图5-6　技术路线及成品检测

五、　结果分析

（1）不同样品的感官审评。

（2）不同样品的理化分析。

六、　注意事项

（1）严格保证茶叶原料的一致性。

（2）严格按照实验要求进行操作。

实验7　渥堆与黑茶品质关系

一、 实验目的

（1）了解渥堆工艺的过程、概念、影响因素、控制方法。

（2）掌握黑茶渥堆的基本技术及其对茶叶品质的影响。

（3）为茶叶质量评价、安全控制和溯源提供技术参考。

二、 实验原理

渥堆是黑茶品质形成的关键工艺。在微生物胞外酶促、湿热作用条件下，推动了一系列的生化反应，形成黑茶独特的品质风味。

三、 实验材料

实验材料见表5-9。

表5-9　实验材料

名称	内容
材料	茶树鲜叶
试剂	甲醇、福林酚、碳酸钠、磷酸、乙腈、超纯水等
设备	红外水分测定仪、分光光度计、离心机、揉捻机等

四、 实验方法

按图5-7进行样品制备，每个处理500g，重复3次，进行感官审评及内含成分测定。

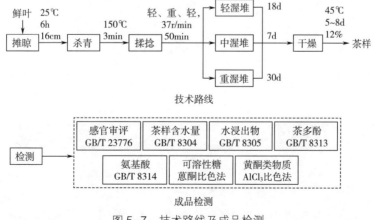

图5-7　技术路线及成品检测

五、 结果分析

（1）不同样品的感官审评。

（2）不同样品的理化分析。

六、 注意事项

（1）严格保证茶叶原料的一致性。

（2）严格按照实验要求进行操作。

实验8　做青与乌龙茶品质关系

一、 实验目的

（1）了解乌龙茶做青工艺的过程、影响因素、控制方法及其适度标准。

（2）掌握乌龙茶做青的基本技术及其对茶叶品质的影响。

（3）了解做青过程中茶叶内部水分蒸发，实现走水，增加叶片内有效成分的含量，为茶叶耐泡、香高味醇打好基础。

（4）为茶叶质量评价、安全控制和溯源提供技术参考。

二、 实验原理

做青是乌龙茶加工所特有的工序，也是品质形成的关键工艺，为摇青与晾青交替进行。

摇青，使萎凋叶片不断受到震动、摩擦和碰撞作用，叶缘细胞逐步损伤、破碎，加快叶片失水萎蔫，多酚氧化酶活性增加，茶多酚酶促氧化氧化产物及相关内含成分的转化产物不断积累，呈现出绿叶红镶边的特征。

晾青，叶脉、叶梗水分逐渐扩散到叶片，使其恢复紧张状态，俗称"还阳"，并散发出自然的花果香；由于叶片水分的蒸发速度大于水分向叶脉、叶梗扩散的速度，之后叶片再回到凋萎状态，俗称"退青"。

三、 实验材料

实验材料见表 5-10。

表 5-10　　　　　　　　　　　　　　实验材料

名称	内容
材料	茶树鲜叶
试剂	甲醇、福林酚、碳酸钠、磷酸、乙腈、超纯水等
设备	红外水分测定仪、分光光度计、离心机、揉捻机等

四、 实验方法

按图5-8进行制备样品，每个处理500g，重复3次，进行感官审评及内含成分测定。

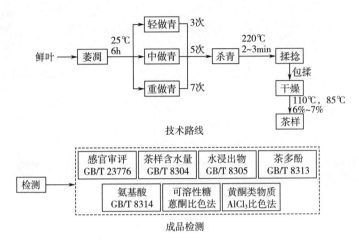

图5-8　技术路线及成品检测

五、 结果分析

（1）不同样品的感官审评。

（2）不同样品的理化分析。

六、 注意事项

（1）严格保证茶叶原料的一致性。

（2）严格按照实验要求进行操作。

实验9　符合食品生产许可证（SC） 加工厂平面图设计

一、 实验目的

（1）了解食品生产许可证（SC）加工厂设计的基本要求。

（2）了解食品生产许可证（SC）加工厂对茶叶生产的具体影响。

（3）按照制茶类型及工艺参数要求，合理设计符合食品生产许可证（SC）加工厂平面图，以茶叶为例。

（4）为茶叶质量评价、安全控制和溯源提供技术参考。

二、 实验原理

SC，即食品生产许可证，为食品生产、销售的通行证，未经许可，不可入市。

以六大茶类为原料制作而成的再加工茶，以及非茶之茶的代饮茶类。以茶叶相关制品为例，食品生产许可证（SC）分为1401茶叶类、1402茶叶制品类、1403调味茶类、1404代用茶类。不同茶叶加工工艺不同，所需的加工机械、加工场所以及工厂布置各异，食品生产许可证（SC）加工厂平面图以及相关要求、流程等不同。

三、 实验材料

实验材料见表5-11。

表5-11　　　　　　　　　　　　　实验材料

名称	内容
材料	茶树鲜叶
设备	杀青锅、揉捻机、烘干机、提香机、风选机、色选机、抖筛机、茶叶包装机等

四、 实验方法

以1401茶叶类为例。

（一）基本生产流程及关键控制环节

1. 基本生产流程

（1）茶叶初加工工艺流程

鲜叶→ 杀青 → 揉捻 → 干燥 →绿茶

鲜叶→ 萎凋 → 揉捻 → 发酵 → 干燥 →红茶

鲜叶→ 萎凋 → 做青 → 杀青 → 揉捻 → 干燥 →乌龙茶

鲜叶→ 杀青 → 揉捻 → 闷黄 → 干燥 →黄茶

鲜叶→ 萎凋 → 干燥 →白茶

鲜叶→ 杀青 → 揉捻 → 渥堆 → 干燥 →黑茶

（2）茶叶再加工工艺流程

茶叶→ 制坯 → 窨花 → 复火 → 提花 →花茶

茶叶→ 拼切匀堆 → 包装 →袋泡茶

（3）精制加工工艺流程

毛茶→ 筛分 → 风选 → 拣梗 → 干燥

（4）茶叶分装加工工艺流程

原料→ 拼配匀堆 → 包装

2. 关键控制环节

关键控制环节包括原料的验收和处理、生产工艺、产品仓储。

（二）　必备的生产资源

1. 生产场所

（1）生产场所离垃圾场等污染源≥50m，离农田（喷施农药）≥100m，远离"三废"；

（2）厂房面积≥8倍设备占地面积；

（3）原料、辅料、半成品和成品等分开放置，仓库足够。

2. 必备的生产设备

（1）绿茶　杀青机、揉捻机、烘焙机及电炒锅；

（2）红茶　揉切机、解块筛分机和烘焙机；

（3）乌龙茶　摇青机、杀青机、揉捻机和烘焙机；

（4）黄茶　杀青机和烘焙机；

（5）白茶　萎凋槽和烘焙机；

（6）黑茶　杀青机、揉捻机和烘焙机；

（7）花茶　筛分机和烘焙机；

（8）袋泡茶　茶叶包装机；

（9）紧压茶　筛分机、蒸气发生机、四柱液压机和烘干机；

（10）精制加工（毛茶加工至成品茶或花茶坯）　抖筛机、风选机和烘干机；

（11）分装企业　称量器具、烘干机和茶叶包装机。

（三）　产品相关标准

（1）食品污染限量，按照 GB 2762—2017《食品安全国家标准　食品中污染限量》；

（2）农药最大残留限量，按照 GB 2763—2021《食品安全国家标准　食品中农药最大残留限量》；

（3）相关国家标准；

（4）相关地方标准；

（5）备案有效的企业标准。

（四）　原辅材料的有关要求

（1）鲜叶、鲜花等原料要求无劣变、无异杂味等；

（2）毛茶和茶坯要求无异杂味、无添加剂，符合相关茶叶标准要求；

（3）包装材料和容器应干燥、清洁、无污害，且符合 GH/T 1070—2011《茶叶包装通则》规定。

（五）　必备的出厂检验设备

必备出厂检验设备见表5-12。

表5-12　　　　　　　　　　　　　必备出厂检验设备

检验	设备
感官品质检验	特定的审评场所，其基本设施、环境条件以及审评用具应符合相关规定

续表

检验	设备
水分检验	分析天平（1mg）、干燥箱或水分测定仪等
净含量检验	电子秤或天平
粉末、碎茶	应有碎末茶测定装置（执行的产品标准无此项目的不要求）
茶梗、非茶类	应有符合相应要求的测定设备（执行的产品标准无此项目的不要求）

（六）检验项目

茶叶检验按表 5-13 所写项目进行，对各类各品种的主导产品带"＊"号标记的，进行出厂检验，企业每年至少检验 2 次。

表 5-13   茶叶产品质量检验项目

序号	检验项目	发证	监督	出厂	备注
1	标签	√	√		预包装产品按 GB 7718—2011 的规定进行检验
2	净含量	√	√	√	
3	感官品质	√	√	√	
4	水分	√	√	√	
5	总灰分	√	√	＊	
6	水溶性灰分	√		＊	执行标准无此项要求或为参考指标的不检验
7	酸不溶性灰分	√		＊	执行标准无此项要求或为参考指标的不检验
8	水溶性灰分碱度（以 KOH 计）	√		＊	执行标准无此项要求或为参考指标的不检验
9	水浸出物	√		＊	执行标准无此项要求或为参考指标的不检验
10	粗纤维	√		＊	执行标准无此项要求或为参考指标的不检验
11	粉末、碎茶	√		√	执行标准无此项要求的不检验
12	茶梗	√	√	√	执行标准无此项要求的不检验
13	非茶类夹杂物	√	√	√	执行标准无此项要求的不检验
14	铅	√	√	＊	
15	稀土总量	√	√	＊	
16	六六六总量	√	√	＊	
17	滴滴涕总量	√	√	＊	
18	杀螟硫磷	√	√	＊	
19	顺式氰戊菊酯	√	√	＊	
20	氟氰戊菊酯	√	√	＊	

续表

序号	检验项目	发证	监督	出厂	备注
21	氯氰菊酯	√	√	*	
22	溴氰菊酯	√	√	*	
23	氯菊酯	√	√	*	
24	乙酰甲胺磷	√	√	*	
25	氟	√	√	*	执行标准无此项要求的不检验
26	执行标准规定的其他项目	√	√	*	

（七）抽样方法

不同品种随机抽取某一等级产品进行检验，相同品种不同商标不重复抽取。

1. 抽样地点

成品库。

2. 抽样基数

以"批"为单位进行抽样，净含量≥10kg，且在相同的时间、地点，具有一致的品质特征、花色、等级等的产品集合为一批。

3. 抽样方法及数量

紧压茶样品数量为1000g，单块质量≥500g，样品分成2份，1份检验，1份备用，按GB/T 8302—2013《茶　取样》规定进行。

4. 封样和送样要求

抽取的样品应快速包装、封口、贴封条及抽样人签名，抽样单为一式四份，且填写好相应数据及抽样人、被抽样单位的签字。注意运输过程中的防护工作。

五、　结果分析

以1401茶叶中绿茶为例。

（1）根据工艺选择合理的试制机械种类和数量。

（2）工艺流程、设备布局、物流规划等是否先进合理、经济适用。

（3）完整设计SC茶叶加工厂布局平面图。

六、　注意事项

（1）制茶机械要选配合理。

（2）布局区域要先进适用。

（3）原料农药残留量及重金属含量是否超标。

（4）在加工过程中，注意各工序的参数控制，影响茶叶卫生质量和茶叶品质。

（5）茶叶在加工、运输等过程中的各种污染，影响品质和卫生。

茶叶感官评价实验

实验1 茶叶审评设备识别

一、 实验目的

（1）正确识别茶叶审评过程中的所有设备及其操作方法。

（2）为茶叶质量评价、安全控制和溯源提供技术参考。

二、 实验原理

按照 GB/T 18797—2012《茶叶感官审评室基本条件》、GB/T 23776—2018《茶叶感官审评方法》和 GB/T 14487—2017《茶叶感官审评术语》等标准相关要求进行。

三、 实验材料

实验材料见表6-1。

表6-1　　　　　　　　　　　　茶叶审评设备识别

项目	名称	内容	备注
审评杯碗	初制茶	杯	圆柱形，高75mm，外径80mm，容量250mL
		碗	碗高71mm，上口外径112mm，容量440mL
	精制茶	杯	圆柱形，高66mm，外径67mm，容量150mL
		碗	碗高56mm，上口外径95mm，容量240mL
	乌龙茶	杯	倒钟形，高52mm，上口外径83mm，容量110mL，具盖，盖外径72mm
		碗	碗高51mm，上口外径95mm，容量160mL
常用审评用具	评茶盘	木板或胶合板制成	正方形，外用边长230mm，边高33mm

续表

项目	名称	内容	备注
常用审评用具		分样盘	正方形，内围边长 220mm，边高 35mm
	叶底盘	黑色叶底盘	正方形，外径、边长 100mm，边高 15mm，供审评精制茶用
		白色搪夸盘	长方形，外径 230mm，宽 170mm，边高 30mm，一般供审评初制茶叶底用
	扦样匾（盘）	扦样匾	圆形，直径 1000mm，边高 30mm
		扦样盘	正方形，内围边长 50mm，边高 35mm
	分样器	木制或食品级不锈钢制	长方体分样器的柜体，4 脚、高 200mm，上方散口、具盖
	称量用具	天平	感量 0.1g
其他用具		计时器	定时钟或特制砂时计，精确到秒
		刻度尺	刻度精确到毫米
		网匙	不锈钢网小勺子，用于捞取碎茶用
		茶匙	不锈钢或瓷匙，容量约 10mL

四、 实验方法

识别初制茶、精制茶和乌龙茶的审评用具差别，寻找初制茶、精制茶和乌龙茶的全套审评用具，并进行毛茶、成品茶和乌龙茶的审评。

五、 结果分析

画出初制茶（毛茶）审评杯碗、精制茶（成品茶）审评杯碗、乌龙茶审评杯碗、评茶盘、分样盘、叶底盘等审评设备的图片，并标明名称规格。

六、 注意事项

（1）在实验过程中注意轻拿轻放。

（2）做完实验应将所有东西归回原位。

（3）识别过程相关审评设备，具体参数参考相关国家标准，如 GB/T 23776—2018 和 GB/T 15608—2006。

实验 2　茶叶审评室的建设

一、　实验目的

（1）了解茶叶审评室建设的相关要求。

（2）为茶叶质量评价、安全控制和溯源提供技术参考。

二、　实验原理

按照 GB/T 18797—2012、GB/T 23776—2018 和 GB/T 14487—2017 等标准相关要求进行。

三、　建设要求

茶叶审评室的建设要求见表 6-2。

表 6-2　　　　　　　　　　　茶叶审评室的建设要求

项目	因子		要求
基本要求	地点		应建立在地势干燥、环境清静、窗口面无高层建筑及杂物阻挡、无反射光、周围无异气污染的地区
	环境		应空气清新、无异味，温度和湿度应适宜，室内安静、整洁明亮
审评室建立	朝向		宜坐南朝北，北向开窗
	面积		按评茶人数和日常工作量而定，≥10m²
	室内色调	墙壁	乳白色或接近白色
		天花板	白色或接近白色
		地面	浅灰色或较深灰色
	气味		应保持无异气味，材料和设施应易于清洁，不吸附且不散发气味，器具清洁，周围应无污染气体排放
	噪声		评茶期间应控制噪声不超过 50dB
	采光	自然光	室内光线应柔和、明亮，无阳光直射、无杂色反射光
		人造光	灯管色温宜为 5000~6000K，使用人造光源时应防自然光线干扰
		照度	干评台工作面照度约 1000lx；湿评台工作面照度不低于 750lx
	温湿度		评茶时，室内温度宜保持在 15~27℃，室内相对湿度不高于 70%
	审评设备		应配备干评台、湿评台、各类茶审评用具等基本设施，还应配备水池毛巾
	检验隔挡	数量	根据审评室实际空间大小和评茶人数决定隔挡数量，一般为 3~5 个

续表

项目	因子		要求
审评室 建立	检验隔挡	设置	推荐使用可拆卸、屏风式隔挡。隔挡高 1800mm，隔挡内工作区长度不得低于 2000mm，宽度不得低于 1700mm
		内设施	每一隔挡内设有 1 干评台和 1 湿评台，配有一套评茶专用设备。隔挡内的采光应符合采光要求
集体 工作区	一般要求		用于审评员之间及与检验主持人之间的讨论，也可用于评价初始阶段的培训，以及任何需要时的讨论
	采光		集体工作区的采光要求参见审评室采光要求
样品室	要求		紧靠审评室，但应与其隔开，以防相互干扰。室内应整洁、干燥、无异味。门窗应挂暗帘，室内温度宜≤20℃，相对湿度宜≤50%
	设施		合适的样品柜
			温度计湿度计、空调机和去湿机
			需要时可配备冷柜或冰箱，用于实物标准样及具有代表性实物参考样的低温贮存
			制备样品的其他必要设备：工作台、分样器（板）、分样盘、天平、茶罐等
			照明设施和防火设施

注：办公室是审评人员处理日常事务的主要工作场所，宜靠近审评室，但不得与之混用。

四、 实验方法

识别茶叶审评的相关设备，根据茶叶审评的要求进行设计和摆放。

五、 结果分析

（1）完成实验报告。

（2）根据所学知识画一张审评室平面图，并做标注。

六、 注意事项

（1）根据实际情况设计。

（2）识别过程相关审评设备，具体参数参考相关国家标准，如 GB/T 23776—2018 和 GB/T 15608—2006。

实验 3　茶叶审评员的感官训练

一、 实验目的

（1）培养评茶员感官审评的基本能力。

（2）检验评茶员的察觉阈、识别阈，判断他们的味觉灵敏度。

（3）检验评茶员对四种基本味道的识别能力，对芳香物质的识别能力。

（4）为茶叶质量评价、安全控制和溯源提供技术参考。

二、 实验原理

茶叶感官审评是人员运用正常的视觉、嗅觉、味觉、触觉对茶叶产品的外形、汤色、香气、滋味与叶底等品质因子进行辨别的过程。

茶叶品质的鉴定除了需要一个良好的外部环境条件和必要的设施外，评茶人员还必须具备良好的嗅觉、味觉、感觉和触觉，同时还应具备较高的道德修养、敏锐的辨别力和熟练的审评技术。

三、 实验材料

实验材料见表6-3。

表6-3　　　　　　　　　　　　　　实验材料

名称	内容
材料	重铬酸钾、香草、苦杏、玫瑰、茉莉、薄荷、柠檬、蔗糖、柠檬酸、氯化钠、奎宁、谷氨酸钠
设备	天平（感量0.1g）、计时器、电热壶、烧杯、玻璃棒、量筒、称量纸、容量瓶、纯净水、审评杯碗、漱口用的杯子等

四、 实验方法

按图6-1进行分组实验，记录表6-4和表6-5。

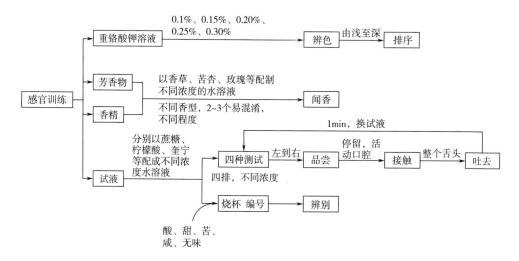

图6-1　技术路线

五、 结果分析

1. 分析辨香能力

表 6-4　　　　　　　　　　　　　　　　辨香能力

姓名：								年　　月　　日	
随机编号									
香精名称									

2. 分析评茶员的觉察阈和识别阈

表 6-5　　　　　　　　　　　　四种基本味道识别能力测定

姓名：					年　　月　　日
容器编号	未知样	酸味	苦味	咸味	甜味
苦味浓度排列顺序： 　　　阈值：					
甜味浓度排列顺序： 　　　阈值：					
酸味浓度排列顺序： 　　　阈值：					
咸味浓度排列顺序： 　　　阈值：					

3. 分析四种基本味道识别的正确率

分析四种基本味道，并将测定结果记录在表 6-6。

表 6-6　　　　　　　　　　　四种基本味道识别能力的测定记录

姓名：					年　　月　　日
序号	1	2	3	4	5
试样编号	一	二	三	四	五
味觉识别结果					
计算正确率：					

六、 注意事项

（1）注意分组进行，避免混乱和不必要的误差。

（2）如实记录结果。

实验 4　茶叶审评程序训练

一、 实验目的

（1）了解茶叶审评程序的过程及注意事项。

（2）理解茶叶审评的 5 项 8 因子。

（3）为茶叶质量评价、安全控制和溯源提供技术参考。

二、 实验原理

茶叶审评分为干评外形、湿评内质，即 5 项 8 因子；其目的是评判茶样的优缺点，识别加工过程中的问题，优化工艺参数提高茶叶品质。

按照 GB/T 18797—2012、GB/T 23776—2018 和 GB/T 14487—2017 等标准相关要求进行。

三、 实验材料

按照 GB/T 18797—2012、GB/T 23776—2018 和 GB/T 14487—2017 等标准进行准备。

四、 实验方法

（一）审评

按图 6-2 进行分组审评，记录表 6-7，找出茶叶的缺点及其原因（表 6-8）。

扦大样详见表 6-9，审评开汤见表 6-10，外形、香气、汤色、滋味、叶底的审评因子及其关键点分别详见表 6-11、表 6-12、表 6-13、表 6-14、表 6-15、表 6-16。

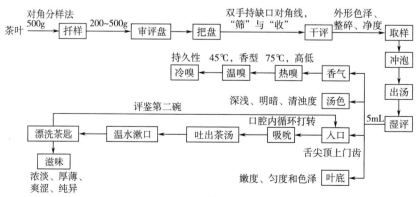

图 6-2　技术路线

表 6-7　　　　　　　　　　　　　　　茶叶审评记录

编号	外形				汤色				香气				滋味				叶底			
	形状	色泽	净度	匀整度	色型	色度	明暗度	清浊度	纯度	浓度	香型	持久性	浓度	厚涩	纯异	鲜钝	嫩度	色泽	明暗度	匀整度
1																				
2																				
3																				
4																				
5																				
6																				

表 6-8　　　　　　　　　　　　　　　扦大样

被检件数	应抽样件数
1~5	1
6~50	2
50~500	每增加 50 件增取 1 件
500~1000	每增加 100 件增取 1 件
>1000	每增加 500 件增取 1 件

从每件的上、中、下及四周扦取茶样拼匀，作为大样，再用对角分样法扦取 500g 作为小样，再取出·200~500g 代表样放入审评盘或评茶箕匾，待把盘。

表 6-9　　　　　　　　　　　　　　　茶叶缺点及原因

缺点	因素	原因
松散	鲜叶	粗老或老嫩不匀
	揉捻	揉捻不足或加压不足
	二青	失水过多、炒干投叶量过少
	炒干	湿度过高，时间短
短碎、片末多	杀青	温度过高或过嫩
	揉捻	加压不当，加早加重
	茶叶	茶叶安装或结构不合理，叶被挤碎，鲜叶老嫩混杂，人为整理做碎

续表

缺点	因素	原因
弯曲	条索呈弯状或钩状	揉捻机棱骨形状排列不确切
		炒手结构安装不当
		全滚干茶叶
扁条	加压	过早、过重
	投叶量	过多
	炒干	茶叶过湿、投叶量过多
	炒手	安装过紧有挤压作用
爆点	黄色火烧疤痕	炒干时火温过高
黄暗	时间	闷杀时间过长
	鲜叶	不新鲜
	湿坯	堆积过久，未及时干燥；低温长炒
花杂	鲜叶	老嫩混杂、采摘粗放、夹杂物多，鲜叶变杂
	杀青	程度不一，红梗红叶

表 6-10 茶叶审评开汤

茶类		审评用具	茶水比	称量	冲泡次数	冲泡时间
精制茶	乌龙茶	110mL 盖碗	1∶22	5g	3	2min → 3min → 5min
	花茶	150mL 审评杯	1∶50	3g	2	3min → 5min
	其他茶	150mL 审评杯	1∶50	3g	1	5min
毛茶		200mL 审评杯	1∶50	4g	1	5min

注：对角线分样法是将茶样混匀、摊平，再用分样板按对角线将茶叶分成独立的 4 份，取 1、3 份，弃 2、4 份，反复分取，直至所需数量为止。

表 6-11 外形的审评因子及其关键点

因子		关键点
嫩度		以芽的含量来看，芽的比例高，嫩度好
形状	条形	条索松紧、壮瘦、曲直、轻重、匀整、扁圆等
	圆形	颗粒细圆紧结、圆整、松散等
	扁形	扁平、挺直、光滑度等
色泽	深浅	是否符合该茶类应有的色泽（色度）要求
	匀杂	颜色是否调和一致，是否有花杂，有青条等
	润枯	色面油润、反光性强为好
	鲜暗	色泽鲜活为佳

续表

因子	关键点
整碎	有完整平伏、匀称与短碎、碎茶过多之分
净度	含有杂物的多少，或是否有非茶叶夹杂物，以及老片、黄叶是否超过标准样

注：以中段茶多为好；若上段茶过多，表示粗老茶叶多、身骨差；下段茶过多，表明做工、品质有问题。

表6-12　　　　　　　　　　　　　香气审评因子及其关键点

因子		关键点
特征	纯异	纯指某茶应有的香气，异指茶香中夹杂有其他气味
	高低	香气高低可以从浓、鲜、清、纯、平、粗来区别
	长短	即香气持久度，香气持久为好
	描述	高鲜持久→高→尚高→纯正→平和→低→粗
香型	清高	清香高爽，久留鼻间，为茶叶较嫩且新鲜、制工好的一种香气
	清香	香气清纯柔和，香虽不高，令人有愉快感，是自然环境较好且品质中等茶所具有的香气，与此相似的有清正、清纯、清鲜，清香略高一点
	果香	似水果香型，如蜜桃香、雪梨香、佛手香、橘子香（宜红）、桂圆香、苹果香等
	嫩香	芽叶细嫩，做工好的茶叶所具有的香气，与此同义的有鲜嫩
	栗香	原料嫩，做工好所具有的香气
	毫香	茸毛多的茶叶所具有的香气，特别是白茶
	甜香	工夫红茶具有甜枣香
	花香	自然环境好，茶叶细嫩，具有的香气如兰花香、玫瑰香、杏仁香等
	火香	炒米香、高火香、火香、锅巴香
	陈香	压制茶、黑茶具有，如普洱茶、六堡茶
	松烟香	小种红茶，黑毛茶，六堡茶
	其他香	低档茶的粗气、青气、浊气、闷气等

表6-13　　　　　　　　　　　　　汤色的审评因子及其关键点

因子	关键点
色度	属哪一类型及深浅，分正常色、劣变色、陈变色
亮度	亮度好，品质好。绿茶看碗底，反光；红茶看碗底及金圈，金圈发黄、亮而厚时较好
清浊度	茶汤纯净透明，无混杂，清澈见底为佳；茸毛与冷后浑应区别对待

续表

因子	关键点
描述	绿茶：嫩绿明亮→黄绿明亮→绿明→绿欠亮→绿暗→黄暗等 红茶：红艳→红亮→红明→红暗→红浊等

表 6-14　　　　　　　　　　滋味的审评因子及其关键点

因子	关键点
浓淡	浓指某种味的强度，淡指不浓、清淡
厚薄	厚指滋味丰富、厚重、和谐，薄指单薄、寡、单一
纯异	纯指某茶应有的滋味，异指茶香中夹杂有其他味道
鲜钝	鲜指滋味的鲜活、灵动，钝指滋味的迟钝、不灵活
描述	浓烈→浓厚→浓纯→醇厚→醇和→纯正→粗涩→粗淡

注：辨别滋味的最佳汤温约 50℃，茶汤太热或冷却都不利于正确评价。

表 6-15　　　　　　　　　　叶底的审评因子及其关键点

因子	关键点
嫩度	通过芽及嫩叶的含量比例和叶质的老嫩来评判
色泽	看色度和亮度
匀度	看厚薄，老嫩，大小，整碎，色泽是否一致

注：把黏在杯壁、杯底和杯盖的细碎茶叶倒干净。

表 6-16　　　　　　　　　　茶叶审评术语

项目	因子	术语	解释
干看 外形	形状	显毫	芽尖含量高，并含有较多的白毫
		锋苗	细嫩，紧卷有尖锋
		重实	条索或颗粒紧结，以手权衡有沉重感，一般是叶厚质嫩的茶叶
		匀整	指上、中、下三段茶的大小、粗细、长短较一致
		匀称	指上、中、下三段茶的比例适当，无脱档现象
		匀净	匀齐，无梗及其他夹杂物
		挺直	条索平整而挺直呈直线状，不短不曲，平直与此同义
		平伏	把盘后，上、中、下三段茶在茶盘中相互紧贴，无翘起架空或脱档现象
		紧结	条索紧卷而重实
		紧直	条索紧卷、完整而挺直

续表

项目	因子	术语	解释
干看外形	形状	紧实	紧结重实，嫩度稍差，少锋苗，制工好
		肥壮	芽肥、叶肉厚实，柔软紧卷，形态丰满，雄壮与此同义
		壮实	芽壮、茎粗，条索肥壮而重实
		粗壮	条索粗而壮实，粗实与此同义
		粗松	嫩度差，形状粗大而松散，空松与此同义
		松条	条索紧卷度较差
		扁瘪	叶质瘦薄无肉，扁而干瘪，瘦瘪与此同义
		扁块	结成扁圆形的块
		圆浑	条索圆而紧结，不扁不曲
		圆直	条索圆浑而挺直
		扁条	条形扁，欠圆浑，制工差
		短钝	条索短而无锋苗，短秃与此同义
		短碎	面张条短，下盘茶多，欠匀整
		松碎	条松而短碎，下脚重，即下段中最小的筛号茶过多
		脱档	上、下段茶多，中段少，三段茶比例不当
		破口	茶条两端的断口显露且不光滑
		爆点	干茶上的烫斑
		轻飘	手感很轻，茶叶粗松，一般指低级茶
		露梗	茶梗显露
		露筋	丝筋显露
	色泽	油润	色泽鲜活，光滑润泽，光润与此同义
		枯暗	色泽枯燥且暗无光泽
		调匀	叶色均匀一致
		花杂	干茶叶色不一致，杂乱、净度差
湿评内质	香气	高香	高香而持久，刺激性强
		纯正	香气纯净、不高不低，无异杂气
		纯和	稍低于纯正
		平和	香气较低，但无杂气。平正、平淡与此同义
		钝浊	香气有一定浓度，但滞钝不爽
		闷气	属不愉快的熟闷气，沉闷不爽
		粗气	香气低，有老茶的粗糙气
		青气	带有鲜叶的青草气

续表

项目	因子	术语	解释
湿评内质	香气	高火	茶叶加温干燥过程中，温度高、时间长，干度十足所产生的火香
		老火	干度十足，带轻微的焦茶气
		焦气	干度十足，有严重的焦茶气
		陈气	茶叶贮藏过久产生的陈变气味
		异气	烟、焦、酸、馊、霉等及受外来物质污染所产生的异杂气
	汤色	清澈	清净、透明、光亮、无沉淀
		鲜艳	汤色鲜明艳丽而有活力
		鲜明	新鲜明亮略有光泽
		深亮	汤色深而透明
		明亮	茶汤深而透明。明净与此同义
		浅薄	茶汤中物质欠丰富，汤色清淡
		沉淀物	茶汤中沉于碗底的渣末多
		混浊	茶汤中有大量悬浮物，透明度差
		暗	汤色不明亮
	滋味	回甘	茶汤入口先微苦后回味有甜感
		浓厚	味浓而不涩，纯正不淡，浓醇适口，回味清甘
		醇厚	汤味尚浓，有刺激性，回味略甜
		醇和	汤味欠浓，鲜味不足，但无粗杂味
		纯正	味淡而正常，欠鲜爽，纯和与此同义
		淡薄	味清淡而正常，平淡、软弱、清淡与此同义
		粗淡	味粗而淡薄，为低级茶的滋味
		苦涩	味虽浓但不鲜不醇，茶汤入口涩而带苦，味觉麻木
		熟味	茶汤入口不爽，软弱不快的滋味
		水味	口味清淡不纯，软弱无力。干茶受潮或干度不足带有"水味"
		高火味	高火气的茶叶，尝味时也有火气味
		老火味	轻微带焦的味感
		焦味	烧焦的茶叶带有的焦苦味
		异味	烟、焦、酸、馊、霉等及茶叶污染外来物质所产生的味感
	叶底	细嫩	芽头多，叶子细小嫩软，鲜嫩
		嫩匀	芽叶匀齐一致，细嫩柔软
		柔嫩	嫩而柔软

续表

项目	因子	术语	解释
湿评内质	叶底	柔软	嫩度稍差，质地柔软，手按如绵，按后伏贴盘底、无弹性
		匀齐	老嫩、大小、色泽等均匀一致
		肥厚	芽叶肥壮，叶肉厚实、质软
		瘦薄	芽小叶薄，瘦薄无肉，叶脉显现
		粗老	叶质粗硬，叶脉显露，手按之粗糙，有弹性。开展，即叶张展开，叶质柔软
		摊张	摊，叶质较老摊开；张，即单张，脱茎的单叶
		破碎	叶底断碎、破碎叶片多
		卷缩	冲泡后叶底不开展
		鲜亮	色泽鲜艳明亮，嫩度好
		明亮	鲜艳程度次于鲜亮，嫩度稍差
		暗	叶色暗沉不明亮
		暗杂	叶子老嫩不一，叶色枯而花杂
		花杂	叶底色泽不一致
		焦斑	叶张边缘、叶面有局部黑色或黄色烧焦的斑痕
		焦条	烧焦发黑的叶片

（二）评分

按表6-16中茶叶的审评术语，进行等级评定，根据公式（6-1）计算总得分：

$$总得分=外形×a+汤色×b+香气×c+滋味×d+叶底×e \qquad (6-1)$$

注：小写字母为评分系数，详见表6-17。

表6-17　　　　　　　　茶叶品质因子评分系数　　　　　单位:%

茶类	各项目评分加权数				
	外形（a）	汤色（b）	香气（c）	滋味（d）	叶底（e）
名优绿茶	30	25	10	25	10
普通绿茶	20	30	10	30	10
工夫红茶	25	25	10	30	10
红碎茶	20	30	10	30	10
乌龙茶	20	30	5	35	10
黑茶（散茶）	20	25	15	30	10
压制茶	30	20	10	30	10
白茶	40	20	10	20	10

续表

茶类	各项目评分加权数				
	外形（a）	汤色（b）	香气（c）	滋味（d）	叶底（e）
黄茶	30	20	10	30	10
花茶	20	35	5	30	10
袋泡茶	10	30	20	30	10
茶粉	20	35	10	35	10
速溶茶	20	20	20	40	0

五、 结果分析

（1）熟悉各类茶叶审评程序。

（2）理解干评和湿评的差别及要点。

（3）分析各类茶叶审评程序的差别，解释其原因。

六、 注意事项

评分方法与形式见图6-3。严格按照 GB/T 8302—2013《茶 取样》、GB/T 8303—2013《茶 磨碎试样的制备及其干物质含量测定》、GB/T 8312—2013《茶 咖啡碱测定》、GB/T 8313—2018《茶叶中茶多酚和儿茶素类含量的检测方法》、GB/T 23193—2017《茶叶中氨基酸的测定 高效液相色谱法》进行。

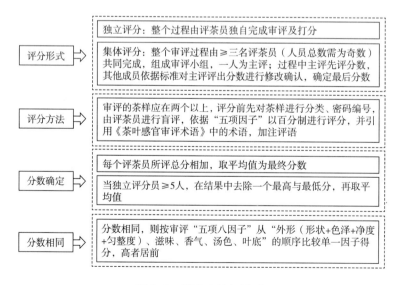

图 6-3 评分方法与形式

实验 5 茶叶化学分类法

一、 实验目的

（1）了解茶叶化学分类的原理和方法，鉴别六大茶类。

（2）为茶叶质量评价、安全控制和溯源提供技术参考。

二、 实验原理

通过检测和分析茶叶主要化学成分含量，筛选出代表不同茶类的特征性成分因子，依据判别模型对茶样分类，判别未知茶样属六大茶类的其中之一。

（一） 特征性成分因子

特征性成分因子指能够反映茶类特征的成分因子。

（二） 六大茶类分步判别

利用茶叶中特征性成分因子采用统计学和逐步分析的方法，判别未知茶样是绿茶、红茶、乌龙茶（青茶）、白茶、黄茶和黑茶其中之一。

三、 实验材料

按照 GB/T 8302—2013、GB/T 8303—2013、GB/T 8312—2013、GB/T 8313—2018、GB/T 23193—2017 准备。

四、 实验方法

实验方法见表6-18。

表6-18　　　　　　　　　　茶叶成分检测及其判别式和方法

项目	方法	
取样	按 GB/T 8302—2013 的规定	
浸提液制备	按 GB/T 8303—2013 的规定	
检测方法	咖啡因含量测定	按 GB/T 8312—2013 的规定
	儿茶素含量测定	按 GB/T 8313—2018 的规定
	茶氨酸含量测定	按 GB/T 23193—2017 的规定
特征因子	咖啡因含量	(X_1)
	儿茶素含量 ［EGCG+ECG+EGC+EC+C］	(X_2)
	茶氨酸含量	(X_3)
	EGCG 含量/儿茶素含量	(X_4)
	茶氨酸含量×茶氨酸含量	(X_5)
	茶氨酸含量×咖啡因含量	(X_6)

续表

项目	方法
判别式	Fisher1 = $0.732 X_1 + 0.270 X_2 + 0.062 X_3 + 6.102 X_4 + 1.751 X_5 - 1.183 X_6 - 4.548$　（1）
	Fisher2 = $1.269 X_1 - 0.283 X_2 + 0.462 X_3 - 0.753 X_4 + 2.358 X_5 - 1.971 X_6 - 1.486$　（2）
	Fisher3 = $-0.619 X_1 + 0.394 X_2 - 0.202 X_3 + 0.861 X_4 + 0.820 X_5 - 0.441 X_6 - 0.300$　（3）
	Fisher4 = $0.808 X_1 - 0.196 X_2 + 9.328 X_3 - 1.408 X_4 - 3.488 X_5 - 0.145 X_6 - 2.894$　（4）
	Fisher5 = $4.357 X_1 + 0.512 X_2 - 4.452 X_3 + 6.831 X_4 - 2.604 X_5 + 3.058 X_6 + 1.377$　（5）

判别方法		
茶样中 $X_1 \sim X_6$ 代入式（1）	Fisher1≤0.1，则为红茶或黑茶，再按 Fisher3 判别	①
	Fisher1>0.1，则为绿茶或白茶或黄茶或青茶，再按 Fisher4/5/6 判别	②
①中 $X_1 \sim X_6$ 代入式（2）	Fisher2≤1.1，则为红茶	
	Fisher2>1.1，则为黑茶	
②中 $X_1 \sim X_6$ 代入式（3）	Fisher3≤-1.1，则为白茶	
	Fisher3>-1.1，则为绿茶或黄茶或青茶，再按 Fisher5/6 判别	③
③中 $X_1 \sim X_6$ 代入式（4）	Fisher4≤-0.3，则为青茶	
	Fisher4>-0.3，则为绿茶或黄茶，再按 Fisher6 判别	④
④中 $X_1 \sim X_6$ 代入式（5）	Fisher5≤-0.8，则为黄茶	
	Fisher5>-0.8，则为绿茶	

按图 6-4 进行分组实验，根据表 6-18 计算 $X_1 \rightarrow X_6$ 以及 Fisher1 → Fisher5，判定茶样类型，填入表 6-19。

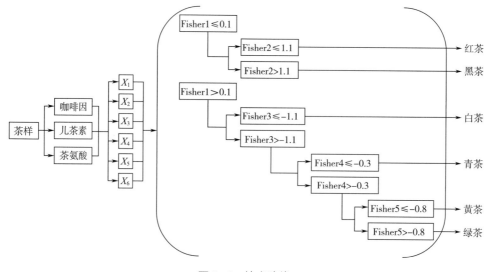

图 6-4　技术路线

表 6-19　　　　　　　　　　　　　　　茶叶类型判别

编号	成分			特征因子						判别式					茶类
	咖啡因/%	儿茶素/%	茶氨酸/%	X_1	X_2	X_3	X_4	X_5	X_6	Fisher1	Fisher2	Fisher3	Fisher4	Fisher5	
1															
2															
3															
4															
5															
6															

五、　结果分析

（1）分析茶样中咖啡因、儿茶素和茶氨酸含量的差别。

（2）分析影响茶样中咖啡因、儿茶素和茶氨酸测定的因素。

六、　注意事项

（1）按照相关国家标准检测。

（2）分类结果的复判。

对于判别结果有争议的样品，由三名以上（总人数需为奇数）的具有高级职称和国家一级评茶师资质的专家，对原样品按照 GB/T 23776—2018 规定的方法，进行综合评判，分类结果以复判结果为准。

实验 6　绿茶审评

一、　实验目的

（1）了解绿茶的品质特征。

（2）掌握绿茶的审评要点。

（3）理解绿茶加工过程中常见缺点及其原因和改进方法。

（4）为茶叶质量评价、安全控制和溯源提供技术参考。

二、　实验原理

按照 GB/T 18797—2012、GB/T 23776—2018 和 GB/T 14487—2017 等标准相关要求进行。

三、 实验材料

实验材料见表6-20。

表6-20   实验材料

项目		内容
材料	炒青	西湖龙井、碧螺春、都匀毛尖
	烘青	黄山毛峰、安吉白茶、信阳毛尖
	蒸青	恩施玉露、湄潭翠芽
	晒青	普洱生茶
	其他材料	纸巾、规定评茶用水等
设备		样茶盘、审评杯碗、叶底盘、天平、吐茶桶、茶匙、汤杯、计时器、烧水壶等

四、 实验方法

按图6-5进行分组实验，根据表6-21审评以及公式（6-1）评分，填入表6-22。

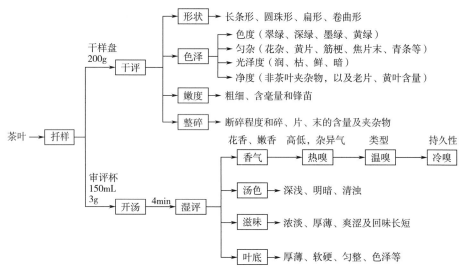

图6-5 技术路线

表6-21   绿茶品质评语与各品质因子评分表

因子	级别	品质特征	评分	系数
外形 （a）	甲	以单芽或一芽一叶初展到一芽二叶为原料，造型有特色，色泽嫩绿或翠绿或深绿或鲜绿，油润，匀整，净度好	90~99	
	乙	较嫩，以一芽二叶为主为原料，造型较有特色，色泽墨绿或黄绿或青绿，较油润，尚匀整，净度较好	80~89	

续表

因子	级别	品质特征	评分	系数
外形 (a)	丙	嫩度稍低，造型特色不明显，色泽暗褐或陈灰或灰绿或偏黄，较匀整，净度尚好	70~79	25%
汤色 (b)	甲	嫩绿明亮或绿明亮	90~99	10%
	乙	尚绿明亮或黄绿明亮	80~89	
	丙	深黄或黄绿欠亮或浑浊	70~79	
滋味 (c)	甲	高爽有栗香或有嫩香或带花香	90~99	25%
	乙	清香，尚高爽，火工香	80~89	
	丙	尚纯，熟闷，老火	70~79	
叶底 (d)	甲	嫩匀多芽，较嫩绿明亮，匀齐	90~99	10%
	乙	嫩匀有芽，绿明亮，尚匀齐	80~89	
	丙	尚嫩，黄绿，欠匀齐	70~79	

表6-22　　　　　　　　　　茶叶审评结果报告表

编号	外形（25%）		汤色（10%）		香气（25%）		滋味（30%）		叶底（10%）		总分
	术语	评分	术语	评分	术语	评分	术语	评分	术语	评分	

审评员：　　　　　　　　　　　　　　　　　实验日期：　　　年　　月　　日

五、 结果分析

（1）分析绿茶的品质特征。

（2）识别绿茶加工过程中常见缺点及原因。

六、 注意事项

绿茶审评注意事项见表6-23。

表6-23　　　　　　　　　　注意事项

项目		要点
尝滋味		用温开水漱口，以免影响审评茶汤滋味
看外形	松紧	条索紧细为好 条粗空隙度大，体积粗大，条松为差

续表

项目		要点
看外形	壮瘦	芽叶肥壮、叶肉肥厚的鲜叶有效成分含量多，制成的茶叶条索紧结壮实、身骨重、品质好
		反之，瘦薄为次
	曲直	条索浑圆、紧直的好
		弯曲、钩曲为差
	轻重	嫩度好的茶，叶肉肥厚，条索紧结而沉重
		嫩度差，叶张薄，条粗松为轻飘
	匀整	完整的为好
		断碎的为差
	扁圆	长度比宽度大若干倍的条形其横切面接近圆形的称为"圆"
		炒青绿茶的条索要浑圆，圆而带扁的为次

七、 扩展阅读

扩展内容见表 6-24。

表 6-24 扩展内容

类型	要点
炒青	初制时炒干，条索较紧结、光滑、身骨重实，色灰绿光润，内质香气清高，味浓，汤色较烘青稍黄，稍带沉积物，叶底黄绿明亮，叶张欠完整
烘青	初制时烘干，条索较粗松，表面显露皱纹，紧着度较差，体积较大，显毫、色墨绿光润，香气清正，滋味醇和，茶汤清澈，叶底完整，深绿稍黄，比炒青耐泡
半烘炒	初制时采用先烘后炒，条索不及全炒青的圆浑，内质比烘青好，比全炒青的稍低
蒸青	利用蒸汽热量来破坏鲜叶中酶活性，形成干茶色泽深绿、茶汤浅绿和叶底青绿的"三绿"品质特征，但香气带青气，涩味也较重，不及锅炒杀青绿茶那样鲜爽
晒青	初制时采用晒干（揉后还要短时间闷堆），条索近似烘青，色墨绿带绿欠润，内质带日晒气或烟味
杀青不足茶	杀青时火温太低或杀青时间过短，外形色泽出现红梗红叶，香气不正常带青草气，黄汤或红汤，叶底多红梗红叶
杀青过度茶	杀青时火温过高或杀青时间过久，外形色泽泛枯，或有焦香味，汤深暗多沉淀，叶底有焦斑烧末

注：名优绿茶一般比较注重外形，审评时要注意比较名优绿茶与普通绿茶外形及原料嫩度上的差异。

实验 7　红茶审评

一、　实验目的

（1）了解红茶的品质特征。

（2）掌握红茶的审评要点。

（3）理解红茶加工过程中常见缺点及其原因和改进方法。

（4）为茶叶质量评价、安全控制和溯源提供技术参考。

二、　实验原理

按照 GB/T 18797—2012、GB/T 23776—2018 和 GB/T 14487—2017 等标准相关要求进行。

三、　实验材料

实验材料见表 6-25。

表 6-25　　　　　　　　　　　　　　　实验材料

项目		内容
材料	工夫红茶	祁红、滇红、川红、闽红、贵州红茶
	小种红茶	正山小种
	红碎茶	立顿红碎茶、阿萨姆红碎茶、大吉岭红碎茶、大叶种红碎茶等
	其他材料	纸巾、毛巾、规定评茶用水
设备		样茶盘、审评杯碗、叶底盘、天平、吐茶桶、茶匙、汤杯、计时钟、烧水壶等

四、　实验方法

按图 6-6 进行分组实验，根据表 6-26、表 6-27 审评以及公式（6-1）评分，填入表 6-28。

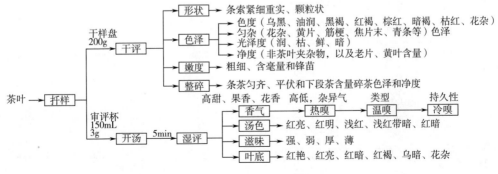

图 6-6　技术路线

表 6-26　　　　　　　　　工夫红茶品质评语与各品质因子评分表

因子	级别	品质特征	评分	系数
外形（a）	甲	细紧或紧结或壮结，露毫有锋苗，色乌黑油润或棕褐油润显金毫，匀整，净度好	90~99	25%
	乙	较细紧或较紧结，较乌润，匀整，净度较好	80~89	
	丙	紧实或壮实，尚乌润，尚匀整，净度尚好	70~79	
汤色（b）	甲	橙红明亮或红明亮	90~99	10%
	乙	尚红亮	80~89	
	丙	尚红欠亮	70~79	
香气（c）	甲	嫩香，嫩甜香，花果香	90~99	25%
	乙	高，有甜香	80~89	
	丙	纯正	70~79	
滋味（d）	甲	鲜醇或甘醇或醇厚鲜爽	90~99	30%
	乙	醇厚	80~89	
	丙	尚醇	70~79	
叶底（e）	甲	细嫩（或肥嫩）多芽或有芽，红明亮	90~99	10%
	乙	嫩软，略有芽，红尚亮	80~89	
	丙	尚嫩，多筋，尚红亮	70~79	

表 6-27　　　　　　　　（红）碎茶品质评语与各品质因子评分表

因子	级别	品质特征	评分	评分系数
外形（a）	甲	嫩度好，锋苗显露，颗粒匀整，净度好，包鲜活润	90~99	20%
	乙	嫩度较好，有锋苗，颗粒较匀整，净度较好，色尚鲜活油润	80~89	
	丙	嫩度稍低，带细茎，尚匀整，净度尚好，色欠鲜活油润	70~79	
汤色（b）	甲	色泽依品类不同但要清澈明亮	90~99	10%
	乙	色泽依品类不同，较明亮	80~89	
	丙	明亮或有浑浊	70~79	
香气（c）	甲	高爽或高鲜、纯正，有嫩茶香	90~99	30%
	乙	较高爽、较高鲜	80~89	
	丙	尚纯，熟、老火或青气	70~79	
滋味（d）	甲	高爽或高鲜、纯正，有嫩茶香	90~99	30%
	乙	较高爽、较高鲜	80~89	
	丙	尚纯，熟、老火或青气	70~79	

续表

因子	级别	品质特征	评分	评分系数
叶底 （e）	甲	嫩匀多芽尖，明亮，匀齐	90~99	
	乙	嫩尚匀，尚明亮，尚匀齐	80~89	10%
	丙	尚嫩，尚亮，欠匀齐	70~79	

表6-28　　　　　　　　　　　茶叶审评结果报告

编号	外形（25%）		汤色（10%）		香气（25%）		滋味（30%）		叶底（10%）		总分
	术语	评分	术语	评分	术语	评分	术语	评分	术语	评分	
审评员：					实验日期：			年　　月　　日			

五、　结果分析

（1）分析红茶的品质特征。

（2）识别红茶加工过程中常见缺点及其原因。

六、　注意事项

（1）红条茶外形上注重条索、整碎、色泽、净度，而红碎茶较注重滋味和香气。

（2）冷后浑为优质红茶象征之一，即茶汤冷却后呈现橙色乳状浑浊现象。

（3）红碎茶茶汤加牛奶后，汤色呈棕红明亮类似咖啡色的称为棕红，呈粉红明亮似玫瑰色的称为粉红。

七、　扩展阅读

红条毛茶常见品质缺点和产生原因见表6-29。

表6-29　　　　　　　　　　红条毛茶常见品质缺点和产生原因

名称	缺点	原因
外形	粗松	鲜叶粗老或老嫩不匀
	短碎	萎凋、揉捻不足或过度加压不当解块筛分不够
	有朴	采摘粗放，夹有老叶、鱼叶
	有块	前期加压过重，后期没有松压或解块不够

续表

名称	缺点	原因
色泽	不乌润	原料粗老
		萎凋过度或揉捻不足，发酵过度
		干燥温度过高，日光晒干
	花枯	采摘粗放，有夹杂物
		萎凋不匀，揉捻、发酵不充分，干燥火温太高
香气和滋味	青气	发酵不足
	日晒气	日光晒干
	酸馊味	鲜叶堆太久，发酵叶没有及时干燥或堆积太厚
		时间过长，毛火温度过低
	烟味	烘干机漏烟
		手工烘焙时易产生炭化部分，没有及时拣出
		茶末落入炭火生烟
	焦味	干燥温度过高或翻拌不匀不勤
		下烘时茶叶未收干净
	霉味	干燥程度不匀或外干内湿
		贮藏运输不当，受潮劣变
	异味	堆放或贮藏保管不当
		茶叶吸附油类、鱼腥等异味
汤色	红暗	烘焦，发酵过度或高温长时干燥
	黄浅	揉捻或发酵不足，干燥温度过低
	混浊	有酸馊味的茶汤常见混浊，且含有泥沙杂物较多
叶底	花青	萎凋、揉捻、发酵不足或不匀
	乌暗	萎凋、揉捻、发酵过度、茶叶受潮、水分过高等
	不开展	烘干温度过高或烘焦；陈茶

实验 8　青茶审评

一、实验目的

（1）了解青茶的品质特征。
（2）掌握青茶的审评要点。

（3）理解青茶加工过程中常见缺点及其原因和改进方法。

（4）为茶叶质量评价、安全控制和溯源提供技术参考。

二、 实验原理

按照 GB/T 18797—2012、GB/T 23776—2018 和 GB/T 14487—2017 等标准相关要求进行。

三、 实验材料

实验材料见表 6-30。

表 6-30　　　　　　　　　　　　　　　实验材料

名称	内容
材料	铁观音、本山、毛蟹、黄金桂、黄枝单丛、大乌时单丛、银花香单丛、武夷水仙、漳平水仙、武夷肉桂、岭头（白叶）单丛、石古坪乌龙、凤凰水仙、岭头单丛、八仙单丛等茶样
设备	样茶盘、审评碗、叶底盘、天平、吐茶桶、茶匙、汤杯、秒表、烧水壶，特殊的有盖钟形瓯盖、毛巾、纸巾、规定评茶用水

四、 实验方法

按图 6-7 进行分组实验，根据表 6-31 审评以及公式（6-1）评分，填入表 6-32。

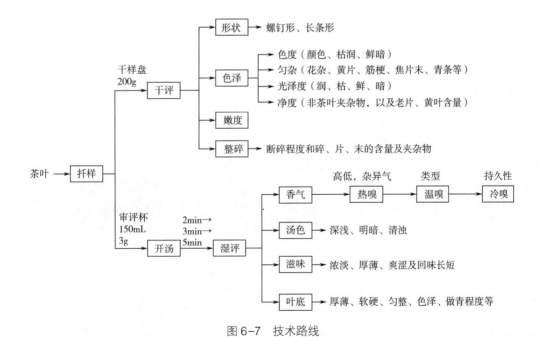

图 6-7　技术路线

表 6-31   乌龙茶品质评语与各品质因子评分表

因子	级别	品质特征	评分	系数
外形 （a）	甲	重实，紧结，品种特征或地域特征明显，色泽油润，匀整，净度好	90~99	20%
	乙	较重实，较壮结，有品种特征或地域特征，色润，较匀整，净度尚好	80~89	
	丙	尚紧实或尚壮实，带有黄片或黄头，色欠润，欠匀整，净度稍差	70~79	
汤色 （b）	甲	色度因加工工艺而定，可从蜜黄加深到橙红，但要求清澈明亮	90~99	5%
	乙	色度因加工工艺而定，较明亮	80~89	
	丙	色度因加工工艺而定，多沉淀，欠亮	70~79	
香气 （c）	甲	品种特征或地域特征明显，花香、花果香浓郁，香气优雅纯正	90~99	30%
	乙	品种特征或地域特征尚明显，有花香或花果香，但浓郁与纯正性稍差	80~89	
	丙	品种特征或地域特征尚明显，有花香或花果香，但浓郁与纯正性稍差	70~79	
滋味 （d）	甲	浓厚甘醇或醇厚滑爽	90~99	35%
	乙	浓醇较爽，尚醇厚滑爽	80~89	
	丙	浓尚醇，略有粗糙感	70~79	
叶底 （e）	甲	叶质肥厚软亮做青好	90~99	10%
	乙	叶质较软亮，做青较好	80~89	
	丙	稍硬，青暗，做青一般	70~79	

表 6-32   茶叶审评结果报告表

编号	外形（20%）		汤色（5%）		香气（30%）		滋味（35%）		叶底（10%）		总分
	术语	评分	术语	评分	术语	评分	术语	评分	术语	评分	
审评员：					实验日期：			年	月	日	

五、 结果分析

（1）分析青茶的品质特征。
（2）识别青茶加工过程中常见缺点及其原因。

六、 注意事项

青茶审评注意事项见表6-33。

表6-33 青茶审评注意事项

项目	要点
砂绿型	干茶色泽具砂绿并光润，俗称"砂绿润"或称鳝鱼色，为铁观音等茶的典型色泽
青褐型	干茶色泽褐中泛青，如水仙和武夷岩茶等
审评次数	青茶需审评3次，第一泡常感到火候饱足，第二、三遍才开始露香
火候掌握	不同品种、不同等级火候掌握也不相同；高级茶火候轻，低级茶火候足，汤色也由浅而深

七、 扩展阅读

青茶感官审评表见表6-34、表6-35。

表6-34 青茶感官审评表

审评	项目	因子	术语	解释
干评	干茶	形状	蜻蜓头	茶条叶端卷曲，紧结沉重，状如蜻蜓头
			壮结	茶条肥壮结实
			壮直	茶条肥壮挺直
			细结	颗粒细小紧结或条索卷紧细小结实
			扭曲	茶条扭曲，叶端折皱重叠。为闽北乌龙茶特有的外形特征
			尖梭	茶条长而细瘦，叶柄窄小，头尾细尖如菱形
			棕叶蒂	干茶叶柄宽、肥厚，如包粽子的箬叶的叶柄，包揉后茶叶平伏，铁观音、水仙、大叶乌龙等品种有此特征
			白心尾	驻芽有白色茸毛包裹
			叶背转	鲜叶经揉捻后，叶面顺主脉向叶背卷曲
		色泽	砂绿	似蛙皮绿，即绿中似带砂粒点
			青绿	色绿而带青，多为雨水青、露水青或做青工艺走水不匀引起"滞青"而形成
			马褐	色褐而泛乌，常为重做青乌龙茶或陈年乌龙茶之外形色泽

续表

审评	项目	因子	术语	解释
干评	干茶	色泽	褐润	色褐而富光泽，为发酵充足、品质较好之乌龙茶色泽
			鳝鱼皮色	干茶色泽砂绿蜜黄，富有光泽，似鳝鱼皮色，为水仙等品种特有色泽
			象牙色	黄中呈赤白，为黄金桂、赤叶奇兰、白叶奇兰等特有品种色
			三节色	茶条叶柄呈青绿色或红褐色，中部呈乌绿或黄绿色，带鲜红点，叶端呈朱砂红色或红黄相间
			香蕉色	叶色呈翠黄绿色，如刚成熟香蕉皮的颜色
			明胶色	干茶色泽油润有光泽
			芙蓉色	在乌润色泽上泛白色光泽，犹如覆盖一层白粉
			红点	做青时叶中部细胞破损的地方，叶子的红边经卷曲后，都会呈现红点，以鲜红点品质为好，褐红点品质稍次
湿评	茶汤	色泽	蜜绿	浅绿略带黄，似蜂蜜，多为轻做青乌龙茶的汤色
			蜜黄	浅黄似蜂蜜色
			绿金黄	金黄泛绿，为做青不足的表现
			金黄	以黄为主，微带橙黄，有浅金黄、深金黄之分
			清黄	黄而清澈，比金黄色的汤色略淡
			茶油色	茶汤金黄明亮有浓度
			青浊	茶汤中带绿色的胶状悬浮物，由做青不足、揉捻重压造成
		香气	粟香	经中等火温长时间烘焙而产生如粟米香气
			奶香	香气清高细长，似奶香，多为成熟度稍嫩的鲜叶加工而形成
			酵香	似食品发酵时散发的香气，多由做青程度稍过度，或包揉过程未及时解块散热而产生
			辛香	香高有刺激性，微青辛气味，俗称线香，为梅占等品种香
			黄闷气	闷浊气，包揉时叶温过高或定型时间过长闷积而产生的不良气味。也有因烘焙过程火温偏低或摊焙茶叶太厚而引起
			闷火	乌龙茶烘焙后，未适当摊凉而形成一种令人不快的火气
			热火	火温偏高，时间偏短，摊凉时间不足即装箱而产生的火气
		滋味	岩韵	武夷岩茶特有的地域风味
			音韵	铁观音所特有的品种香和滋味的综合体现

续表

审评	项目	因子	术语	解释
湿评	茶汤	滋味	粗浓	味粗而浓
			酵味	做青过度而产生不良气味，汤色常泛红，叶底夹杂暗红
		叶底	红镶边	做青适度，叶边缘呈鲜红或朱红色，叶中央黄亮或绿亮
			绸缎面	叶肥厚有绸缎花纹，手摸柔滑有韧性
			滑面	叶肥厚，叶面平滑无波状
			白龙筋	叶背叶脉泛白，浮起明显，叶张软
			红筋	叶柄、叶脉受损伤，发酵泛红
			糟红	发酵不正常和过度，叶底褐红，红筋红叶多
			暗红张	叶张发红而无光泽多为晒青不当造成灼伤，发酵过度产生
			死红张	叶张发红，夹杂伤红叶片，为采摘运送茶青时人为损伤和闷积茶青或晒青、做青不当而产生

表 6-35　　　　　　　　　　　　青茶审评扩展内容

项目	因子	要点
干看	条索	看松紧、轻重、粗瘦、挺直、卷曲等
	色泽	大体有沙绿润（鳝鱼色）青绿、乌油润、褐色、赤色、铁色等
	干香	嗅有无杂味，高火味、日晒味、香气高低等
湿看		以香气、滋味为主，结合评汤色、叶底

实验 9　黑茶审评

一、　实验目的

（1）了解黑茶的品质特征。

（2）掌握黑茶的审评要点。

（3）理解黑茶加工过程中常见缺点及其原因和改进方法。

（4）为茶叶质量评价、安全控制和溯源提供技术参考。

二、　实验原理

按照 GB/T 18797—2012、GB/T 23776—2018 和 GB/T 14487—2017 等标准相关要求进行。

三、 实验材料

实验材料见表 6-36。

表 6-36 实验材料

名称	内容
材料	普洱散茶高、中、低档各一份、湖南黑毛茶一至三级、六堡散茶、湖北老青茶、四川边茶等茶样
设备	样茶盘、审评杯碗、叶底盘、天平、吐茶桶、茶匙、汤杯、计时钟、烧水壶、毛巾、纸巾、规定评茶用水

四、 实验方法

按图 6-8 进行分组实验，根据表 6-37 审评以及公式（6-1）评分，填入表 6-38。

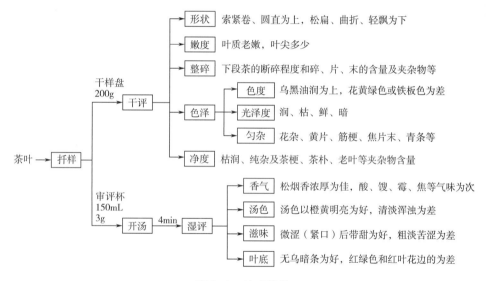

图 6-8 技术路线

表 6-37 黑茶（散茶） 品质评语与各品质因子评分表

因子	级别	品质特征	评分	系数
外形 (*a*)	甲	肥硕或壮结，或显毫，形态美，色泽油润，匀整，净度好	90~99	
	乙	尚壮结或较紧结，有毫，色泽尚匀润，较匀整，净度较好	80~89	20%
	丙	壮实或紧实或粗实，尚匀净	70~79	
汤色 (*b*)	甲	根据后发酵的程度可有红浓、橙红、橙黄色，明亮	90~99	
	乙	根据后发酵的程度可有红浓、橙红、橙黄色，尚明亮	80~89	15%
	丙	红浓暗、深黄、黄绿欠亮或浑浊	70~79	

续表

因子	级别	品质特征	评分	系数
香气 (c)	甲	香气纯正，无杂气味，香高爽	90~99	
	乙	香气较高尚纯正，无杂气味	80~89	25%
	丙	尚纯	70~79	
滋味 (d)	甲	醇厚，回味甘爽	90~99	
	乙	较醇厚	80~89	30%
	丙	尚醇	70~79	
叶底 (e)	甲	嫩匀多芽，明亮，匀齐	90~99	
	乙	尚嫩匀，略有芽，明亮，尚匀齐	80~89	10%
	丙	尚柔软，尚明，欠匀齐	70~79	

表 6-38　　　　　　　　　　　茶叶审评结果报告

编号	外形（20%）		汤色（15%）		香气（25%）		滋味（30%）		叶底（10%）		总分
	术语	评分	术语	评分	术语	评分	术语	评分	术语	评分	

审评员：　　　　　　　　　　　　　　　　实验日期：　　　年　　月　　日

五、　结果分析

（1）分析黑茶的品质特征。

（2）识别黑茶加工过程中常见缺点及其原因。

六、　注意事项

黑茶审评注意事项见表 6-39。

表 6-39　　　　　　　　　　　黑茶审评注意事项

影响因素	内容
发酵程度	随着发酵程度的不同，叶底也会呈现从淡绿、咸菜绿、褐绿到橘红、深红等不同色彩，发酵越重，颜色越红
焙火程度	随着焙火由轻到重，叶底颜色会从浅到深再到暗，从绿、褐绿、一直到黑褐色，焙火越重，颜色会越深越暗

七、 扩展阅读

黑茶审评扩展内容见表6-40。

表6-40　　　　　　　　　　　　　　黑茶审评扩展内容

项目	因子	要点
不同产地黑毛茶品质	湖南黑毛茶	外形条索卷折，色泽黄褐或黑褐油润，忌暗褐。内质香味醇和带有松烟香，汤色橙黄、叶底黄褐，忌红叶
	湖北老青茶	外形成条，无敝叶，色泽黄褐，无鸡爪枝、粗老死梗，里茶要求条索卷折、起皱折，色泽黄褐，略带麻梗老叶，无粗老死梗
	广西六堡茶	外形条索粗壮、长整不碎，色泽黑褐富光泽，内质汤色紫红，香味陈醇，有松烟香和槟榔味，清凉爽口，叶底呈铜褐色
	四川"做庄茶"	外形卷折成条，如"辣椒形"，色泽棕褐油润如"猪肝色"香气纯正、有老茶香，滋味醇和，汤色黄红明亮，叶底棕褐粗老、无落地叶和腐败枝叶
	云南普洱茶	要求条索匀整壮实，色泽棕褐油润，滋味醇厚滑口，具有浓郁的陈熟香气，汤色红浓，叶底暗棕匀软
不同杀青、干燥方法的黑毛茶品质不同	全晒青	全用太阳晒干，表现为叶不平整，向上翘、条索泡松卷曲，叶麻梗弯、叶燥骨（梗）软，细嫩者色泽青灰，粗老者色灰绿，不出油色，梗脉显白色，梗不干、折不断，有日晒气，水清味淡
	半晒茶	即半晒半炕，晒至三四成干，摊凉，渥堆0.5h，再揉一次，解块用火炕。这种茶条尚紧、色黑不润
	火炕茶	茶条较重实，叶滑溜，色油润有松烟气味
	陈茶	色枯，梗子断口中心卷缩，三年后就空心，香低汤深，叶底暗
	烧焙茶	外形枯黑，有枯焦气味，易捐成粉末，对光透视呈暗红色，冲泡后茶条不散
	水捞茶叶	用水捞杀青，叶扁平带梗，灰白或灰绿色，叶轻飘，汤淡香低
	蒸青叶	黄梗多，色油黑泛黄，茎脉碧绿、汤色黄、味淡有水闷气

实验 10　黄茶审评

一、 实验目的

（1）了解黄茶的品质特征。

（2）掌握黄茶的审评要点。

（3）理解黄茶加工过程中常见缺点及其原因和改进方法。

（4）为茶叶质量评价、安全控制和溯源提供技术参考。

二、 实验原理

按照 GB/T 18797—2012、GB/T 23776—2018 和 GB/T 14487—2017 等标准相关要求进行。

三、 实验材料

实验材料见表 6-41。

表 6-41　　　　　　　　　　　　　　　实验材料

名称	内容
材料	君山银针、蒙顶黄芽、莫干黄芽、霍山黄芽、沩山毛尖、北港毛尖、平阳黄汤、远安鹿苑、霍山黄大茶、广东大叶青等茶样
设备	样茶盘、审评杯碗、叶底盘、天平、吐茶桶、茶匙、汤杯、计时钟、烧水壶、毛巾、纸巾、规定评茶用水

四、 实验方法

按图 6-9 进行分组实验，根据表 6-42 审评以及公式（6-1）评分，填入表 6-43。

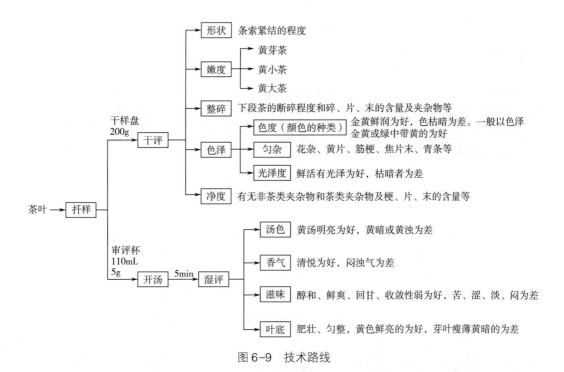

图 6-9　技术路线

表 6-42 黄茶品质评语与各品质因子评分表

因子	级别	品质特征	评分	系数
外形 (*a*)	甲	细嫩,以单芽到一芽二叶初展为原料,造型美,有特色,色泽嫩黄或金黄,油润,匀整,净度好	90~99	25%
	乙	较细嫩,造型较有特色,色泽褐黄或绿带黄,较油润,尚匀整,净度较好	80~89	
	丙	嫩度稍低,造型特色不明显,色泽暗褐或深黄,欠匀整,净度尚好	70~79	
汤色 (*b*)	甲	嫩黄明亮	90~99	10%
	乙	尚黄明亮或黄明亮	80~89	
	丙	深黄或绿黄欠亮或浑浊	70~79	
香气 (*c*)	甲	嫩香或嫩栗香,有甜香	90~99	25%
	乙	高爽,较高爽	80~89	
	丙	尚纯,熟闷,老火	70~79	
滋味 (*d*)	甲	醇厚甘爽,醇爽	90~99	30%
	乙	浓厚或尚醇厚,较爽	80~89	
	丙	尚醇或浓涩	70~79	
叶底 (*e*)	甲	细嫩多芽或嫩厚多芽,嫩黄明亮、匀齐	90~99	10%
	乙	嫩匀有芽,黄明亮,尚匀齐	80~89	
	丙	尚嫩,黄尚明,欠匀齐	70~79	

表 6-43 茶叶审评结果报告表

编号	外形(25%)		汤色(10%)		香气(25%)		滋味(30%)		叶底(10%)		总分
	术语	评分	术语	评分	术语	评分	术语	评分	术语	评分	
审评员:							实验日期:		年 月 日		

五、 结果分析

(1) 分析黄茶的品质特征。

(2) 识别黄茶加工过程中常见缺点及其原因。

六、 注意事项

黄茶审评注意事项见表6-44、表6-45。

表6-44　　　　　　　　　　　　黄茶感官审评表

审评	项目	因子	术语	解释
干评	干茶	形状	梗叶连枝	叶大梗长而相连
			鱼子泡	干茶上有鱼子大的突起泡点
		色泽	金镶玉	茶芽嫩黄、满披金色茸毛，为君山银针干茶色泽特征
			金黄光亮	芽叶色泽金黄，油润光亮
			褐黄	黄中带褐，光泽稍差
			黄青	青中带黄
湿评	叶底	香气	锅巴香	锅巴香，稻壳香气

表6-45　　　　　　　　　　　　黄茶审评注意事项

因子	内容
色泽	芽头为金黄的底色，满披白色银毫
嫩度	品质的基本条件
香气	锅巴香

七、 扩展阅读

黄茶审评扩展阅读内容见表6-46。

表6-46　　　　　　　　　　　　黄茶审评扩展阅读内容

名称		内容
黄芽茶	君山银针	外形芽头肥壮挺直，匀齐，满披白毫，色泽金黄光亮，称"金镶玉"。冲泡后芽尖冲向水面，悬空竖立，继而徐徐下沉杯底，状如群笋出土，又似金枪直立，极为美观
	蒙顶黄芽	芽叶整齐，形状扁直，肥嫩多毫，色泽金黄，内质香气清纯，汤色黄亮，滋味甘醇，叶底嫩匀，黄绿明亮
黄小茶		鲜叶采摘标准为一芽一二叶
黄大茶		采摘标准为一芽三四叶或一芽四五叶

实验 11 白茶审评

一、 实验目的

（1）了解白茶的品质特征。
（2）掌握白茶的审评要点。
（3）理解白茶加工过程中常见缺点及其原因和改进方法。
（4）为茶叶质量评价、安全控制和溯源提供技术参考。

二、 实验原理

按照 GB/T 18797—2012、GB/T 23776—2018 和 GB/T 14487—2017 等标准相关要求进行。

三、 实验材料

实验材料见表 6-47。

表 6-47　　　　　　　　　　　　　　实验材料

名称	内容
材料	大白、小白、水仙白、白毫银针、白牡丹、贡眉、寿眉等茶样
设备	样茶盘、审评杯碗、叶底盘、天平、吐茶桶、茶匙、汤杯、计时钟、烧水壶、毛巾、纸巾、规定评茶用水

四、 实验方法

按图 6-10 进行分组实验，根据表 6-48 审评以及公式（6-1）评分，填入表 6-49。

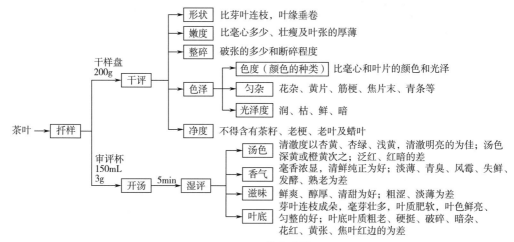

图 6-10　技术路线

表 6-48 白茶品质评语与各品质因子评分表

因子	级别	品质特征	评分	系数
外形 (a)	甲	以单芽到一芽二叶初展为原料，芽毫肥壮，造型美、有特色，白毫显露，匀整，净度好	90~99	25%
	乙	以单芽到一芽二叶初展为原料，芽较瘦小，较有特色，色泽银绿较鲜活，白毫显，尚匀整，净度尚好	80~89	
	丙	嫩度较低造型特色不明显，色泽暗褐或红褐，较匀整，净度尚好	70~79	
汤色 (b)	甲	杏黄、嫩黄明亮，浅白明亮	90~99	10%
	乙	尚绿黄明亮或黄绿明亮	80~89	
	丙	深黄或泛红或浑浊	70~79	
香气 (c)	甲	嫩香或清香，毫香显	90~99	25%
	乙	清香，尚有毫香	80~89	
	丙	尚纯，有酵气或有青气	70~79	
滋味 (d)	甲	尚纯，有酵气或有青气	90~99	30%
	乙	醇厚较鲜爽	80~89	
	丙	尚醇，浓稍涩，青涩	70~79	
叶底 (e)	甲	全芽或一芽一二叶，软嫩灰绿明亮、匀齐	90~99	10%
	乙	尚软嫩匀，尚灰绿明亮，尚匀齐	80~89	
	丙	尚嫩、黄绿有红叶，欠匀齐	70~79	

表 6-49 茶叶审评结果报告表

编号	外形（25%）		汤色（10%）		香气（25%）		滋味（30%）		叶底（10%）		总分
	术语	评分	术语	评分	术语	评分	术语	评分	术语	评分	

审评员： 实验日期： 年 月 日

五、 结果分析

（1）分析白茶的品质特征。

（2）识别白茶加工过程中常见缺点及其原因。

六、 注意事项

白茶感官审评术语与注意事项见表6-50、表6-51。

表6-50　　　　　　　　　　　　　白茶感官审评术语

审评	项目	因子	术语	解释
干评	干茶	形状	毫心肥壮	芽肥嫩壮大，茸毛多
			茸毛洁白	茸毛多、洁白而富有光泽
			芽叶连枝	芽叶相连成朵
			叶缘垂卷	叶面隆起，叶缘向叶背微微翘起
			平展	叶缘不垂卷而与叶面平
			破张	叶张破碎不完整
			蜡片	表面形成蜡质的老片
		色泽	毫尖银白	芽尖茸毛银白有光泽
			白底绿面	叶背茸毛银白色，叶面灰绿色或翠绿色
			绿叶红筋	叶面绿色，叶脉呈红黄色
			铁板色	深红而暗似铁锈色，无光泽
			铁青	似铁色带青
			青枯	叶色青绿，无光泽
湿评	茶汤	色泽	浅杏黄	黄带浅绿色，常为高档新鲜的白毫银针汤色
			微红	色微泛红，为鲜叶萎凋过度、产生较多红张而引起
		香气	毫香	茸毫含量多的芽叶加工成白茶后特有的香气
			失鲜	极不鲜爽，有时接近变质。多由白茶水分含量高，贮存过程回潮产生的品质弊病
		滋味	清甜	入口感觉清新爽快，有甜味
			毫味	茸毫含量多的芽叶加工成白茶后特有的滋味
		叶底	红张	萎凋过度，叶张红变
			暗张	色暗稍黑，多为雨天制茶形成死青
			铁灰绿	色深灰带绿色

表6-51　　　　　　　　　　　　　白茶审评注意事项

项目	因子	要点
白毫银针	产区	以福鼎大白茶为原料生产的白毫银针称为北路白毫银针（以福鼎产区为代表），以政和大白茶为原料生产的白毫银针称为西路白毫银针（以政和产区为代表）

续表

项目	因子	要点
白毫银针	原料品种	白毫银针茶外形品质以毫心肥壮、银白闪亮为上，以芽瘦小而短、色灰为次
白牡丹	品种	白牡丹以适制白茶茶树品种的一芽二叶初展鲜叶为原料加工而成。白牡丹外形品质以叶张肥嫩、叶态伸展、芽与叶连枝、毫心肥壮、色泽灰绿、毫色银白为上，以叶张瘦薄、色灰为次
贡眉和寿眉	嫩叶	优质贡眉和寿眉叶张肥嫩、芽与叶连枝、夹带毫芽
新白茶	鲜叶	外形品质以条索粗松带卷、色泽褐绿为上，以无芽、色泽棕褐为次

七、 扩展阅读

白茶审评扩展内容见表6-52。

表6-52　　　　　　　　　白茶审评扩展内容

品质缺陷	成因分析
红叶多或变黑	开青后置架上萎凋，萎凋过程翻动过多、过重、手摸，以致芽叶因机械损伤而红变，或因重叠而变黑
滋味青涩	多见于萎凋时间不足，或速度偏快
黑霉现象	多见于阴雨天、萎凋时间过长，或低温长时堆放、干燥不及时等
色泽花杂、橘红	在复式萎凋中处理不当，毛茶常出现色泽花杂、橘红等缺点
毫色黄	与干燥温度偏高有关
破张多，欠匀整	与干燥水分控制不当、干燥后装箱不及时有关，操作时未严格遵守轻取轻放的规范
色青绿、香味轻	常见于温度过高、失水速度快、萎凋不足
蜡叶、老梗	多见于采摘粗放，夹带不合格的原料
毫香不足	外观有毫但毫香不足，多见于烘温控制不当

实验 12　花茶审评

一、 实验目的

（1）了解花茶的品质特征。
（2）掌握花茶的审评要点。

（3）理解花茶加工过程中常见缺点及其原因和改进方法。

（4）为茶叶质量评价、安全控制和溯源提供技术参考。

二、 实验原理

按照 GB/T 18797—2012、GB/T 23776—2018 和 GB/T 14487—2017 等标准相关要求进行。

三、 实验材料

实验材料见表 6-53。

表 6-53　　　　　　　　　　　　　　　　　　实验材料

名称	内容
材料	茉莉花茶、茉莉银针、茉莉绣球、茉莉毛尖、白兰花茶、珠兰烘青、珠兰大方、桂花茶、玫瑰花茶等茶样
设备	样茶盘、审评杯碗（柱形杯）、叶底盘、天平、吐茶桶、茶匙、汤杯、计时钟、烧水壶、毛巾、纸巾、规定评茶用水

四、 实验方法

按图 6-11 进行分组实验，根据表 6-54 审评以及公式（6-1）评分，填入表 6-55。

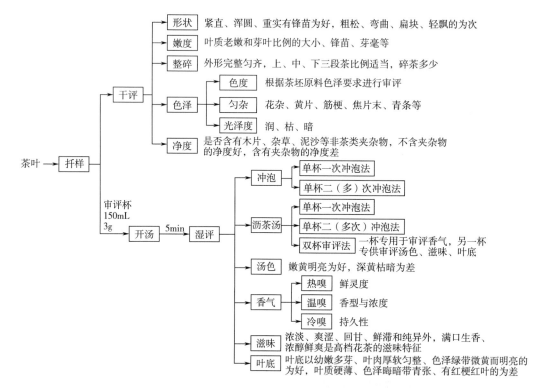

图 6-11　技术路线

表 6-54　　　　　　　　　　　　花茶品质评语与各品质因子评分表

因子	级别	品质特征	评分	系数
外形 （a）	甲	细紧或壮结，多毫或锋苗显露，造型有特色，色泽尚嫩绿或嫩黄、油润，匀整，净度好	90~99	20%
	乙	较细紧或较紧结，有毫或有锋苗，造型较有特色，色泽黄绿，较油润，匀整，净度较好	80~89	
	丙	紧实或壮实，造型特色不明显，色泽黄或黄褐，较匀整，净度尚好	70~79	
汤色 （b）	甲	嫩黄明亮或尚嫩绿明亮	90~99	5%
	乙	黄明亮或黄绿明亮	80~89	
	丙	深黄或黄绿欠亮或浑浊	70~79	
香气 （c）	甲	鲜灵，浓郁，纯正，持久	90~99	35%
	乙	较鲜灵，较浓郁，较纯正，尚持久	80~89	
	丙	尚浓郁，尚鲜，较纯正	70~79	
滋味 （d）	甲	甘醇或醇厚，鲜爽，花香明显	90~99	30%
	乙	浓厚或较醇厚	80~89	
	丙	熟，浓涩，青涩	70~79	
叶底 （e）	甲	细嫩多芽或嫩厚多芽，黄绿明亮	90~99	10%
	乙	嫩匀有芽，黄明亮	80~89	
	丙	尚嫩，黄明	70~79	

表 6-55　　　　　　　　　　　　茶叶审评结果报告表

编号	外形（20%）		汤色（5%）		香气（35%）		滋味（30%）		叶底（10%）		总分
	术语	评分	术语	评分	术语	评分	术语	评分	术语	评分	
审评员：					实验日期：			年	月	日	

五、　结果分析

（1）分析花茶的品质特征。

（2）识别花茶加工过程中常见缺点及其原因。

六、 注意事项

花茶审评注意事项见表 6-56。

表 6-56 花茶常见品质弊病表

项目	因子	要点
外形	色泽偏黄	窨制花茶时堆温过高，或通花时间迟、堆放时间过长，或烘干温度过高
	造型松散	窨制花茶时堆放时间过长，茶坯含水量高，使茶条松开
	色泽深暗	选用的品种不合适、窨制的次数多
汤色	黄汤	窨制花茶时堆温过高，或通花时间迟，或温坯堆放时间过长
香气	透素	窨制时茉莉花用量少，下花量不足，或者是有足够的下花量，但通花时间过早，窨制时间不够，窨制不透，茉莉花香没有盖过茶香，透出茶香
	透兰	茉莉花香不突出，窨制时茉莉花用量少，下花量不足，而用于打底的玉兰花用量过多，使玉兰花香盖过了茉莉花香，以致透发出浓烈的玉兰花香
	闷气	这是窨制中通花散热不够，热闷的时间过长，或是最后没有用鲜花进行提花，或是虽有提花，但花朵不新鲜所致
滋味	滋味淡薄	茶叶原料粗老，或是茶叶陈化不新鲜，或是茶叶过嫩不耐泡
	闷味	茶叶含水量过高，窨制中通花散热不及时，烘干温度过低所造成
	烟焦味	这是烘干温度过高或漏烟所致
	滋味不纯正	夹杂有油墨、木材、塑料等其他异味，这是在存放中受外界气味或包装材料污染所致

七、 扩展阅读

扩展内容见表 6-57。

表 6-57 花茶扩展内容

项目	因子	要点
茉莉花茶品质特点		香气清高芬芳、浓郁、鲜灵，香而不浮，鲜而不浊，滋味醇厚。茉莉花茶是用经加工干燥的茶叶，其色、香、味、形与茶坯的种类、质量及鲜花的品质有密切关系。茉莉花是气质花，其吐香与鲜花的生命活动密切相关。茶能饱吸花香，以增茶味
白兰花茶品质特点		外形条索较紧结、有锋苗；内质汤色黄较明亮，白兰花香浓郁、持久（要求白兰花香盖过茶香，不能闻出茶香），滋味浓厚爽口，叶底嫩、尚匀、黄绿明亮

续表

项目	因子	要点
珠兰花茶品质特点		珠兰花茶是以烘青绿茶和珠兰或米兰鲜花为原料窨制而成，是我国主要花茶产品之一，因其香气芬芳幽雅，持久耐贮而深受消费者青睐
桂花茶*的品质特点	桂花烘青	外形条索紧细匀整，干茶色泽墨绿油润，汤色金黄，香气浓郁持久，汤色绿黄明亮，滋味醇香适口，叶底嫩黄明亮。以广西桂林、湖北咸宁产量最大，并有部分外销日本、东南亚
	桂花龙井	外形扁平光滑挺直，绿色的干茶中可见少量金黄色桂花花干隐藏其中，内质汤色杏黄明亮，桂花花香明显，且具馥郁的龙井茶香，滋味醇厚甘爽，叶底嫩匀、黄绿明亮。桂花龙井产于浙江省杭州市西湖区和滨江区，是浙江的特色茶类
	桂花乌龙	条索粗壮重实，色泽褐润，香气高雅隽永，滋味醇厚回甘，汤色橙黄明亮，叶底深褐柔软。桂花乌龙是"铁观音"故乡福建安溪茶厂的传统出口产品，主销港、澳、东南亚和西欧。主要以当年或隔年夏、秋茶为原料
	桂花红碎茶	外形颗粒紧细匀整，色泽乌润，香味浓郁，甜爽适口，汤色红亮，叶底红匀；加工成袋泡茶香韵尤为细腻悠长，久久不散。桂花红碎茶用天然桂花窨制红碎茶以代替人工加香的红茶，产品送往美国、法国获得好评
玳玳烘青花茶品质特征		玳玳烘青花茶外形条索紧结、重实，有锋苗；内质汤色黄绿明亮，有明显的玳玳花香，也具有茶香，两者完美结合，滋味浓醇爽口，叶底嫩尚匀、黄绿明亮
玫瑰红茶花茶品质特征		玫瑰红茶花茶的外形条索较细紧、有锋苗，可见干玫瑰花瓣；内质汤色红明亮，有较明显的玫瑰花香，也能闻出红茶茶香，两者完美结合，滋味甘醇爽口，叶底嫩尚匀、红明亮

注：*根据茶坯不同分为桂花烘青、桂花乌龙、桂花龙井和桂花红碎茶。广西桂林的桂花烘青和福建安溪桂花乌龙都是以桂花的馥郁芬芳衬托茶的醇厚滋味，别具一格。

实验 13　紧压茶审评

一、　实验目的

（1）了解紧压茶的品质特征。

（2）掌握紧压茶的审评要点。

（3）理解紧压茶加工过程中常见缺点及其原因和改进方法。

（4）为茶叶质量评价、安全控制和溯源提供技术参考。

二、 实验原理

按照 GB/T 18797—2012、GB/T 23776—2018 和 GB/T 14487—2017 等标准相关要求进行。

三、 实验材料

实验材料见表 6-58。

表 6-58 　　　　　　　　　　　　　　实验材料

名称	内容
材料	湘尖、六堡茶、方包茶、黑砖茶、茯砖茶、花砖茶、花卷茶、青砖茶、康砖茶、金尖茶、饼茶、云南沱茶、普洱方茶、米砖等茶样
设备	样茶盘、审评杯碗、叶底盘、天平、吐茶桶、茶匙、汤杯、计时器、烧水壶、毛巾、纸巾、规定评茶用水

四、 实验方法

按图 6-12 进行分组实验，根据表 6-59 审评以及公式（6-1）评分，填入表 6-60。

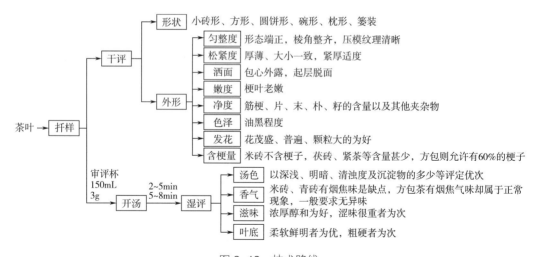

图 6-12 　技术路线

表 6-59 　　　　　　　　　　紧压茶品质评语与各品质因子评分表

因子	级别	品质特征	评分	系数
外形 （a）	甲	形状完全符合规格要求，松紧度适中表面平整	90～99	
	乙	形状符合规格要求，松紧度适中表面尚平整	80～89	20%
	丙	形状基本符合规格要求，松紧度较适合	70～79	

续表

因子	级别	品质特征	评分	系数
汤色 (b)	甲	色泽依茶类不同，明亮	90~99	10%
	乙	色泽依茶类不同，尚明亮	80~89	
	丙	色泽依茶类不同，欠亮或浑浊	70~79	
香气 (c)	甲	香气纯正，高爽，无杂异气味	90~99	30%
	乙	香气尚纯正，无异杂气味	80~89	
	丙	香气尚纯，有烟气、微粗等	70~79	
滋味 (d)	甲	醇厚，有回味	90~99	30%
	乙	醇和	80~89	
	丙	尚醇和	70~79	
叶底 (e)	甲	黄褐或黑褐，匀齐	90~99	10%
	乙	黄褐或黑褐，尚匀齐	80~89	
	丙	黄褐或黑褐，欠匀齐	70~79	

表6-60 茶叶审评结果报告表

编号	外形（20%）		汤色（10%）		香气（30%）		滋味（30%）		叶底（10%）		总分
	术语	评分	术语	评分	术语	评分	术语	评分	术语	评分	

审评员： 实验日期： 年 月 日

五、 结果分析

（1）分析紧压茶的品质特征。

（2）识别紧压茶加工过程中常见缺点及其原因。

六、 注意事项

紧压茶均由基本茶类进一步加工而成，种类繁多，品质各具特色。部分形成了新的风味品质。审评采用通用的审评方法为主，特定的茶类根据需要可对审评方法进行调整。

七、 扩展阅读

紧压茶感官审评表见表6-61，各类砖茶的品质特点见表6-62。

表 6-61   紧压茶感官审评表

审评	项目	因子	术语	解释
干评	干茶	形状	扁平四方体	茶条经正方形模具压制后呈扁平状，四个棱角整齐呈方形。常为漳平水仙茶饼等紧压乌龙茶特色造型
			端正	紧压茶形态完整，表面平整，砖形茶棱角分明，饼形茶边沿圆滑
			斧头形	砖身一端厚、一端薄，形似斧头
			纹理清晰	紧压茶表面花纹、商标、文字等标记清晰
			起层	紧压茶表层翘起而未脱落
			落面	紧压茶表层有部分茶脱落
			脱面	紧压茶的盖面脱落
			紧度适合	压制松紧适度
			平滑	紧压茶表面平整，无起层落面或茶梗突出现象
			金花	冠突散囊菌的金黄色孢子
			缺口	砖茶、饼茶等边缘有残缺现象
			包心外露	里茶外露于表面
			龟裂	紧压茶有裂缝现象
			烧心	中心部分发暗发黑或发红，烧心砖多发生霉变
			断甑	金尖中间断落，不成整块
			泡松	紧压茶因压制不紧结而呈现出松而易散形状
			歪扭	沱茶碗口处不端正。歪即碗口部分厚薄不匀压茶机压轴中心未在沱茶正中心，碗口不正；扭即沱茶碗口不平，一边高一边低
			通洞	因压力过大，使沱茶洒面正中心出现孔洞
			掉把	特指蘑菇状紧茶因加工或包装等技术操作不当，使紧茶的柄掉落
			铁饼	茶饼紧硬，表面茶叶条索模糊
			泥鳅边	饼茶边沿圆滑，状如泥鳅背
			刀口边	饼茶边沿薄锐，状如钝刀口
		色泽	黑褐	褐中带黑，六堡茶、黑砖、花砖和特制茯砖的干茶和叶底色泽，普洱熟茶因渥堆温度过高导致炭化，呈现出的干茶和叶底色泽
			饼面银白	以满披白毫的嫩芽压成圆饼，表面呈银白色
			饼面黄褐带细毫	以贡眉为原料压制成饼后之色泽
			饼面深褐带黄片	以寿眉等为原料压制成饼后之色泽

续表

审评	项目	因子	术语	解释
湿评	叶底	香气	金花香	茯砖等发花正常茂盛所具有的特殊香气
			槟榔香	六堡茶贮存陈化后产生的一种似槟榔的香气

表6-62　　　　　　　　　　　　各类砖茶的品质特点

项目	因子	要点
各类砖茶的品质特点	黑砖品质特征	外形为砖片形，要求砖面平整，花纹图案清晰，棱角分明，厚薄一致，色泽黑褐，无黑霉、白霉、青霉等霉菌；内质要求香气纯正或带松烟香，汤色橙黄，滋味醇和微涩
	花砖品质特征	外形要求砖面平整，花纹图案清晰，棱角分明，厚薄一致，色泽黑褐，无黑霉、白霉、青霉等霉菌；内质则香气纯正或带松烟香，汤色橙黄，滋味醇和
	茯砖品质特征	砖面平整，花纹图案清晰，棱角分明，厚薄一致，发花普遍茂盛；茯砖茶特别要求砖内金黄色冠突散囊菌霉苗（俗称"金花"）颗粒大，干嗅有黄花清香。在泡饮或煮饮时，则要求汤红不浊，香清不粗，味厚不湿
	青砖品质特征	要求砖面光滑、棱角整齐、紧结平整、色泽青褐、压印纹理清晰，砖内无黑霉、白霉、青霉等霉菌；香气纯正，滋味醇和，汤色橙红，叶底暗褐
	康砖品质特征	外形圆角长方形，表面平整、紧实，洒面明显，色泽棕褐。砖内无黑霉、白霉、青霉等霉菌。内质方面包括香气纯正，汤色红褐、尚明，滋味纯尚浓，叶底棕褐稍花
	米砖品质特征	砖面平整、棱角分明、厚薄一致、图案清晰，砖内无霉菌。特级米砖茶乌黑油润，香气纯正、滋味浓醇、汤色深红、叶底红匀；普通米砖茶黑褐稍泛黄，香气平正、滋味尚浓醇、汤色深红、叶底红暗
	普洱紧压茶的品质特点	色泽褐红，汤色红浓明亮，独特陈香，滋味醇厚回甘，叶底褐红

注：紧压茶由毛茶或精茶经外力压制而成的再加工类产品。以普洱茶为原料，表面紧实，厚薄均匀，色泽尚乌、有毫；砖内无黑霉、白霉、青霉等霉菌；香气纯正，汤色橙红尚明，滋味浓厚，叶底尚嫩欠匀。

实验 14 袋泡茶审评

一、 实验目的

（1）了解袋泡茶的品质特征。
（2）掌握袋泡茶的审评要点。
（3）理解袋泡茶加工过程中常见缺点及其原因和改进方法。
（4）为茶叶质量评价、安全控制和溯源提供技术参考。

二、 实验原理

按照 GB/T 18797—2012、GB/T 23776—2018 和 GB/T 14487—2017 等标准相关要求进行。

三、 实验材料

实验材料见表6-63。

表6-63 实验材料

名称	内容
材料	绿茶袋泡茶、红茶袋泡茶、乌龙茶袋泡茶、黄茶袋泡茶、白茶袋泡茶、黑茶袋泡茶、花茶袋泡茶等茶样
设备	样茶盘、审评杯碗、叶底盘、天平、吐茶桶、茶匙、汤杯、计时钟、烧水壶、毛巾、纸巾、规定评茶用水

四、 实验方法

按图6-13进行分组实验，根据表6-64审评以及公式（6-1）评分，填入表6-65。

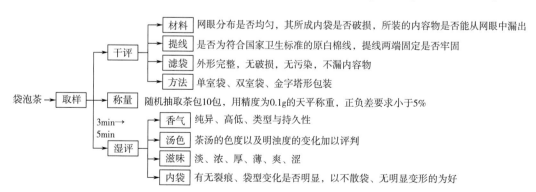

图6-13 技术路线

表 6-64　　　　　　　　　　　袋泡茶品质评语与各品质因子评分表

因子	级别	品质特征	评分	系数
外形 (a)	甲	品质特征滤纸质量优、包装规范、完全符合标准要求	90~99	
	乙	滤纸质量较优，包装规范、完全符合标准要求	80~89	10%
	丙	滤纸质量较差，包装不规范、有欠缺	70~79	
汤色 (b)	甲	色泽依茶类不同，但要清澈明亮	90~99	
	乙	色泽依茶类不同，较明亮	80~89	20%
	丙	欠明亮或有浑浊	70~79	
香气 (c)	甲	高鲜，纯正，有嫩茶香	90~99	
	乙	高爽或较高鲜	80~89	30%
	丙	尚纯，熟、老火或青气	70~79	
滋味 (d)	甲	鲜醇，甘鲜，醇厚鲜爽	90~99	
	乙	清爽，浓厚，尚醇厚	80~89	30%
	丙	尚醇或浓涩或青涩	70~79	
叶底 (e)	甲	滤纸薄而均匀、过滤性好，无破损	90~99	
	乙	滤纸厚薄较均匀，过滤性较好，无破损	80~89	10%
	丙	掉线或有破损	70~79	

表 6-65　　　　　　　　　　　茶叶审评结果报告表

编号	外形（10%）		汤色（20%）		香气（30%）		滋味（30%）		叶底（10%）		总分
	术语	评分	术语	评分	术语	评分	术语	评分	术语	评分	

审评员：　　　　　　　　　　　　　　　　实验日期：　　　年　　　月　　　日

五、　结果分析

（1）分析袋泡茶的品质特征。

（2）识别袋泡茶加工过程中常见缺点及其原因。

六、　注意事项

袋泡茶审评注意事项见表 6-66。

表 6-66　　　　　　　　　　　　　袋泡茶审评注意事项

项目	要点
审评方法	主要是评定汤色、香气、滋味和冲泡后的内袋，采用整袋冲泡而不是拆开纸袋倒出茶叶再冲泡
优质产品	内袋由网眼滤纸制成，封口完整，带纯棉提线的品牌标签；外袋包装文字清晰、图案完整、质量上乘；茶叶颗粒匀整，无异物，茶香良好，汤色明亮，冲泡后袋涨不破
中档产品	可不带外袋或无提线上的品牌标签，外袋纸质较轻，封边不很牢固，有脱线现象，香味虽纯正，但少新鲜口味，汤色亮但不够鲜活，冲泡后滤袋无裂痕
低档产品	包装用材中缺项明显，外袋纸质轻，印刷质量差，香味平和，汤色深暗，冲泡后有时会有少量茶渣漏出
不合格	包装不合格，汤色混浊，香味不正常，有异气味，冲泡后散袋

七、　扩展阅读

袋泡茶扩展阅读内容见表 6-67。

表 6-67　　　　　　　　　　　　　袋泡茶扩展阅读内容

项目	内容
内容说明	袋泡茶是将已加工的茶叶经过拼配和粉碎并采用滤纸包装而成的再加工茶叶产品，饮用时直接将装有茶叶的滤袋进行冲泡，对于袋泡茶的叶底可不必开袋评色泽与老嫩
袋泡茶的分类	茶型袋泡茶包括红茶、绿茶、乌龙茶、普洱茶、花茶等各类不同的纯茶袋泡茶
	果味型袋泡茶由茶与各类营养干果或果汁或果味香料混合加工而成。这种袋泡茶既有茶的香味，又有干鲜果的风味和营养价值。如柠檬红茶、京华枣茶、乌龙戏珠茶等
	香味型袋泡茶指在茶叶中添加各种天然香料或人工合成香精的袋泡茶。如在茶叶中添加茉莉玫瑰香兰素等，由提取的天然香料加工而成的袋泡茶
	保健型袋泡茶是由茶叶和某些具药理功效的中草药，按一定比例搭配、加工而成的袋泡茶
	非茶袋泡茶指不含茶叶的各种袋泡茶，如绞股蓝袋泡茶、杜仲袋泡茶、桑叶袋泡茶等

实验 15　　速溶茶审评

一、　实验目的

（1）了解速溶茶的品质特征。

（2）掌握速溶茶的审评要点。

（3）理解速溶茶加工过程中常见缺点及其原因和改进方法。

（4）为茶叶质量评价、安全控制和溯源提供技术参考。

二、 实验原理

按照 GB/T 18797—2012、GB/T 23776—2018 和 GB/T 14487—2017 等标准相关要求进行。

三、 实验材料

实验材料见表 6-68。

表 6-68 实验材料

名称	内容
材料	速溶红茶、速溶绿茶、速溶铁观音、速溶乌龙茶、速溶茉莉花茶、速溶普洱茶，添料调配茶有含糖的红茶、绿茶、乌龙茶以及柠檬红茶、奶茶、各种果味速溶茶等茶样
设备	玻璃杯、培养皿、量筒、天平、吐茶桶、茶匙、汤杯、计时器、烧水壶、毛巾、纸巾、规定评茶用水

四、 实验方法

按图 6-14 进行分组实验，根据表 6-69 审评以及公式（6-1）评分，填入表 6-70。

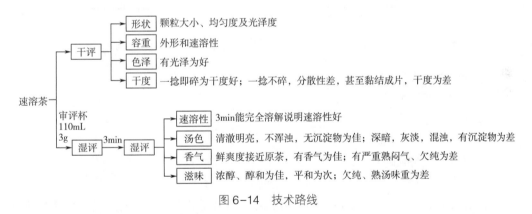

图 6-14 技术路线

表 6-69 速溶茶品质评语与各品质因子评分表

因子	级别	品质特征	评分	系数
外形 （a）	甲	嫩度好，细、匀、净，色鲜活	90~99	10%
	乙	嫩度较好，细、匀、净，色较鲜活	80~89	
	丙	嫩度稍低，细、较匀净，色尚鲜活	70~79	
汤色 （b）	甲	色泽依茶类不同，色彩鲜艳	90~99	20%
	乙	色泽依茶类不同，色彩尚鲜艳	80~89	
	丙	色泽依茶类不同，色彩较差	70~79	

续表

因子	级别	品质特征	评分	系数
香气 (c)	甲	嫩香，嫩栗香，清高，花香	90~99	35%
	乙	清香，尚高，栗香	80~89	
	丙	尚纯，熟，老火，青气	70~79	
滋味 (d)	甲	鲜醇爽口，醇厚甘爽，醇厚鲜爽，口感细腻	90~99	35%
	乙	浓厚，尚醇厚，口感较细腻	80~89	
	丙	尚醇，浓涩，青涩，有粗糙感	70~79	

表 6-70　　　　　　　　　　　　茶叶审评结果报告表

编号	外形（10%）		汤色（20%）		香气（35%）		滋味（35%）		总分
	术语	评分	术语	评分	术语	评分	术语	评分	
审评员：					实验日期：　　　年　　月　　日				

五、 结果分析

（1）分析速溶茶的品质特征。

（2）识别速溶茶加工过程中常见缺点及其原因。

六、 注意事项

（1）速溶性一般能在 15~20℃ 条件下溶于水。

（2）冷溶茶在 10℃ 以下溶于水；热溶速溶茶在 40~60℃ 溶于水。

（3）速溶茶溶性好，可作为冷饮用；颗粒悬浮或者呈块状沉结于杯底的速溶茶冷溶性差，只能作为热饮用。

七、 扩展阅读

速溶茶扩展内容见表 6-71。

表 6-71　　　　　　　　　　　　速溶茶扩展内容

项目	内容
定义	速溶茶是一种极易溶于水的呈颗粒或粉末状的固体茶饮料。以茶鲜叶或成品茶等为原材料，通过浸提、过滤、净化、浓缩、干燥等制造工序制得，具有方便携带易冲饮的优点

续表

项目	内容
形态	包括形态、粗细、疏松度、洁净度和干燥度等因子，一般速溶茶的形状分颗粒状、碎片状和粉末状
色泽	主要评比颜色类型、颜色深浅和亮度等内容，速溶红茶要求呈红黄、红棕或红褐色，速溶绿茶呈黄绿或黄色，都要求鲜亮润、光泽度好

茶叶理化评价实验

实验1　茶叶中水分含量检测方法

一、　实验目的

（1）了解茶叶中水分含量检测的原理。

（2）掌握茶叶中水分含量检测方法。

（3）为茶叶质量评价、安全控制和溯源提供技术参考。

二、　实验原理

利用茶叶中游离水、结合水和该条件下能挥发的物质的物理性质，在适当条件下（气压101.3kPa，温度101~105℃）采用挥发方法测定样品干燥减少的重量，再称量干燥前后的数值，计算出水分的含量。

三、　实验材料

实验材料见表7-1。

表7-1　　　　　　　　　　　　　　实验材料

名称	内容
材料	茶树鲜叶
试剂	氢氧化钠（NaOH）、盐酸（HCL）、海砂
仪器	扁形铝制或玻璃制称量瓶、电热恒温干燥箱、干燥器、天平（0.1mg）

四、　实验方法

按图7-1进行分组实验，每个处理重复3次，根据公式（7-1）计算茶样中含水量：

$$试样中水分含量（g/100g）= \frac{称量瓶和试样质量-称量瓶和试样干燥后质量}{称量瓶和试样质量-称量瓶质量} \times 100\% \quad （7-1）$$

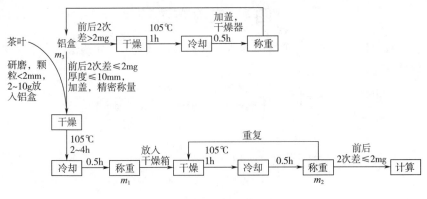

图7-1　技术路线

五、　结果分析

（1）分析不同茶样中含水量的变化。

（2）分析影响茶样中含水量测定的因素。

实验2　茶叶中水浸出物检测方法

一、　实验目的

（1）了解茶叶中水浸出物检测的原理。

（2）掌握茶叶中水浸出物检测的方法。

（3）为茶叶质量评价、安全控制和溯源提供技术参考。

二、　实验原理

茶叶中可溶于水的物质通常采取沸水回流的方法进行提取，经过滤、蒸发至干，称量残留物。

三、　实验材料

实验材料见表7-2。

表7-2　　　　　　　　　　　　　　　　实验材料

名称	内容
材料	茶树鲜叶、蒸馏水
仪器	干燥箱、水浴锅、减压抽滤装置、铝盒、干燥器、分析天平（0.001g）、锥形瓶、磨碎机

四、 实验方法

按图 7-2 进行分组实验，每个重复 3 次，根据公式（7-2）计算茶叶中水浸出物含量，以干态质量分数（%）表示：

$$水浸出物含量 = \left(1 - \frac{干燥后的茶渣质量}{试样质量 \times 试样干物质含量的质量分数}\right) \times 100\% \qquad (7-2)$$

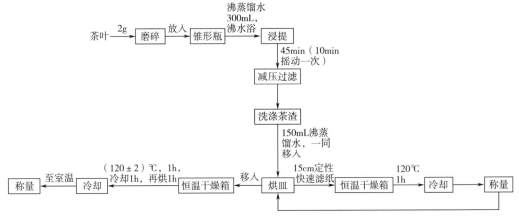

图 7-2　技术路线

五、 结果分析

（1）分析不同茶样中水浸出物的含量。

（2）分析影响茶样中水浸出物测定的因素。

实验 3　茶叶中茶多酚检测及提取

一、 实验目的

（1）了解茶叶中茶多酚检测及提取的原理。

（2）掌握茶叶中茶多酚检测及提取的方法。

（3）为茶叶质量评价、安全控制和溯源提供技术参考。

二、 实验原理

（1）用 70% 甲醇在 70℃ 水浴上提取磨碎茶样中的茶多酚，并用没食子酸作校正，以福林酚试剂氧化茶多酚中 -OH 基团（呈现蓝色），最大吸收波长 λ 为 765nm。

（2）茶多酚能与金属离子产生络合沉淀。由于 Zn^{2+}、Ca^{2+}、Al^{3+} 毒性较小，可用于茶多酚的生产。经静置或离心分离后，将沉淀用酸转溶。最后用醋酸乙酯萃取，浓缩干燥后，可获得精品茶多酚。

三、 实验材料

实验材料见表7-3。

表7-3 实验材料

名称	内容
试剂	硫酸亚铁、酒石酸钾钠、磷酸氢二钠、磷酸二氢钾、95%乙醇、乙酸乙酯、氯仿或二氯甲烷、甲醇、碳酸钠、福林酚、醋酸乙酯
溶液	7.5%碳酸钠溶液、没食子酸标准储备溶液（1000μg/mL）、没食子酸工作液、70%甲醇水溶液、0.5%~1% $CaCl_2$、1mol/L $NaHCO_3$、6mol/L HCl
仪器	分析天平（0.001g）、水浴锅、离心机、分光光度计、真空冷冻干燥、移液管、容量瓶等

四、 实验方法

（一） 茶多酚检测（酒石酸亚铁法）

按图7-3进行分组实验，每个处理重复3次，根据公式（7-3）计算茶叶中茶多酚含量，以干态质量百分率表示：

$$茶多酚 = \frac{3.913 \times 试液样吸光度 \times 试样总体积}{1000 \times 测定用试样体积 \times 试样质量 \times 试样干物质含量} \times 100\% \qquad (7-3)$$

式中 3.913——当光密度＝1时，试液中茶多酚相当于3.913mg/mL

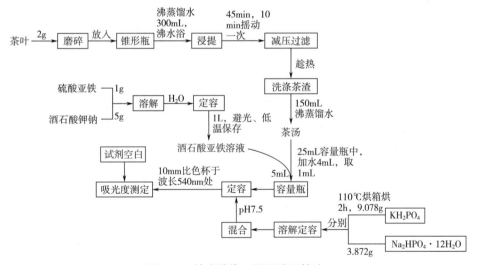

图7-3 技术路线（酒石酸亚铁法）

（二） 茶多酚检测（福林酚法）

按图7-4进行分组实验，每个重复3次，根据公式（7-4）计算茶叶中茶多酚含量：

$$CTP = \frac{(样品试液吸光度 - 空白对照吸光度) \times 样品提取液体积 \times 稀释因子 \times 100}{SLOPE_{Std} \times 样品干物质含量 \times 10^6 \times 样品质量} \qquad (7-4)$$

式中　SLOPE$_{Std}$——没食子酸标准曲线的斜率

注：（1）样品吸光度在没食子酸标准工作曲线校准范围内，浓度>50pg/mL，否则重配。

（2）同一样品每100g试样的两次测定，质量差≤0.5g，取2次平均值为结果。

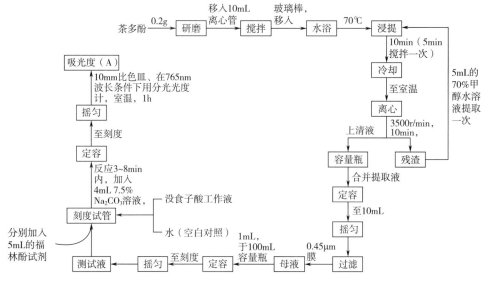

图 7-4　技术路线（福林酚法）

（三）茶多酚提取（萃取法）

按图 7-5 进行分组实验，每个处理重复 3 次，根据公式（7-5）计算茶叶中茶多酚提取率：

$$茶多酚的得率（\%，质量比）= \frac{茶多酚成品质量（g）}{茶样质量×（1-含水百分率）}×100\% \qquad (7-5)$$

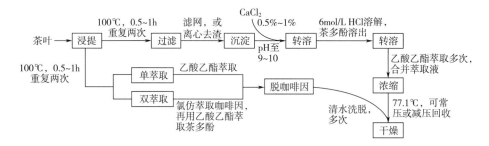

图 7-5　茶多酚检测技术路线（萃取法）

五、 结果分析

（1）分析利用不同检测方法时，茶样中茶多酚的含量和提取率。

（2）分析影响茶样中茶多酚测定的因素。

（3）分析影响茶样中茶多酚提取率测定的因素。

实验 4 茶叶中总氨基酸检测及提取

一、 实验目的

（1）了解茶叶中总氨基酸检测及提取的原理。
（2）掌握茶叶中总氨基酸检测及提取的方法。
（3）为茶叶质量评价、安全控制和溯源提供技术参考。

二、 实验原理

在 pH8.0 的条件下，α-氨基酸与茚三酮共热形成紫色络合物，测定特定波长的吸光值，即可计算含量。

三、 实验材料

实验材料见表 7-4。

表 7-4 实验材料

名称	内容
材料	蒸馏水、pH8.0 磷酸盐缓冲液、2%茚三酮溶液、茶氨酸或谷氨酸系列标准工作液
仪器	分析天平（0.001g）、分光光度仪、比色管（具塞，25mL）

四、 实验方法

（一） 总氨基酸检测

按图 7-6 进行分组实验，每个处理重复 3 次，根据公式（7-6）计算茶叶中总氨基酸含量，以干态质量分数（%）表示：

$$游离氨基酸总量（\%）=\frac{\dfrac{谷氨酸}{1000}\times\dfrac{试液总量}{测定用试液量}}{试样用量\times试样干物质含量}\times100\% \tag{7-6}$$

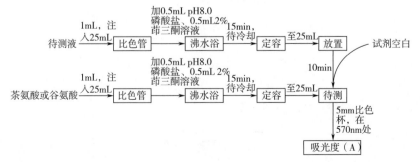

图 7-6 技术路线

（二）总氨基酸提取

按图7-7进行分组试验，每个处理重复3次，根据公式（7-7）计算总氨基酸提取率：

$$总氨基酸得率（\%，质量比）= \frac{总氨基酸成品质量（g）}{茶样质量×（1-含水百分率）}×100\% \tag{7-7}$$

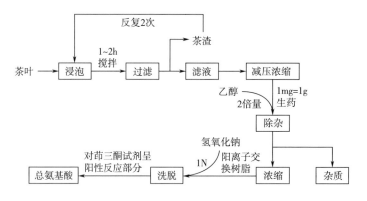

图7-7　技术路线

五、 结果分析

（1）分析茶样中游离氨基酸的含量。

（2）分析影响茶样中总氨基酸测定的因素。

（3）分析茶样中游离氨基酸提取率。

（4）分析影响茶样中总氨基提取率测定的因素。

实验5　茶叶中氨基酸组分测定

一、 实验目的

（1）了解茶叶中氨基酸组分测定的原理及方法。

（2）为茶叶质量评价、安全控制和溯源提供技术参考。

二、 实验原理

以滤纸为惰性支持物，物质在静止的水相和沿纸流的有机相二相溶剂间的不断分离所致，并有吸附离子交换作用，溶质进行分配并沿有机相流动方向移动，其移动速率不同，将其分开，Rf值可表示溶质在纸上移动的速率。

三、 实验材料

实验材料见表7-5。

表 7-5	实验材料
名称	内容
材料	茶叶试样、氨基酸纯品、80%甲醇、展谱剂、双向层析、显色剂；吲哚醌显色剂，分显色剂与底色褪色剂
仪器	抽气过滤器、层析滤纸、20~50μL 直行微量吸血管或微量注射器、层析虹若干只（可用浸渍标本用的标本瓶代替）、具塞离心试管、分光光度计、培养皿

四、 实验方法

按图 7-8、图 7-9、图 7-10 进行分组实验，每个处理重复 3 次，根据公式（7-8）计算茶叶中某氨基酸含量：

$$某氨基酸含量（mg/100g）= \frac{氨基酸总量×某氨基酸光密度}{各氨基酸光密度总和} \tag{7-8}$$

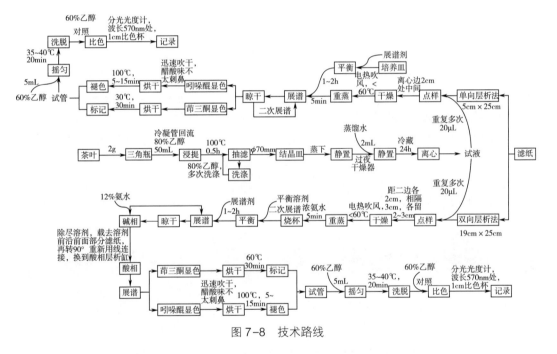

图 7-8 技术路线

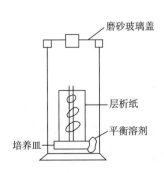

图 7-9 单向纸层析　　　图 7-10 双向纸层析

五、　结果分析

（1）分析茶样中氨基酸组分的含量。

（2）分析影响茶样中氨基酸组分测定的因素。

实验 6　茶叶中茶氨酸检测及提取

一、　实验目的

（1）了解茶叶中茶氨酸检测及提取的原理。

（2）掌握茶叶中茶氨酸检测及提取的方法。

（3）为茶叶质量评价、安全控制和溯源提供技术参考。

二、　实验原理

（1）茶叶样品中茶氨酸经沸水加热提取、净化处理后，采用分离强极性化合物的 RP8 柱，检测波长 210nm，用高效液相色谱仪进行测定，与标准系列比较定性、定量。

（2）茶氨酸可被碱式碳酸铜沉淀，产生水不溶性的紫色铜盐，从而由茶叶浸提液中分离出来；在酸性条件下，铜盐溶解，当加入硫化氢除去铜离子后，即可获得茶氨酸纯品。

三、　实验材料

实验材料见表 7-6。

表 7-6　　　　　　　　　　　　　　　实验材料

名称	内容
材料	乙腈（色谱级）、茶氨酸标准品、高效液相色谱（HPLC）流动相、茶氨酸标准储备溶液、0.45μm 水相滤膜、碱式饱和醋酸铅、稀硫酸、氯仿、碱式碳酸铜、硫化氢、碳酸钡、无水乙醇等
仪器	高效液相色谱仪、分析天平、恒温水浴锅、离心机、旋转蒸发仪、分液漏斗、冰箱

四、　实验方法

（一）　茶氨酸检测

按图 7-11 进行分组实验，每个处理重复 3 次，色谱及洗脱条件以表 7-7 和表 7-8 进行对照，根据公式（7-9）计算茶叶中茶氨酸含量：

$$样品中茶氨酸含量（g/100g）= \frac{样品浓度（mg/mL）×最终定容后样品的体积（mL）×1000}{样品质量（g）×样品的干物质含量×100}$$

（7-9）

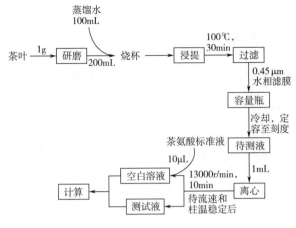

图 7-11　技术路线

表 7-7　　　　　　　　　　　　　　色谱条件

色谱条件	内容
色谱柱	RP-18（粒径 5μm，250mm×4.6mm）
流速	0.5~1mL/min
柱温	（35±0.5）℃
进样量	10~20μL
检测波长	210nm

表 7-8　　　　　　　　　　　　　　梯度洗脱条件

时间/min	A/%	B/%	备注
0	100	0	分析
10	100	0	分析
12	20	80	洗柱
20	20	80	洗柱
22	100	0	平衡
40	100	0	平衡

注：A 为 100%纯水；B 为 100%乙腈。

（二）茶氨酸提取

按图 7-12 进行分组实验，每个处理重复 3 次，根据公式（7-10）计算茶氨酸得率：

$$茶氨酸得率（\%，质量比）=\frac{茶多酚成品质量（g）}{茶样质量×（1-含水百分率）}×100\% \tag{7-10}$$

五、结果分析

（1）分析茶样中茶氨酸的含量。

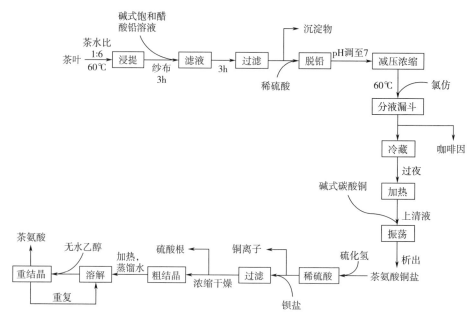

图 7-12　技术路线

（2）分析影响茶样中氨基酸含量测定的因素。

实验 7　茶叶中咖啡因检测及提取

一、　实验目的

（1）了解茶叶中咖啡因检测及提取的原理。

（2）掌握茶叶中咖啡因检测及提取的方法。

（3）为茶叶质量评价、安全控制和溯源提供技术参考。

二、　实验原理

（1）茶叶中咖啡因经沸水和氧化镁混合提取后经 HPLC 分析，与标准系列比较定量。

（2）茶叶中的咖啡因易溶于水，除去杂质后，用特定波长测定咖啡因的含量。

（3）咖啡因可溶于水、乙醇、三氯甲烷等，可以受热升华而不会破坏。在碱化溶液中，用三氯甲烷抽提，活性炭脱色。蒸发浓缩回收三氯甲烷即可得粗咖啡因。粗品经加热升华得到提纯，根据纯度要求可以再次过滤升华。

（4）咖啡因在 120℃时开始升华，180℃时大量升华。

三、　实验材料

实验材料见表 7-9。

表 7-9	实验材料
名称	内容
材料	氧化镁、甲醇、高效液相色谱流动相、咖啡因标准液、氨水、活性炭、1%氢氧化钾、三氯甲烷、碱式乙酸铅溶液、0.01mol/L 盐酸溶液、4.5mol/L 硫酸溶液、CaO、滤纸
仪器	高效液相色谱仪、分析柱、分析天平、回流装置、生化装置、紫外分光光度仪、坩埚、水浴锅、玻璃漏斗

四、 实验方法

(一) 咖啡因测定 (紫外分光光度法)

按图 7-13、图 7-14 进行实验，每个处理重复 3 次，根据公式 (7-11) 计算茶叶咖啡因含量：

$$咖啡因含量 = \frac{试样吸光度 \times 试液总量 \div 1000 \times 100 \div 10 \times 50 \div 25}{试样用量 \times 试样干物质含量} \times 100\% \tag{7-11}$$

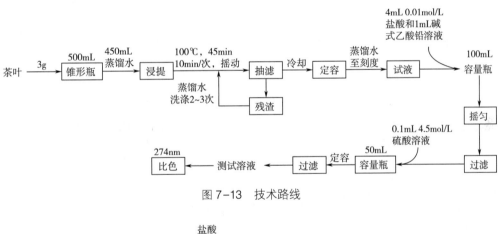

图 7-13　技术路线

图 7-14　咖啡因标准曲线

(二) 咖啡因测定 (HPLC 法)

按图 7-15 进行实验，每个处理重复 3 次，根据公式 (7-12) 计算茶叶中咖啡因含量：

$$咖啡因含量 = \frac{测定液中咖啡因浓度 \times 样品总体积}{试样质量 \times 试样干物质含量 \times 10^6} \times 100\% \tag{7-12}$$

(三) 咖啡因提取

按图 7-16 进行分组实验，每个处理重复 3 次，根据公式 (7-13) 计算咖啡因得率：

$$咖啡因得率（\%，质量比）= \frac{咖啡因成品质量（g）}{茶样质量 \times （1-含水百分率）} \times 100\% \tag{7-13}$$

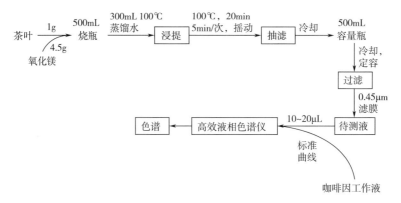

图 7-15　技术路线

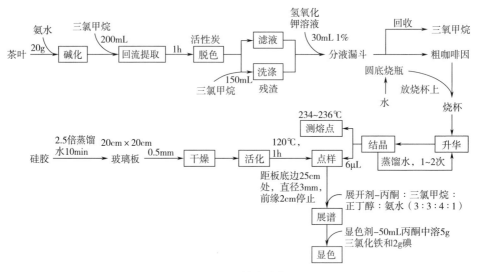

图 7-16　技术路线

五、　结果分析

（1）分析不同检测方法茶样中咖啡因的含量。

（2）分析影响茶样中咖啡因含量测定的因素。

实验 8　茶叶中儿茶素检测及提取

一、　实验目的

（1）了解茶叶中儿茶素检测及提取的原理。

（2）掌握茶叶中儿茶素检测及提取的方法。

（3）为茶叶质量评价、安全控制和溯源提供技术参考。

二、　实验原理

（1）利用 70% 甲醇溶液提取茶叶中的儿茶素类，再通过 HPLC 进行定性定量。

（2）利用 Sephadex LH-20 或纤维素柱层析法可分离儿茶素类物质。

三、　实验材料

实验材料见表 7-10。

表 7-10　　　　　　　　　　实验材料

名称	内容
材料	乙腈（色谱纯）
	甲醇（分析纯）
	70% 甲醇水溶液
	乙二胺四乙酸（EDTA）溶液（10mg/mL）
	抗坏血酸溶液（10mg/mL）
	稳定溶液（分别将 25mLEDTA-2Na 溶液、25mL 抗坏血酸溶液、50mL 乙腈加入 500mL 容量瓶中，用水定容至刻度，摇匀）
	液相色谱流动相（流动相 A、流动相 B）
	标准储备溶液［咖啡因储备溶液、没食子酸（GA）储备溶液、儿茶素类储备溶液］
	标准工作溶液的浓度（没食子酸 5～25μg/mL、咖啡因 50～150μg/mL，+C50～150μg/mL，+EC50～150μg/mL，+EGC100～300μg/mL，+EGCG100～400μg/mL，+ECG50～200μg/mL）
	乙醇、三氯甲烷、汽油、醋酸乙酯、1mol/L 盐酸、无水硫酸钠、乙酸乙酯、活性炭
仪器	分析天平（感量 0.0001g）、水浴（70±1℃）、离心机（转速 3500r/min）、高效液相色谱仪（HPLC）、梯度洗脱及检测器（检测波长 278nm）、数据处理系统、液相色谱柱、旋转蒸发仪、真空冷冻干燥机

四、　实验方法

（一）　儿茶素检测

按图 7-17、表 7-11 进行分组实验，每个组重复 3 次，根据公式（7-14）、公式（7-15）计算茶样中儿茶素含量：

$$C = \frac{(A - A_0) \times f_{\text{Std}} \times V \times d \times 100}{m \times 10^6 \times w} \tag{7-14}$$

$$C = \frac{A \times RRF_{\text{Std}} \times V \times d \times 100}{S_{\text{Caf}} \times m \times 10^6 \times w} \tag{7-15}$$

式中　A——测试样品检测成分峰面积

A_0——空白试液相应检测成分峰面积

f_{Std}——所测成分校正因子，$\mu g/mL$

RRF_{Std}——所测成分咖啡因校正因子

S_{Caf}——咖啡因标准曲线的斜率，$\mu g/mL$

V——样品提取液体积，mL

d——稀释因子（通常为 5）

m——样品质量，g

w——样品干物质含量，$\%$

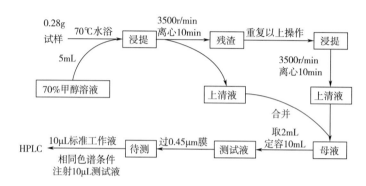

图 7-17　技术路线

表 7-11　　　　　　　　　　　　　色谱条件

项目	要点
流动相流速	$1mL/min$
柱温	$35℃$
紫外检测器	$\lambda = 278nm$
梯度条件	$100\%A$ 相保持 $10min$ → $15min$ 内由 $100\%A$ 相 → $68\%A$ 相、$32\%B$ 相 → 68% A 相、$32\%B$ 相保持 $10min$ → $100\%A$ 相

根据公式（7-16）与表 7-12 计算儿茶素类总量：

$$C(\%) = C_{EGC}(\%) + CC(\%) + C_{EC}(\%) + C_{EGCG}(\%) + C_{ECG}(\%) \tag{7-16}$$

表 7-12　　　　　　　　　　儿茶素类相对咖啡因的校正因子

名称	GA	EGC	+C	EC	EGCG	ECG
RRF_{Std}	0.84	11.24	3.58	3.67	1.72	1.42

两次儿茶素类总量的测定值相对误差不大于 10%，结果取两次测定值平均值（精准到小数点后两位）。

（二）儿茶素提取

按图 7-18 进行分组试验，每个组重复 3 次，根据公式（7-17）计算儿茶素得率：

$$儿茶素的得率（\%，质量比）= \frac{儿茶素成品质量（g）}{茶样质量×（1-含水百分率）}×100\% \tag{7-17}$$

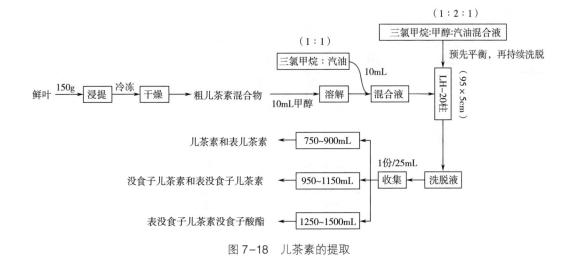

图 7-18　儿茶素的提取

五、　结果分析

（1）分析茶样中儿茶素含量的变化。

（2）分析影响茶样中儿茶素含量检测的因素。

（3）分析茶样中儿茶素提取率的变化。

（4）分析影响茶样中儿茶素提取率测定的因素。

实验 9　茶叶中黄酮类物质检测及提取

一、　实验目的

（1）了解茶叶中黄酮类物质检测及提取的原理及方法。

（2）为茶叶质量评价、安全控制和溯源提供技术参考。

二、　实验原理

茶叶中黄酮类化合物与三氯化铝反应生成黄酮的铝络合物，呈黄色，颜色深浅与黄酮含量呈一定比例关系，可作定量分析。黄酮类物质大部分是以糖苷的形式存在的，因此可采用黄酮苷为基准物质作定量标准曲线。

三、　实验材料

实验材料见表 7-13。

表 7-13 实验材料

名称	内容
材料	磨碎茶样
试剂	1%三氯化铝（称取 $AlCl_3 \cdot 6H_2O$ 1.00g，加水溶解后，定容至 100mL）
仪器	乙醇、硫酸纸、分光光度计、烧杯、容量瓶、移液管、水浴锅

四、 实验方法

（一）黄酮类物质检测

按图 7-19 进行分组实验，每个处理重复 3 次，根据公式（7-18）计算黄酮苷含量：

$$黄酮苷含量（mg/g）= \frac{所测样品中黄酮苷的吸光度 \times 320}{1000} \times \frac{供试液总量（mL）}{供试液吸取量（mL）\times 样品干重（g）}$$

$$(7-18)$$

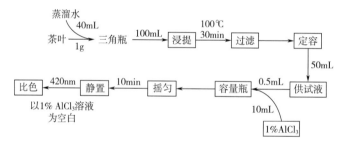

图 7-19 技术路线

（二）黄酮类物质提取

按图 7-20 进行分组实验，每个处理重复 3 次，根据公式（7-19）计算黄酮得率：

$$黄酮得率（\%，质量比）= \frac{黄酮成品质量（g）}{茶样质量 \times（1-含水百分率）} \times 100\%$$

$$(7-19)$$

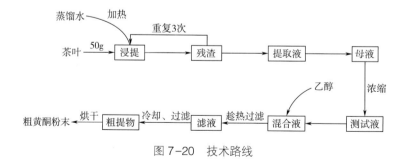

图 7-20 技术路线

五、 结果分析

（1）分析茶样中黄酮类物质含量的变化。

（2）分析影响茶样中黄酮类物质含量检测的因素。

（3）分析茶样中黄酮提取率的变化。

（4）分析影响茶样中黄酮提取率测定的因素。

实验 10　茶叶中茶色素检测及提取

一、 实验目的

（1）了解茶叶中茶色素检测及提取的原理。

（2）掌握茶叶中茶色素检测及提取的方法。

（3）为茶叶质量评价、安全控制和溯源提供技术参考。

二、 实验原理

（1）茶色素（茶黄素、茶红素和茶褐素）易溶于热水，茶黄素（TG）可用乙酸乙酯萃取分离出来，部分提出的茶红素可用碳酸氢钠溶液除去。用正丁醇萃取可使茶褐素留在水层，茶黄素和茶红素转溶到正丁醇中。三者分离后，进行比色测定。

（2）茶色素是一些分子量差异极大的高分子物质的混合物，可用葡聚糖凝胶柱层析法对红茶浸出液中的水溶性色素进行分离。

三、 实验材料

实验材料见表 7-14。

表 7-14　　　　　　　　　　　　　　　实验材料

名称	内容
材料	茶叶
试剂	乙酸乙酯、正丁醇、95%乙醇、5%碳酸氢钠（称取 2.5g 碳酸氢钠加水溶解后，定容至 100mL）、饱和草酸溶液（气温 20℃时，100mL 水中可溶解 10.2g 草酸，可根据温度不同配制饱和溶液）、氯仿、乙酸乙酯
仪器	分液漏斗（100mL，250mL）、三角瓶（500mL）、具塞三角瓶（100mL 或 250mL）、胖肚吸管（50mL，25mL）、量筒（500mL）、恒温水浴、容量瓶（25mL）、烧杯（800mL 或 500mL）、分光光度计、水浴锅、超声清洗机

四、 实验方法

（一）茶色素检测方法

按图 7-21 进行分组实验，每个处理重复 3 次，用 5%乙醇作为空白对照，在 380nm 波长下用分光光度计分别测定溶液 A、B、C、D 的吸光度值，根据公式（7-20）、公式（7-21）、公式（7-22）计算茶色素含量：

$$TF（茶黄素）= \frac{溶液 C 的吸光度×2.25}{样品干物重}×100 \quad (7-20)$$

$$TR（茶红素）= \frac{7.06×（2×溶液 D 的吸光度+2×溶液 A 的吸光度-溶液 C 的吸光度-2×溶液 B 的吸光度）}{样品干物重}×100$$

$$(7-21)$$

$$TB（茶褐素）= \frac{2×溶液 C 的吸光度×7.06}{样品干物重}×100 \quad (7-22)$$

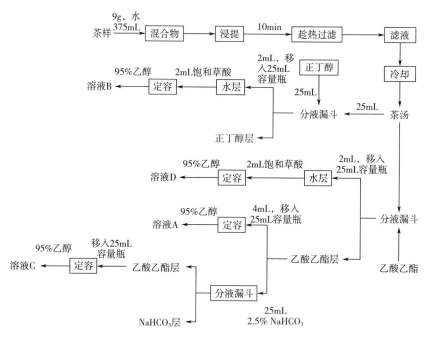

图 7-21　技术路线

注意：

（1）制备好的茶汤供试液必须冷却，否则影响色素成分的分配比例。

（2）吸取茶黄素溶液时，注意不要带入 $NaHCO_3$ 溶液，否则加乙醇会出现紫色，影响比色结果。

（3）A、B、C、D 溶液制成后，应立即进行比色测定，否则会影响结果。

（4）茶黄素是以茶黄素没食子酸酯为代表，其在 380nm 和 460nm 处光密度之比，必须为 2.98∶1。如果过大，则表示 S1 茶红素未被 $NaHCO_3$ 洗净。

（5）配溶液 1，乙酸乙酯要求纯度为 AR 或 GR 级，并在使用以前以等体积水洗 3 次再取用。

（二）茶色素提取方法

按图 7-22 进行分组实验，根据公式（7-23）计算茶色素得率：

$$茶色素得率（\%，质量比）= \frac{茶色素成品质量（g）}{茶样质量×（1-含水百分率）}×100\% \quad (7-23)$$

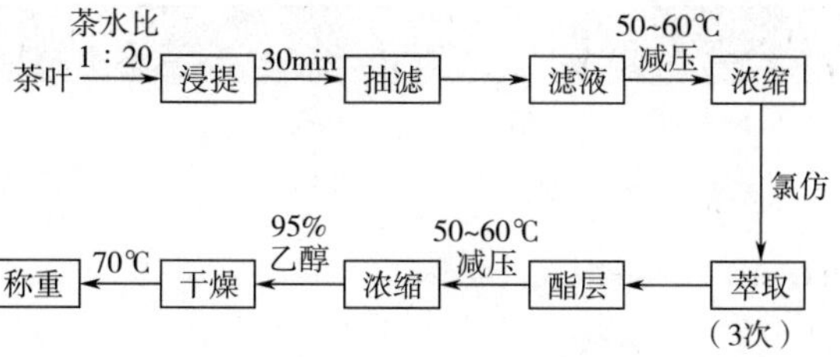

图 7-22　技术路线

五、　结果分析

（1）分析茶样中红茶色素含量。

（2）分析影响茶样中红茶色素含量检测的因素。

（3）分析茶样中茶色素提取的变化。

（4）分析影响茶样中茶色素提取率测定的因素。

实验 11　茶叶中茶黄素检测及提取

一、　实验目的

（1）了解茶叶中茶黄素检测及提取的原理。

（2）掌握茶叶中茶黄素检测及提取的方法。

（3）为茶叶质量评价、安全控制和溯源提供技术参考。

二、　实验原理

（1）于 70℃ 水浴提取茶叶中茶黄素（70% 甲醇溶液），以热的 10% 乙腈溶解速溶茶。用 HPLC 分析茶黄素含量，用茶黄素标准物质外标法直接定量。

（2）溶于热水中的茶黄素经三氯甲烷去除咖啡因等杂质，用乙酸乙酯萃取得到粗提取物。粗提取物经 Sephadex LH-20 柱层析、丙酮分步洗脱得茶黄素样品。

三、　实验材料

实验材料见表 7-15。

表 7-15　　　　　　　　　　　　　　实验材料

名称	内容
材料	乙腈
	甲醇、三氯甲烷、乙酸乙酯、0.05mol/L 的 Tris-HCl pH8.0 缓冲液

续表

名称	内容
材料	丙酮、无水硫酸镁、冰乙酸
	70%甲醇水溶液（体积分数）
	10mg/mL EDTA−2Na 溶液
	10mg/mL 抗坏血酸溶液
	稳定溶液（分别 25mL EDTA−2Na 溶液，25mL 抗坏血酸溶液，50mL 乙腈加入 500mL 容量瓶中，用水定容至刻度线，摇匀）
	液相色谱流动相（流动相 A、流动相 B）
	标准储备溶液［咖啡因储备溶液、没食子酸（GA）储备溶液、儿茶素储备溶液、茶黄素储备溶液］
	标准工作溶液的浓度［没食子酸 5~25µg/mL、咖啡因 50~150µg/mL、C50~150µg/mL、EC50~150µg/mL、EGC100~300µg/mL、EGCG100~400µg/mL、ECG50~200µg/mL、TF100~300µg/mL、茶黄素−3−没食子酸酯（TF−3−G）100~300µg/mL、茶黄素 3′−没食子酸酯（TF−3′−G）00~300µg/mL、茶黄素−3,3′−双没食子酸酯（TFDG）100~300µg/mL］
仪器	高效液相色谱仪：包含梯度洗脱及紫外检测器（检测波长 278nm）
	液相色谱柱（粒径 5µm，250mm×4.6mm）
	离心机（转速 3500r/min）
	分析天平（感量 0.0001g）
	设备 Sephadex LH−20、旋转蒸发浓缩器、冷冻干燥器、层析柱
	真空冷冻干燥、水浴锅、混匀器

四、 实验方法

（一） 茶黄素的测定

按图 7−23、图 7−24、表 7−16 进行分组实验，每个处理重复 3 次，待流速和柱温稳定后，进行空白运行。

表 7−16　　　　　　　　　　　　色谱条件

项目	要点
流动相流速	1mL/min
柱温	35℃
紫外检测器	$\lambda = 278nm$
梯度条件	100%A 相保持 10min → 15min 内由 100%A 相 → 68%A 相、32%B 相 → 68%A 相、32%B 相保持 10min → 100%A 相

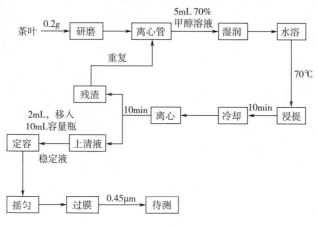

图7-23　技术路线

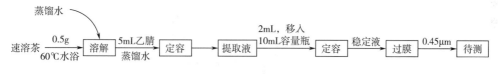

图7-24　速溶茶中茶黄素测定方法

（1）根据公式（7-24）计算茶叶中茶黄素（儿茶素、咖啡因、没食子酸）含量：

$$茶黄素含量（100\%）= \frac{被测成分的峰面积×校正因子×提取液体积×稀释因子}{样品称取量×10^5×样品的干物质含量}×100\% \quad （7-24）$$

（2）根据公式（7-25）、公式（7-26）计算茶黄素和儿茶素类总量：

$$茶黄素总量 = TF+TF\text{-}3\text{-}G+TF\text{-}3'\text{-}G+TFDG \quad （7-25）$$

$$儿茶素总量 = EGC+C+EC+EGCG+ECG \quad （7-26）$$

（二）茶黄素的提取

按图7-25进行分组实验，每个处理重复3次，根据公式（7-27）计算茶黄素得率：

$$茶黄素得率（\%，质量比）= \frac{茶黄素成品质量（g）}{茶样质量×（1-含水百分率）}×100\% \quad （7-27）$$

五、结果分析

（1）分析茶样中茶黄素的含量。

（2）分析影响茶样中茶黄素含量检测的因素。

（3）分析茶样中茶黄素提取率的变化。

（4）分析影响茶样中茶黄素提取率测定的因素。

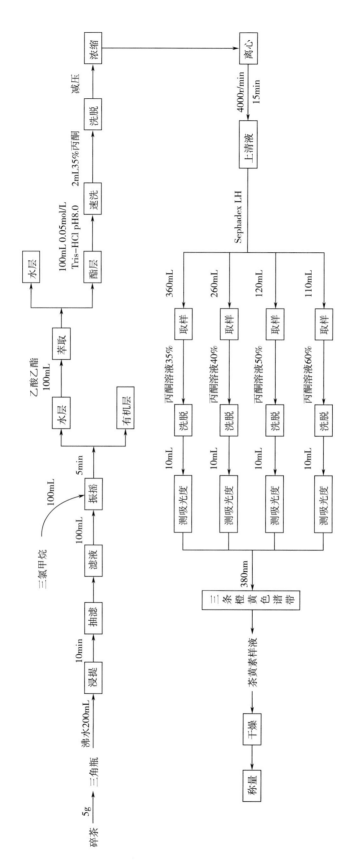

图 7-25 技术路线

实验 12　茶叶中色差测定

一、　实验目的

(1) 了解茶叶中色差测定的原理。
(2) 掌握茶叶中色差测定的方法。
(3) 为茶叶质量评价、安全控制和溯源提供技术参考。

二、　实验原理

利用色差计检测，应用亨特-Lab 表色系，以标准 C 光源和 $1° \sim 4°$ 小视场来测定颜色的 3 个分量：

L——明亮度

a——红绿色度，正值表示红色程度，负值表示绿色程度

b——黄蓝色度，正值表示黄色程度，负值表示蓝色度

三、　实验材料

实验材料见表 7–17。

表 7–17　　　　　　　　　　　　　实验材料

名称	内容
材料	茶样、白纸
仪器	色度计

四、　实验方法

称取 50g 磨碎茶样平铺于白纸上，用色差计测定色度值并做分析。

五、　结果分析

(1) 分析茶叶的色差值。
(2) 分析影响茶叶色差值检测的因素。

实验 13　茶叶中膳食纤维检测及提取

一、　实验目的

（1）了解茶叶中膳食纤维检测及提取的原理。

（2）掌握茶叶中膳食纤维及提取的方法。

（3）为茶叶质量评价、安全控制和溯源提供技术参考。

二、　实验原理

总膳食纤维残渣是由干燥试样经热稳定去除蛋白质和淀粉后获取的残渣再用乙醇和丙酮洗涤所获得的。抽滤、洗涤、干燥后获得可溶性膳食纤维残渣和不溶性膳食纤维残渣。扣除残渣中相应的蛋白质、灰分和试剂空白含量，得出总的、不溶性和可溶性膳食纤维含量。

三、　实验材料

实验材料见表 7-18。

表 7-18　　　　　　　　　　　　　　　实验材料

名称	内容
材料	热稳定 α-淀粉酶液、蛋白酶液、淀粉葡萄糖苷酶液、2-（N-吗啉代）乙烷磺酸—水（$C_6H_{13}NO_4S \cdot H_2O$，MES）、冰乙酸（$CH_2O_4$）、盐酸、硫酸、硅藻土、三羟甲基氨基甲烷（$C_4H_{11}NO_3$，TRIS）、石油焦（沸程 30～60℃）、重铬酸钾（$K_2Cr_2O_7$）、丙酮（CH_3COCH_3）、盐酸、5%过氧化氢、95%乙醇、氢氧化钠等
仪器	高型无导流口烧杯、坩埚、真空抽滤装置、恒温振荡水浴箱、干燥器、pH 计、真空干燥箱、分析天平、烘箱、马弗炉、筛板

四、　实验方法

（一）膳食纤维检测

按照图 7-26 进行分组实验，每个处理重复 3 次，其中空白对照与图 7-26 操作一样，将茶样换成水即可。

（1）根据公式（7-28）计算试剂空白质量：

$$试样空白质量=空白残渣质量均值-空白残渣蛋白质质量-空白残渣灰分质量 \tag{7-28}$$

（2）根据公式（7-29）至公式（7-31）计算试样中膳食纤维的含量：

$$试样中残渣含量=处理后坩埚质量及残渣质量-处理后坩埚质量 \tag{7-29}$$

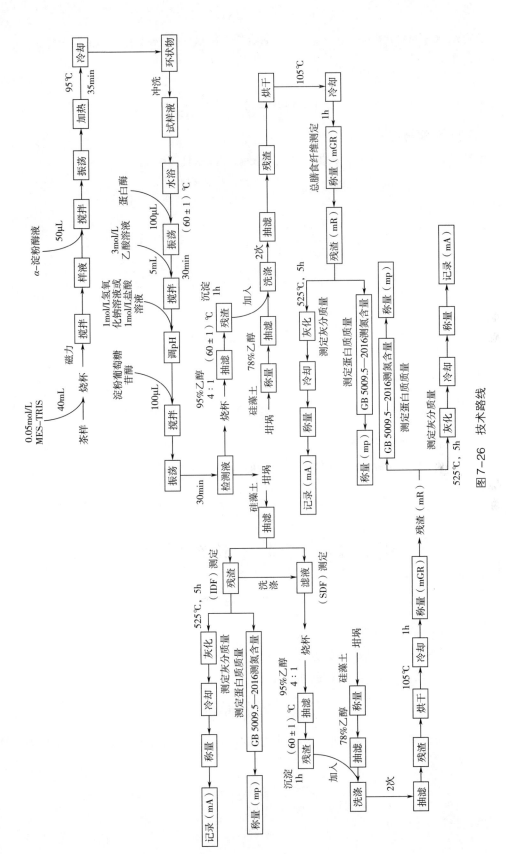

图 7-26　技术路线

$$试样膳食\atop 纤维含量 = \frac{双份试样残渣质量-试剂空白残渣蛋白质量-试样残渣灰分质量-试剂空白质量}{双份试样取样质量均值×试样校正因子} ×100$$

(7-30)

$$试样校正因子 = \frac{试样制备前质量}{试样制备后质量}$$

(7-31)

（二）膳食纤维提取

按图 7-27 进行分组实验，根据公式（7-32）计算膳食纤维得率：

$$膳食纤维得率（\%，质量比） = \frac{膳食纤维成品质量（g）}{茶样质量×（1-含水百分率）} ×100\%$$

(7-32)

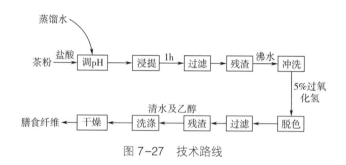

图 7-27　技术路线

五、　结果分析

（1）分析茶叶膳食纤维含量。

（2）分析影响茶叶膳食纤维检测和提取的因素。

实验 14　茶叶中粗纤维测定

一、　实验目的

（1）了解茶叶中粗纤维测定的原理。

（2）掌握茶叶中粗纤维测定的方法。

（3）为茶叶质量评价、安全控制和溯源提供技术参考。

二、　实验原理

用一定浓度的酸、碱消化处理试样，残留物再经灰化、称量。由灰化时的质量损失计算粗纤维含量。

三、　实验材料

实验材料见表 7-19。

表 7-19	实验材料
名称	内容
材料	1.25%硫酸溶液：吸取 6.9mL 浓硫酸（密度为 1.84g/mL，质量分数为 98.3%），缓缓加入少量水中，冷却后定容至 1L，摇匀
	1.25%氢氧化钠溶液
	1%盐酸：取 10mL 浓盐酸（密度为 1.18g/L，质量分数为 37.5%），加水定容至 1L，摇匀
	乙醇（95%）、丙酮
仪器	分析天平（感量 0.001g）
	尼龙布（孔径 50pm）
	玻质砂芯坩埚（微孔平均直径 80~160μm，体积 30mL）
	高温电炉（525℃±25℃）
	鼓风电热恒温干燥箱（温控 120℃±2℃）
	干燥器（内盛有效干燥剂）

四、 实验方法

按图 7-28 进行分组实验，每个处理重复 3 次，根据公式（7-33）计算茶叶中粗纤维含量：

$$粗纤维含量 = \frac{灰化前坩埚及残留物的质量（g）-灰化后坩埚及残留物的质量（g）}{试样的质量（g）×试样干物质含量\%} ×100\%$$

$$(7-33)$$

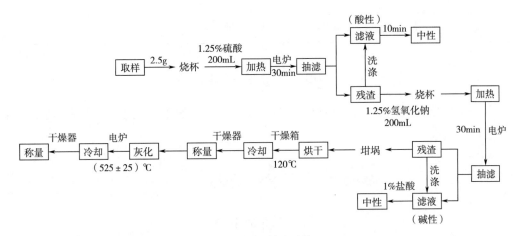

图 7-28 技术路线

五、 结果分析

（1）分析茶叶中粗纤维含量。

（2）分析影响茶叶中粗纤维测定的因素。

实验 15　固态速溶茶中灰分测定

一、 实验目的

（1）了解固态速溶茶中灰分测定的原理。

（2）掌握固态速溶茶中灰分测定的方法。

（3）为茶叶质量评价、安全控制和溯源提供技术参考。

二、 实验原理

试样用盐酸处理，于（550±25）℃加热灼烧，分解有机物，称重后计算得出。

三、 实验材料

实验材料见表 7-20。

表 7-20　　　　　　　　　　　　　　实验材料

名称	内容
材料	浓盐酸（浓度 36%~38%）、分析纯
仪器	瓷坩埚、高温电炉、电热板、干燥器、分析天平

四、 实验方法

按照图 7-29 进行分组实验，每个处理重复 3 次，根据公式（7-34）计算固态速溶茶总灰分（X）：

$$X = \frac{\text{试样和坩埚灼烧后的质量（g）} - \text{坩埚的质量（g）}}{\text{试样的质量（g）} \times \text{试样干物质含量（%）}} \times 100 \tag{7-34}$$

五、 结果分析

（1）分析不同固态速溶茶总灰分。

（2）分析影响固态速溶茶总灰分测定的因素。

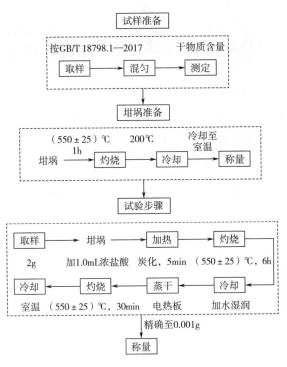

图 7-29　技术路线

实验 16　茶叶中粉末和碎茶含量测定

一、　实验目的

(1) 了解茶叶中粉末和碎茶含量测定的原理及方法。

(2) 为茶叶质量评价、安全控制和溯源提供技术参考。

二、　实验原理

按照一定规则操作，用特定的转速和孔径筛，筛分出茶叶样品中的筛下物。

三、　实验材料

实验材料见表 7-21。

表 7-21　　　　　　　　　　　实验材料

名称	内容
材料	条、圆形茶（工夫红茶、小种红茶的结条、圆形茶等茶样）
	粗形茶（白牡丹、贡眉的粗大松散形茶）

续表

名称	内容
仪器	扦样盘（盘两对角开有缺口） 检验筛（铜丝编织的方孔标准筛，筛子直径200mm，具筛底和筛盖） 粉末筛：孔径0.63mm（用于条、圆形茶），孔径0.45mm（用于碎形茶和粗形茶），孔径0.23mm（用于片形茶），孔径0.18mm（用于末形茶） 碎茶筛：孔径1.25mm（用于条、圆形茶），孔径1.60mm（用于粗形茶） 电动筛分机［转速（200±10）r/min，回旋幅度（60±3）mm］ 分析天平

四、 实验方法

按图7-30进行分组实验，每个处理重复3次，根据公式（7-35）计算粉末含量（X），根据公式（7-36）计算碎茶含量（Y）：

$$X = \frac{筛下粉末质量（g）}{试样质量（g）} \times 100\% \tag{7-35}$$

$$Y = \frac{筛下碎茶质量（g）}{试样质量（g）} \times 100\% \tag{7-36}$$

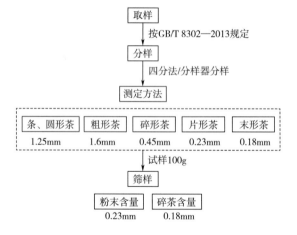

图7-30 技术路线

五、 结果分析

（1）计算茶叶中粉末和碎茶含量。

（2）分析茶叶中粉末和碎茶含量质量分数是否符合要求。

实验 17　茶叶中磁性金属物测定

一、 实验目的

（1）了解茶叶中磁性金属物测定的原理。

（2）掌握茶叶中磁性金属物测定的方法。

（3）为茶叶质量评价、安全控制和溯源提供技术参考。

二、 实验原理

样品经粉碎后经过磁性金属测定仪，将具有磁性的金属物从试样中分离出来，用四氯化碳（CCl_4）洗去茶粉，重量法测定。

三、 实验材料

实验材料见表 7-22。

表 7-22　　　　　　　　　　　　　　　实验材料

名称	内容
材料	四氯化碳、分析纯
仪器	磁性金属物测定仪（磁感应强度应不少于 120mT）、天平（感量 0.1g，0.0001g）、粉碎机（转速 24000r/min）、瓷坩埚（50mL）、标准筛（孔径 0.45mm）、恒温水浴锅、恒温干燥箱

四、 实验方法

按照图 7-31 进行分组实验，每个处理重复 3 次，根据公式（7-37）计算茶叶中磁性金属物含量（X）：

$$X = \frac{\text{磁性金属物和坩埚质量（g）} - \text{坩埚质量（g）}}{\text{坩埚总质量（g）}} \times 100 \qquad (7\text{-}37)$$

五、 结果分析

（1）分析磁性金属物含量。

（2）分析影响磁性金属物含量测定的因素。

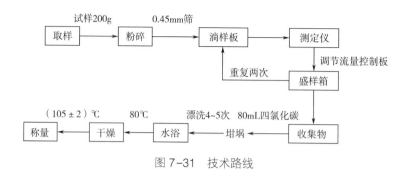

图 7-31　技术路线

实验 18　茶叶中总灰分测定

一、　实验目的

（1）了解茶叶中总灰分测定的原理。

（2）掌握茶叶中总灰分测定的方法。

（3）为茶叶质量评价、安全控制和溯源提供技术参考。

二、　实验原理

食品经灼烧后所残留的无机物质称为灰分，灰分数值是用灼烧称重后计算得出的。

三、　实验材料

实验材料见表 7-23。

表 7-23　　　　　　　　　　　　　　　　　　实验材料

名称	内容
材料	茶叶灰分、三级水、浓盐酸
仪器	天平、石英坩埚或瓷坩埚、干燥器、电热板

四、　实验方法

按照图 7-32 进行分组试验，每个处理重复 3 次，根据公式（7-38）计算总灰分（X）：

$$X = \frac{\text{试样和坩埚灼烧后质量（g）} - \text{坩埚质量（g）}}{\text{试样干物质（g）}} \times 100 \tag{7-38}$$

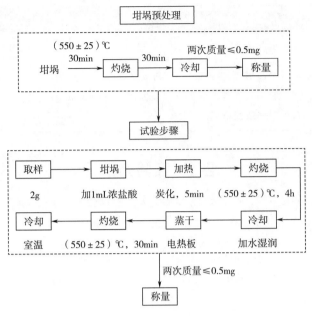

图 7-32 技术路线

五、 结果分析

（1）分析茶叶中总灰分的变化。

（2）分析影响茶叶中总灰分测定的因素。

实验 19 茶叶中水（不）溶性灰分测定

一、 实验目的

（1）了解茶叶中水（不）溶性灰分测定的原理。

（2）掌握茶叶中水（不）溶性灰分测定的方法。

（3）为茶叶质量评价、安全控制和溯源提供技术参考。

二、 实验原理

用热水提取总灰分，由总灰分和水不溶性灰分的质量之差计算水溶性灰分。

三、 实验材料

实验材料见表 7-24。

表7-24　　　　　　　　　　　　　　实验材料

名称	内容
材料	灰分、纯水（分析纯）
仪器	高温炉（最高温度>950℃）、分析天平（感量分别为 0.1mg、1mg、0.1g）、干燥器（内有干燥剂）、无灰滤纸、漏斗、表面皿（直径 6cm）、烧杯（容量 100mL）、恒温水浴锅、石英坩埚或瓷坩埚

四、 实验方法

按图7-33进行分组实验，每个处理重复3次，根据公式（7-39）、公式（7-40）分别计算水不溶性灰分的含量（X）和水溶性灰分的含量（Y）：

$$X = \frac{\text{坩埚和水不溶性灰分的质量（g）} - \text{坩埚的质量（g）}}{\text{坩埚和试样的质量（g）} - \text{坩埚的质量（g）}} \times 100 \tag{7-39}$$

$$Y = \frac{\text{总灰分的质量（g）} - \text{水不溶性灰分的质量（g）}}{\text{试样的质量}} \times 100 \tag{7-40}$$

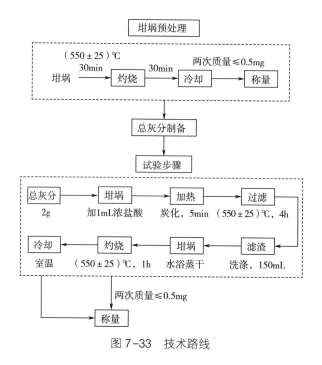

图7-33　技术路线

五、 结果分析

（1）分析茶叶水不溶性灰分含量。

（2）分析影响茶叶水不溶性灰分含量测定的因素。

实验 20 茶叶中水溶性灰分碱度测定

一、 实验目的

（1）了解茶叶中水溶性灰分碱度测定的原理。

（2）掌握茶叶中水溶性灰分碱度测定的方法。

（3）为茶叶质量评价、安全控制和溯源提供技术参考。

二、 实验原理

用甲基橙作指示剂，以盐酸标准溶液滴定来自水溶性灰分的溶液。

三、 实验材料

实验材料见表 7-25。

表 7-25   实验材料

名称	内容
材料	盐酸（0.1mol/L 标准溶液）、 甲基橙指示剂（甲基橙 0.5g，用热蒸馏水溶解后稀释至 1L）
仪器	滴定管（容量 5mL）、三角烧瓶（250mL）

四、 实验方法

按图 7-34 进行分组实验，每个处理重复 3 次，根据公式（7-41）计算水溶性灰分碱度以 X 表示：

$$X = \frac{\text{滴定时消耗 0.1mol/L 盐酸标准溶液的体积（mL）}}{10 \times \text{试样的质量（g）} \times \text{试样干物质含量（质量分数\%）}} \times 10 \tag{7-41}$$

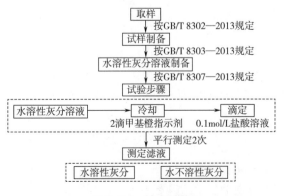

图 7-34 技术路线

五、 结果分析

（1）分析茶叶中水溶性灰分含量。

（2）分析影响水溶性灰分碱度测定的因素。

实验 21　茶叶中酸不溶性灰分测定

一、 实验目的

（1）了解茶叶中酸不溶性灰分测定的原理及方法。

（2）为茶叶质量评价、安全控制和溯源提供技术参考。

二、 实验原理

用盐酸溶液处理总灰分，经过滤、灼烧、称量残留物。

三、 实验材料

实验材料见表 7-26。

表 7-26　　　　　　　　　　　　　　实验材料

名称	内容
材料	10%盐酸溶液、蒸馏水
仪器	高温炉（最高温度>950℃）、分析天平（感量分别为 0.1mg、1mg、0.1g）、干燥器（内有干燥剂）、表面皿（直径 6cm）、烧杯（容量 100mL）、恒温水浴锅（控温精度 90℃±2℃）、无灰滤纸、漏斗

四、 实验方法

按图 7-35 进行分组实验，每个处理重复 3 次，根据公式（7-42）计算酸不溶性灰分的含量以 X 表示：

$$X=\frac{\text{坩埚和酸不溶性灰分的质量（g）}-\text{坩埚质量（g）}}{\text{坩埚和试样的质量（g）}-\text{坩埚质量（g）}}\times100 \tag{7-42}$$

五、 结果分析

（1）计算茶叶酸不溶性灰分含量。

（2）分析影响酸不溶性灰分测定的因素。

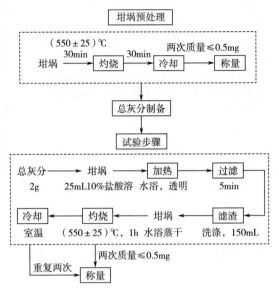

图 7-35 技术路线

茶叶卫生评价实验

实验1　茶叶中农药测定

一、 实验目的

（1）了解茶叶中农药测定的原理。

（2）掌握茶叶中农药测定的方法。

（3）为茶叶质量评价、安全控制和溯源提供技术参考。

二、 实验原理

茶叶试样中有机磷、有机氯、拟除虫菊酯类农药经加速溶剂萃取仪（ASE）用乙腈+二氯甲烷（1∶1，体积比）提取，提取液置换后用凝胶渗透色谱仪（GPC）净化和浓缩，再进行 GC/MS 检测，选择离子和色谱保留时间定性，外标法定量。

三、 实验材料

实验材料见表 8-1。

表 8-1　　　　　　　　　　　　　　　实验材料

名称	内容
色谱纯	环己烷、乙酸乙酯、正己烷
溶液	农药混合标准储备溶液、基质混合标准工作溶液等
仪器	气相色谱质谱仪、有机相微孔滤膜（孔径 0.45μm）、加速溶剂萃取仪凝胶渗透色谱仪、旋转蒸发器、氮气吹干仪、高速离心机、分析天平（感量 0.01g）、粉碎机、移液器等

四、 实验方法

按照图 8-1、表 8-2、表 8-3 进行分组试验，每个处理重复 3 次，根据公式（8-1）计算试样中每种农药残留量：

$$农药残留量 = \frac{被测组分溶液浓度 \times 样品定容体积 \times 1000}{试样质量 \times 1000} \tag{8-1}$$

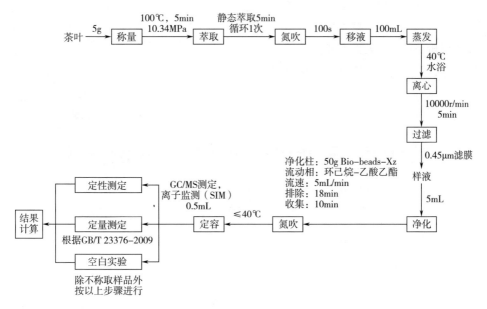

图8-1　技术路线

表8-2　　　　　　　　　　　　　　　　参考分析条件

条件	要点
色谱柱	DB-17ms（30m×0.25mm×0.25μm）石英毛细管柱或柱效相当的色谱柱
色谱柱升温程序	60℃保持1min，然后以30℃/min升温至160℃，再以5℃/min升温至295℃，保持10min
载气	氦气（纯度≥99.999%），恒流模式，流速为1.2mL/min
进样口温度	250℃
进样量	1μL
进样方式	无分流进样，1min后打开分流阀
离子源	EI源，70eV
离子源温度	230℃
接口温度	280℃

表8-3　　　　　　　　　　定性测定时相对离子丰度的最大允许偏差

相对离子丰度/%	>50	>20-50	>10-20	≤10
最大允许偏差/%	±10	±15	±20	±50

注意：在再现性条件下获得的两次独立的测试结果的绝对差值小于等于这两个测定值的算术平均值的15%，以大于这两个测定值的算术平均值的15%情况不超过5%为前提。精密度数参照 GB/T 23376—2018。

五、　结果分析

（1）分析茶叶中农药残留量。

（2）分析影响茶叶中农药残留量测定的因素。

实验 2　茶叶中重金属物质检测技术

一、　实验目的

（1）了解茶叶中重金属物质检测技术的原理及方法。

（2）为茶叶质量评价、安全控制和溯源提供技术参考。

二、　实验原理

传统方法：灰化法和消化法。灰化法即通过高温破坏样品中的有机物，以稀硝酸来溶解灰分中的重金属。消化法即通过加热消煮浓硝酸等强氧化剂，分解、氧化样品中的有机物质，并使其呈气态逸出，检测存于消化液中的无机物。此两种方法虽为国标规定的样品处理方法，但消耗时间长，检测烦琐，且易产生有害气体。

微波加热方式是一种直接的"体加热"方式，其能量可以透过包装材料，直接进入试液内部。

三、　实验材料

实验材料见表8-4。

表8-4　　　　　　　　　　　　实验材料

名称	内容
试剂	茶叶粉末、硝酸、盐酸、高氯酸
仪器	多功能粉碎机、瓷坩埚、电炉等

四、　实验方法

（一）实验流程

如图8-2步骤进行。

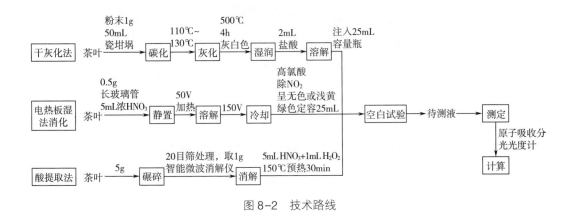

图 8-2 技术路线

(二) 参数对照

1. 根据公式 (8-2) 计算单项污染指数

$$污染物单项污染指数=污染物实测值 / 污染物评价标准 \tag{8-2}$$

2. 根据公式 (8-3) 计算综合污染指数

$$综合污染指数=\dfrac{\sqrt{(P_{max}) 单项污染指数最大值+(P_{ave}) 单项污染指数平均值}}{2} \tag{8-3}$$

3. 茶叶质量分级标准

茶叶质量分级标准见表 8-5。

表 8-5　　　　　　　　　　茶叶质量分级标准

等级划分	单项污染指数	污染水平
一级产品	<0.6	有污染物残留产品，污染物含量接近背景值或略高于背景值
二级产品	0.6~1.0	污染物残留较多的产品
三级产品	>1	污染产品，污染物含量超过食品卫生标准，品质下降，影响食用和出口等

4. 茶叶中各金属限量值

茶叶中各金属限定值见表 8-6。

表 8-6　　　　　　　　　　茶叶中各金属限量值

项目	指标/ (mg/kg)	项目	指标/ (mg/kg)
铬	5	砷	2
镉	1	铜	60
汞	0.3	铅	5

注：当污染物单项污染指数≤1时表示未受污染，当污染物单项污染指数 >1 时表示受到污染，且指数越大污染越严重。

五、 结果分析

（1）分析茶叶中重金属物质含量。

（2）分析几种重金属物质检测技术的优点及限制性因素。

实验 3　茶叶中重金属测定

一、 实验目的

（1）了解茶叶中重金属测定的原理。

（2）掌握茶叶中重金属测定的方法。

（3）为茶叶质量评价、安全控制和溯源提供技术参考。

二、 实验原理

样品经处理后，待测液引入电感耦合等离子体原子发射光谱仪（ICP-AES），与工作曲线中各元素的特征谱线所对应的信号响应值相对照，得出各元素的含量。

三、 实验材料

实验材料见表 8-7。

表 8-7　　　　　　　　　　　　　　　　实验材料

名称	内容
材料	硝酸、30%过氧化氢、2%硝酸溶液、超纯水、高氯酸、铁、锰、铜等元素持证标准溶液（1000μg/mL）
仪器	器皿经 15%～20%硝酸浸泡过夜、分析天平、超纯水制备系统、微波消解系统、电感耦合等离子体原子发射光谱仪、可调式电热板等

四、 实验方法

按照图 8-3、表 8-8 进行分组实验，每个处理重复 3 次，根据公式（8-4）计算试样中待测元素含量：

$$试样含量 = (A_{1i} - A_{0i}) \times f \times V/m \tag{8-4}$$

式中　　A——待测元素 i 的含量（试样），mg/kg

　　　　A_{1i}——待测元素 i 的含量（供试液），mg/L

　　　　A_{0i}——待测元素 i 的含量（空白液），mg/L

　　　　V——供试液体积，mL

　　　　f——供试液稀释倍数

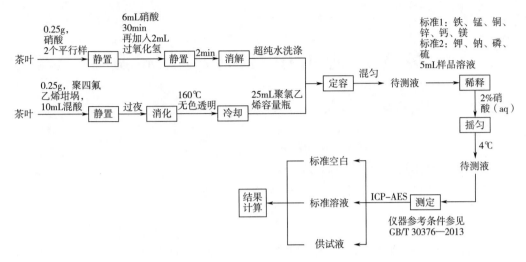

图 8-3　技术路线

表 8-8　　　　　　　　　　　　十种元素标准溶液浓度

元素	浓度 1	浓度 2	浓度 3	浓度 4	浓度 5
铁	0.0	0.01	0.1	1.0	10
锰	0.0	0.01	0.1	1.0	10
铜	0.0	0.01	0.1	1.0	10
锌	0.0	0.01	0.05	0.5	5
钙	0.0	0.02	0.2	2.0	20
镁	0.0	0.02	0.2	2.0	20
钾	0.0	0.01	0.1	1.0	10
钠	0.0	0.01	0.1	1.0	10
磷	0.0	0.01	0.1	1.0	10
硫	0.0	0.01	0.1	1.0	10

注：计算结果保留 3 位有效数字；在重复性条件下获得的 2 次独立测定结果的绝对差值不得超过算术平均值的 10%。

五、 结果分析

（1）分析茶叶中重金属含量。

（2）分析影响茶叶中重金属含量测定的因素。

实验 4　茶叶中有害微生物检测

一、　实验目的

（1）了解茶叶中有害微生物检测的原理。

（2）掌握茶叶中有害微生物检测的方法。

（3）为茶叶质量评价、安全控制和溯源提供技术参考。

二、　实验原理

通过细胞计数板计数样品中的卫生物种类，与国家相关标准作比较，了解茶叶中的有害微生物种类。

三、　实验材料

实验材料见表 8-9。

表 8-9　　　　　　　　　　　　　　　　实验材料

名称	内容
材料	安溪观音（秋茶）、安溪毛蟹（秋茶）、信阳毛尖（春茶）、武夷山大红袍（春茶）、都匀毛尖（春茶）
培养基	伊红美蓝琼脂培养基、乳糖胆盐培养基、平板计数琼脂、马铃薯葡萄糖琼脂等
仪器	高压灭菌器锅、超净工作台、恒温培养箱、菌落计数器、显微镜、细菌生化微量鉴定管、冰箱、微波炉等

四、　实验方法

（一）实验流程

实验流程见图 8-4。

（二）菌落计数方法

计算霉菌和酵母菌的平均菌落数。稀释计数 10~100 个菌落数区间。若二者稀释度都在此区间，且平均菌落数之比小于 2，取其平均值；若平均菌落数之比大于 2 取值小的。若所有稀释度的平均菌落数小于 10 个，取最小值；若大于 100 个，取最大值。

（三）细菌平板

对平板进行计数，以每 100mL 所含菌落总数表示。

（四）霉/酵母菌平板

对滤膜上的菌落总数进行计数，以每 100mL 所含菌落总数表示。

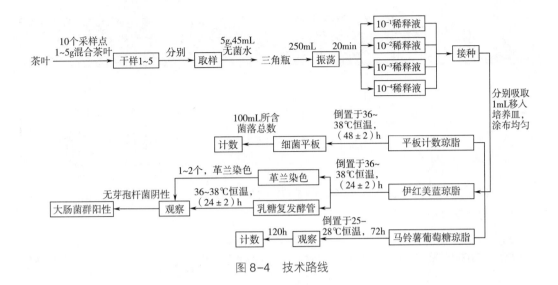

图 8-4　技术路线

五、 结果分析

（一） 六大茶类中菌落总数测定结果

测定的数据可记录于表 8-10。

表 8-10　　　　　　　　　　　　菌落总数测定结果

茶叶类型	稀释度及菌落数				两稀释度之比	报告方式/（CFU/g）
	1：10	1：100	1：1000	1：10000		
①						
②						
③						
④						
⑤						
⑥						

（二） 六大茶类中霉菌和酵母计数测定结果

测定的数据可记录于表 8-11。

表 8-11　　　　　　　　　　　　霉菌和酵母计数测定结果

茶叶类型	稀释度及菌落数				两稀释度之比	报告方式/（CFU/g）
	1：10	1：100	1：1000	1：10000		
①						
②						

续表

茶叶类型	稀释度及菌落数				两稀释度之比	报告方式/（CFU/g）
	1：10	1：100	1：1000	1：10000		
③						
④						
⑤						
⑥						

（三）六大茶类中大肠菌群计数测定结果

测定的数据可记录于表8-12。

表8-12　　　　　　　　　　大肠菌群计数测定结果

茶叶类型	稀释度及菌落数				两稀释度之比	报告方式/（CFU/g）
	1：10	1：100	1：1000	1：10000		
①						
②						
③						
④						
⑤						
⑥						

实验 5　茶叶中转基因物质检测技术

一、实验目的

（1）了解茶叶中转基因物质检测技术的原理。
（2）掌握茶叶中转基因物质检测技术的方法。
（3）为茶叶质量评价、安全控制和溯源提供技术参考。

二、实验原理

从茶叶中提取 DNA 后，根据转基因原料插入的外源基因设计引物。利用 PCR 技术对外源基因的 DNA 片段进行特异性扩增。根据扩增结果，判断茶叶是否含有转基因成分。

三、实验材料

实验材料见表8-13。

名称	内容
材料	RNase 酶溶液、CTAB 提取液、DNA 分子量标准、TE 缓冲液、PCR buffer、dNTP、Taq 酶、引物、电泳加样缓冲液、核酸电泳缓冲液、用未转基因茶叶，配制成含 100%、10%、5%、1%、0.5%、0.1% 和 0.05% 阳性成分的茶叶样品、无水乙醇、异丙醇、三氯甲烷、双蒸水、琼脂糖等
仪器	离心机、恒温水浴锅、电泳仪等

表 8-13   实验材料

四、 实验方法

按照图 8-5 进行分组实验，每个处理重复 3 次，根据 PCR 技术对外源基因 DNA 片段进行扩增，分析茶叶中是否含有转基因成分。

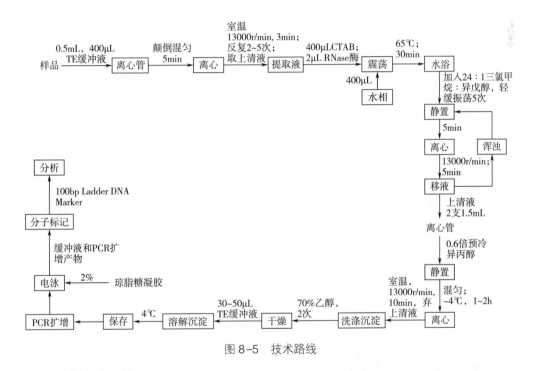

图 8-5 技术路线

PCR 扩增反应的反应体系：2.5μL PCR Buffer，2.5μL MgCl$_2$（25mmol/L），DNTP（2.5mmol/L）各 2.0μL，0.25μL 引物 20pmol/μL，0.125μL Taq 酶 5U/μL，5.0μL DNA 模板 15~40ng/μL，ddH$_2$O 补足至反应总体积为 25mL。

反应参数：变性 94℃，3min → 扩增 94℃，20s → 54℃，40s → 72℃，60s，循环数 40 次，最后延伸 72℃，3min。

五、 结果分析

（1）分析茶叶是否含有转基因成分。

（2）分析影响茶叶中转基因成分检测的因素。

茶叶毒理学评价实验

实验 1　急性毒性实验

一、　实验目的

（1）了解急性毒性实验的原理。

（2）掌握急性毒性实验的方法。

（3）为茶叶质量评价、安全控制和溯源提供技术参考。

二、　实验原理

急性毒性实验指一次性或 24h 内多次利用经口灌胃法饲喂小鼠，观察其中毒体征和死亡等毒性反应的实验；常以 LD_{50}（即 lethal dose，50%）表示，为最基本检测和评价样品毒性作用的实验。

三、　实验材料

实验材料见表 9-1。

表 9-1　　　　　　　　　　　实验材料表

名称	内容
材料	茶叶（粉碎）、饮用无菌水等
仪器	旋转蒸发仪、恒温水浴锅、循环水真空泵、电子天平、多功能粉碎机等
动物	20 只大鼠（120~180g）或小鼠（18~22g）；雌、雄各半

四、　实验方法

按照图 9-1 进行分组实验，每个处理重复 3 次，实验结果填入表 9-2，根据公式（9-1）计算 LD_{50}：

$$LD_{50}（g/kg）= lg^{-1}［最高剂量组的对数值-相邻两组的对数剂量（各组死亡率总和-0.5）］$$

$$(9-1)$$

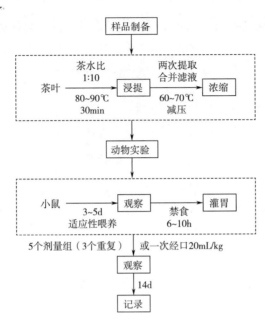

图9-1　技术路线

表9-2　　　　　　　　　　　急性毒性实验结果记录

处理	指标					
	中毒症状出现的时间	症状表现程度	死亡时间	死亡前特征	体重	取食状况
1						
2						
3						
4						
5						

五、　结果分析

（1）分析小鼠灌胃样品后的LD_{50}。

（2）分析影响小鼠灌胃样品后LD_{50}测定的因素。

实验2　细菌回复突变实验

一、　实验目的

（1）了解细菌回复突变实验的原理及方法。

（2）为茶叶质量评价、安全控制和溯源提供技术参考。

二、　实验原理

鼠伤寒沙门氏菌的突变型菌株在有组氨酸培养基上才可生长，若此培养基中存在致突变物，此菌株可回复突变为野生型，即可生长。检测受试物是否为致突变物可依据菌落形成数量，但某些受试物需代谢活化后才能使沙门氏菌突变型产生回复突变，体外代谢活化系统可用 S_9 混合液。

三、　实验材料

实验材料见表9-3。

表 9-3　　　　　　　　　　　　　　实验材料

名称	内容
实验菌株	鼠伤寒沙门氏菌组氨酸缺陷型 TA97、TA98、TA100、TA102
受试物	茶叶
琼脂	琼脂粉 3.0g，氯化钠 2.5g 溶解，加蒸馏水至 250mL
仪器	低温高速离心机
	冰箱（−80℃）或液氮罐
	洁净工作台
	恒温培养箱
	恒温水浴
	蒸汽压力锅
	匀浆器等
动物	大鼠

四、　实验方法

按照图9-2、表9-4进行分组实验，每个处理重复3次，结果记录填入表9-5和表9-6。

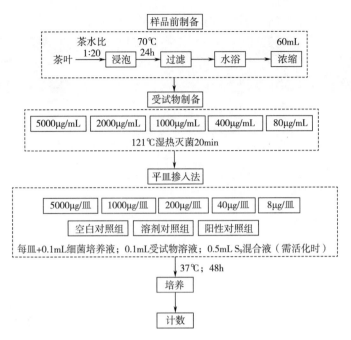

图 9-2　技术路线

表 9-4　　　　　　　　　　　肝 S_9 混合液配方

试剂	用量
肝 S_9	100.0L
盐溶液	200.0L
灭菌水	380.0L
0.2mol/L 磷酸盐缓冲液	500.0L
辅酶Ⅱ（NADP）	4.0moL
6-磷酸葡萄糖（G-6-P）	5.0moL

表 9-5　　　　　　　　　　　细菌回复突变实验结果（需活化时）

分组	剂量/（µg/皿）	TA97	TA98	TA100	TA102
		+S_9	+S_9	+S_9	+S_9
受试物	5000				
	1000				
	200				
	40				
	8				
空白对照组	—				
溶剂对照组	—				
阳性对照组	—				

表 9-6 细菌回复突变实验结果（不需活化时）

分组	剂量/ （μg/皿）	TA97	TA98	TA100	TA102
		$-S_9$	$-S_9$	$-S_9$	$-S_9$
受试物	5000				
	1000				
	200				
	40				
	8				
空白对照组	—				
溶剂对照组	—				
阳性对照组	—				

五、 结果分析

（1）分析菌落形成数量。

（2）分析受试物是否为致突变物。

实验 3 哺乳动物红细胞微核实验

一、 实验目的

（1）了解哺乳动物红细胞微核实验的原理。

（2）掌握哺乳动物红细胞微核实验的方法。

（3）为茶叶质量评价、安全控制和溯源提供技术参考。

二、 实验原理

哺乳动物红细胞微核可快速检测使染色体发生损伤的化学物。通常，微核与正常核叶难以鉴别。当嗜多染红细胞（PCE）成熟后排出主核，可用吉姆萨染液（Giemsa stain）鉴别，呈灰蓝色；若胞质内核糖体消失，则呈淡橘色。用此方法可快速辨认微核，且其自发率低。

三、 实验材料

实验材料见表 9-7。

表9-7	实验材料
名称	内容
药品	甲醇、冰醋酸、吉姆萨染液、小牛血清、生理盐水、环磷酰胺等
仪器	手术剪、晾片架、眼科剪、眼科镊、显微镜、饲养笼等
动物	体重18~22g小鼠，雌、雄各半

四、 实验方法

按照图9-3进行分组实验，每个处理重复3次，结果记录填入表9-8。

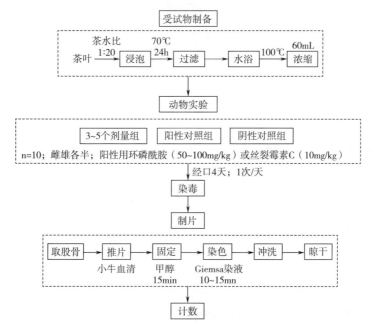

图9-3 技术路线

表9-8   骨髓细胞核实验结果

分组	剂量/(mg/kg)	性别	动物数	受检PCE数	含微核PCE数合计	微核细胞率/‰	(PCE/NCE)/%
受试物	10000	雌	5				
		雄	5				
	5000	雌	5				
		雄	5				
	2500	雌	5				
		雄	5				

续表

分组	剂量/ (mg/kg)	性别	动物数	受检 PCE 数	含微核 PCE 数合计	微核细胞 率/‰	(PCE/ NCE)/%
阴性对照组	0	雌	5				
		雄	5				
阳性对照组	40	雌	5				
		雄	5				

注：PCE 指 polychromatic erythrocyte，多染红细胞；NCE 指 normochromatic erythrocyte，正染红细胞。

五、 结果分析

（1）计数 1000 个 PCE 中含微核的 PCE 数。

（2）计数 200 个细胞中 PCE/NCE 比值。

实验 4　哺乳动物骨髓细胞染色体畸变实验

一、 实验目的

（1）了解哺乳动物骨髓细胞染色体畸变实验的原理与方法。

（2）为茶叶质量评价、安全控制和溯源提供技术参考。

二、 实验原理

实验动物经受试物灌胃后，用中期分裂相阻断剂处理，抑制细胞分裂时纺锤体的形成，以便增加中期分裂相细胞的比例，随后取材、制片、染色、分析染色体畸变。检测受试物能否引起整体动物骨髓细胞染色体畸变，以此对受试物致突变可能性进行评价。

三、 实验材料

实验材料见表 9-9。

表 9-9　　　　　　　　　　　　　实验材料

名称	内容
药品	茶叶（30g）、CHL 细胞株、肝匀浆 S_9
试剂	秋水仙素（0.4mg/mL）、氯化钾溶液（0.075mol/L）、固定液（甲醇与冰醋酸以 3∶1 混合）、吉姆萨储备染液、磷酸盐缓冲液（pH6.8）、阳性对照物（环磷酰胺，丝裂霉素 C）

续表

名称	内容
仪器	生物显微镜、低温高速离心机、冰箱（−80℃）或液氮罐、洁净工作台、恒温培养箱、恒温水浴、蒸汽压力锅、匀浆器等
动物	小鼠

四、 实验方法

按图9-4、表9-10进行分组试验，依据细胞毒性试验结果（表9-11），设置受试物组进行哺乳动物细胞染色体畸变试验，每个处理重复3次，结果记录填入表9-12。

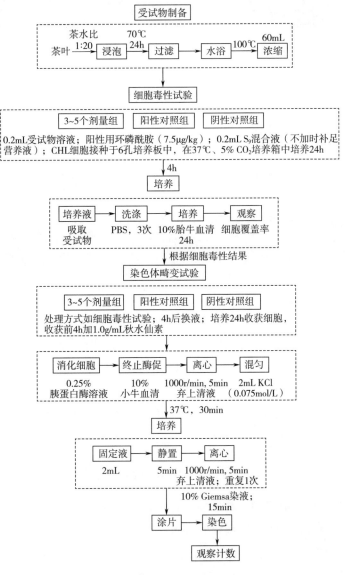

图9-4　技术路线

表 9-10 肝 S_9 混合液配方

试剂	用量
肝 S_9 组分	0.125mL
$MgCl_2$（0.4mol/L）+KCl（1.65mol/L）	0.02mL
葡萄糖-6-磷酸（0.05mol/L）	1.791mL
辅酶-Ⅱ（氧化型）（0.025mol/L）	3.0615mg
无血清培养液	补足至1mL

表 9-11 细胞毒性实验结果

剂量组	浓度	接种的细胞数/（个/孔）		细胞覆盖率/%	
		$+S_9$	$-S_9$	$+S_9$	$-S_9$
阳性对照组	0.2mL				
受试物/（g/mL）	5000				
	2500				
	1250				
	625				
	312				

表 9-12 哺乳动物细胞染色体畸变实验结果

剂量组	浓度	观察细胞数/个		畸变细胞数/个		畸变细胞率/%	
		$+S_9$	$-S_9$	$+S_9$	$-S_9$	$+S_9$	$-S_9$
阴性对照组	0.2mL						
受试物组/（mg/mL）	625						
	312						
	156						
	78						
阳性对照组/（mg/mL）	CP 7.5						
	MMC 0.4						

五、 结果分析

（1）观察记录染色体的数目，在显微镜下观察致畸类型。

（2）分析影响哺乳动物细胞染色体畸变试验的因素。

实验 5 小鼠精原细胞或精母细胞染色体畸变实验

一、 实验目的

（1）了解小鼠精原细胞或精母细胞染色体畸变实验的原理。

（2）掌握小鼠精原细胞或精母细胞染色体畸变实验的方法。

（3）为茶叶质量评价、安全控制和溯源提供技术参考。

二、 实验原理

雄性生殖细胞在不同周期对化学物质的敏感性不同，大多数的畸变必须经过 DNA 复制期，因此在前细线期处理，第 12~14d 采样，观察作用于前细线期引起的精母细胞染色体畸变效应。

三、 实验材料

实验材料见表 9-13。

表 9-13　　　　　　　　　　　　　　实验材料

名称	内容
材料	茶叶
试剂	1%柠檬酸三钠（AR）、60%冰乙酸、0.1%秋水仙素、固定液（甲醇：冰醋酸＝3：1）、磷酸盐缓冲液（pH7.4）、Giemsa 染液、Giemsa 应用液
仪器	眼科剪、眼科镊、玻璃平皿、显微镜、擦镜纸、离心机、-80℃冰箱等
动物	雄性小鼠，25~30g

四、 实验方法

按照图 9-5 进行分组试验，每个处理重复 3 次，结果记录填入表 9-14。

表 9-14　　　　　　　　　　　　　　测验结果记录

处理	畸变类型	畸变数量	畸变率
1			
2			
3			
阴性对照			
阳性对照			

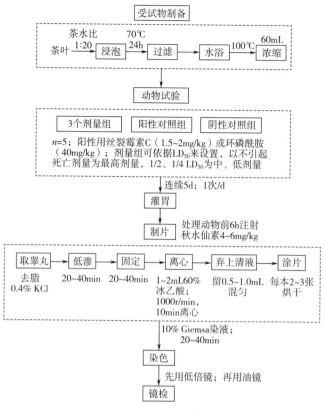

图 9-5 技术路线

五、 结果分析

（1）观察分析实验组和阴性组小鼠睾丸染色体的畸变类型以及畸变率，把所得的实验结果按 Kas-tenbaum 和 Bowman 所述方法进行生物统计学分析处理。

（2）分析影响小鼠睾丸染色体畸变实验的因素。

实验 6 啮齿类动物显性致死实验

一、 实验目的

（1）了解啮齿类动物显性致死实验的原理与方法。

（2）为茶叶质量评价、安全控制和溯源提供技术参考。

二、 实验原理

显性致死实验是一种遗传毒性实验方法，其观察终点为显性致死突变。显性致死是动物生殖细胞染色体结构异常或染色体数目异常导致不能正常与异性生殖细胞结合，从而引起胚胎死亡，这种突变在子一代中即可表现出来，故可称为显性突变。

三、实验材料

实验材料见表 9-15。

表 9-15　　　　　　　　　　　　　　　实验材料

名称	内容	名称	内容
材料	茶叶	仪器	常规解剖工具
试剂	环磷酰胺	动物	成年大鼠或小鼠（雌雄）

四、实验方法

按图 9-6 进行分组实验，每个处理重复 3 次，结果记录填入表 9-16 和表 9-17。

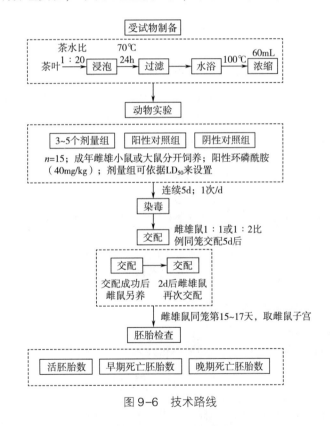

图 9-6　技术路线

表 9-16　　　　　　　　　　　生育能力指标结果记录

处理	受孕雌鼠数	受孕率	早期死亡胚胎数	晚期死亡胚胎数	总着床数	平均着床数
1						
2						

续表

处理	受孕雌鼠数	受孕率	早期死亡胚胎数	晚期死亡胚胎数	总着床数	平均着床数
3						
阴性对照组						
阳性对照组						

表 9-17 显性致死指标结果记录

处理	死亡胚胎数	胚胎死亡率	平均死亡胚胎数
1			
2			
3			
阴性对照组			
阳性对照组			

五、 结果分析

（1）分析以试验组为单位计算出的每个交配周期的指标，采用适当的统计学方法评价受试物的致突变性。

（2）分析胚胎的存活率以及死亡率，对实验结果进行统计分析。

实验 7   果蝇伴隐性致死实验

一、 实验目的

（1）了解果蝇伴隐性致死实验的原理。

（2）掌握果蝇伴隐性致死实验的方法。

（3）为茶叶质量评价、安全控制和溯源提供技术参考。

二、 实验原理

雄性果蝇的 X 染色体是遗传给子一代雌性果蝇的。并且通过子一代的雌性果蝇传递给子二代的雄性果蝇，由于子一代的雌性果蝇是杂合性的，因此在 X 染色体上的隐性基因是不能表达的。但是子二代的雄性果蝇是半合型的，故此可以表达。

在 X 染色体上（果蝇眼由 X 染色体决定）的标记来观察果蝇基因突变。用红色正常圆眼野生雄果蝇（经茶叶处理），与淡杏色棒眼 Basc（Muller-5）雌果蝇（每 X 染色体带一个倒位以防止子一代把处理过的亲本 X 染色体互换）交配，若子一代雌性果蝇有隐性致死基因，说明亲本雄性果蝇经处理诱发隐性致死基因，可在子二代中以眼色性状来辨别实验的结果。根据孟德尔分离定律，含有隐性致死基因的前提下子二代中没有红色圆眼的雄性果蝇。

三、 实验材料

实验材料见表9-18。

表9-18　　　　　　　　　　　　　　实验材料

名称	内容	备注
试剂	丙酮、吐温、乙醚、75%乙醇	
材料	茶叶、野生型雄性果蝇（红色圆眼、正常果蝇）、Basc（Muller-5）雌性果蝇	
培养基	蔗糖26g、玉米粉34g、干酵母2.8g、琼脂3g、丙酸2mL、水200mL	分别装于果蝇培养管内，备用
仪器	生化培养箱、放大镜、电热恒温干燥箱、立体解剖显微镜、空调机、白瓷板、麻醉瓶、海绵垫、毛笔、果蝇培养管、试管盘、试管架、海绵塞	仪器需在120℃干燥消毒2h备用

四、 实验方法

按图9-7进行分组实验，每个处理重复3次，根据公式（9-2）计算果蝇伴隐性致死率：

$$致死率 = \frac{致死管数}{受试染色体数} \times 100\% \tag{9-2}$$

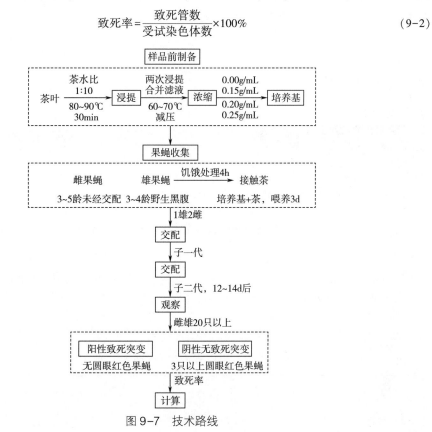

图9-7　技术路线

五、 结果分析

（1）分析不同剂量组果蝇伴隐性致死率。

（2）分析果蝇伴隐性致死的原因。

实验 8　体外哺乳类细胞基因突变（HGPRT）实验

一、 实验目的

（1）了解体外哺乳类细胞基因突变（HGPRT）实验的原理与方法。

（2）为茶叶质量评价、安全控制和溯源提供技术参考。

二、 实验原理

细胞在含 6-硫代鸟嘌呤制剂（6-TG）的培养液中可催化产生 NMP（渗入 DNA 可使细胞致死），但同时某些 X 染色体控制 HGRRT 的基因突变使之不能在培养中产生 HGRRT，从而使突变细胞对 6-TG 产生抗性，可在选择培养液中生长。让细胞在代谢活化系统（加或不加）的情况下，暴露于受试物一定时间再进行传代培养（含 6-TG）使突变细胞连续分裂成集落，对集落数计算突变频率来观察受试物突变性。

三、 实验材料

实验材料见表 9-19。

表 9-19　　　　　　　　　　　　　实验材料

名称	内容
细胞	中国仓鼠肺细胞株（V79）和中国仓鼠卵巢细胞株（CHO）
材料	S_9 混合物，预处理培养液（THMG/THG）
培养液	参照 GB 15193.12—2014《食品安全国家标准　体外哺乳类细胞 HGPRT 基因突变试验》
胰蛋白酶/ EDTA 溶液	用无钙、镁 PBS 配制，胰蛋白酶的浓度为 0.05%，EDTA 为 0.02%，胰蛋白酶与 EDTA 溶液按 1∶1 混合；-20℃储存
选择剂	6-硫代鸟嘌呤，建议使用终浓度为 5~15μg/mL，用碳酸氢钠溶液（5%）配制
仪器	培养箱、生物安全柜、细胞培养箱、显微镜、离心机等

四、 实验方法

按图 9-8 进行分组试验，每个处理重复 3 次，计算结果如下：

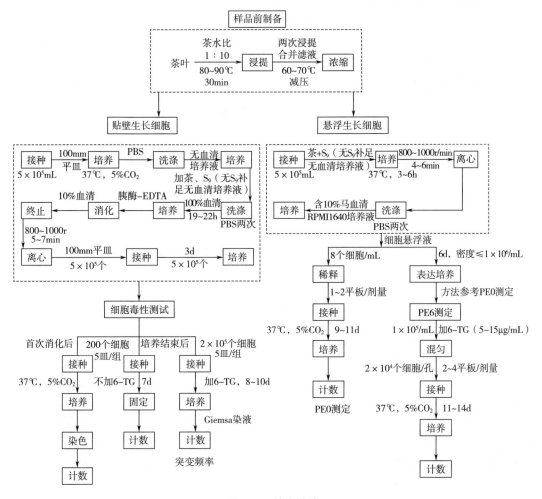

图 9-8　技术路线

1. 贴壁生长细胞 HGPRT 实验数据处理

（1）根据公式（9-3）计算相对集落形成率：

$$相对集落形成率（\%）=\frac{受试物组集落形成率}{溶媒对照组集落形成率}\times100\%$$（9-3）

（2）根据公式（9-4）和公式（9-5）计算集落形成率和突变频率：

$$集落形成率（\%）=实际存活的细胞集落数/接种细胞数\times100\%$$（9-4）

$$突变频率=\frac{突变集落数}{接种细胞数}\times\frac{1}{集落形成率}$$（9-5）

2. 悬浮生长细胞 HGPRT 实验数据处理

（1）根据公式（9-6）计算平板接种效率（PE_0、PE_6）：

$$PE=\frac{-\ln（无集落生长的孔数/总孔数）}{1.6}\times100\%$$（9-6）

（2）根据公式（9-7）计算相对存活率（RS）：

$$RS = \frac{PE_0（受试物组）}{PE_0（溶媒对照组）} \times 100\% \tag{9-7}$$

（3）根据公式（9-8）计算突变频率（MF）：

$$MF（\times 10^{-6}）= \frac{-\ln（无集落生长的孔数/总孔数）/N}{PE_6} \tag{9-8}$$

式中　N——每孔接种细胞数即 2×10^4

　　　PE_6——第六天的平板接种效率

五、　结果分析

（1）判断受试物的突变频率为阴性或阳性反应。

（2）分析影响 HGPRT 试验的因素。

实验 9　*TK* 基因突变实验

一、　实验目的

（1）了解 *TK* 基因突变实验的原理与方法。

（2）为茶叶质量评价、安全控制和溯源提供技术参考。

二、　实验原理

正常情况下，胸苷酸（TMP）是由胸苷酸合成酶催化的脱氧尿嘧啶核苷酸（dUMP）发生的甲基化反应所生成的。如胸苷类似物（如三氟胸苷，TFT）掺入到细胞培养物中，经催化可生成三氟胸苷酸，造成细胞死亡。胸苷激酶可因 *TK* 基因突变而产生缺陷，不能掺入到 DNA，对 TFT 产生抗性反应。依据突变频率可判断受试物的致突变性。

三、　实验材料

实验材料见表9-20。

表 9-20　　　　　　　　　　　　　实验材料

名称	内容	备注
受试物	茶叶	
培养基	完全培养基、THMG 和 THG 选择培养基、GHAT 和 CHT 选择培养基	
试剂	磷酸盐缓冲液（PBS），氯化镁，氯化钾，S_9 混合液等	10%S_9 混合液现用现配
TFT	取 TFT30mg，用 PBS 溶解加至 10mL，配成 3mg/mL 的储备液	用时按 1% 体积比加入培养基

续表

名称	内容	备注
仪器	低温冰箱（-80℃）或液氮罐、生物安全柜、细胞培养箱、显微镜、离心机等	
动物	健康雄性成年大鼠	

四、 实验方法

按图 9-9 进行分组实验，每个处理重复 3 次：

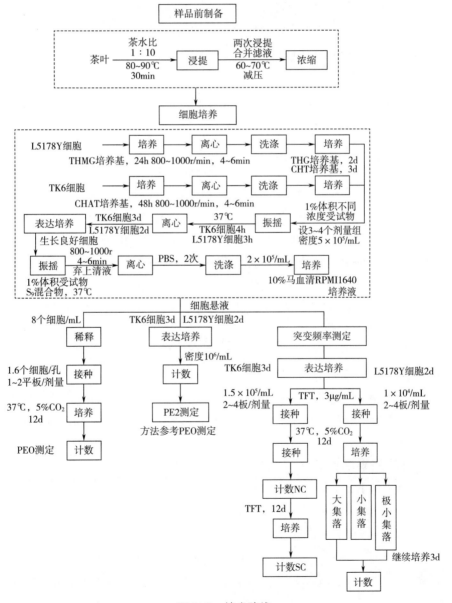

图 9-9　技术路线

（1）根据公式（9-9）计算平板效率（PE_0、PE_2/PE_3）

$$平均效率（\%）PE = \frac{-\ln（无集落生长的孔数/总孔数）}{1.6} \times 100\% \tag{9-9}$$

式中　1.6 为每孔接种细胞数

（2）根据公式（9-10）计算相对存活率（RS）

$$相对存活率（RS）= \frac{PE\ 处理}{PE\ 阴性/溶媒对照} \times 100\% \tag{9-10}$$

注：溶媒是使用非水溶媒时，与溶媒对照比较。

（3）根据公式（9-11）计算相对悬浮生长（RSG）

$$RSG = \frac{处理组表达期间细胞增殖倍数}{阴性/溶媒对照组表达期间细胞增殖倍数} \times 100\% \tag{9-11}$$

（4）根据公式（9-12）计算相对总生长（RTG）

$$RTG = RSG \times RSn \times 100\% \tag{9-12}$$

式中　RSn——相对存活率（第 2 天 L5178Y 细胞或第 3 天 TK6 细胞）

（5）根据公式（9-13）计算突变频率（MF）

$$MF（10^{-6}）= \frac{-\ln（无集落生长的孔数/总孔数）/每孔接种细胞}{PE_{2/3}} \tag{9-13}$$

式中　$PE_{2/3}$ 为第 2 天（L5178Y 细胞）或第 3 天（TK6 细胞）的平板效率

此外，L5178Y 细胞应计算大、小及总突变频率（L-MF、S-MF 及 T-MF）；TK6 细胞应计算正常、缓慢生长集落突变频率及总突变频率（N-MF 、S-MF 及 T-MF）。

（6）根据公式（9-14）计算小集落突变百分率（SCM）

$$SCM = \frac{S-MF}{T-MF} \times 100\% \tag{9-14}$$

五、　结果分析

（一）阳性结果的判定

受试物的总突变率（大于或等于一个以上剂量）显著高于阴性对照，或在 3 倍以上，并呈剂量-反应趋势，结果判定为阳性。若阳性反应仅出现在相对存活率小于 20% 的高剂量组，则判为"可疑"。

（二）阴性结果的判定

在相对存活率低于 20% 的情况下未见突变频率的增加，则为阴性。

实验10　致畸实验

一、实验目的

（1）了解致畸实验的原理。

（2）掌握致畸实验的方法。

（3）为茶叶质量评价、安全控制和溯源提供技术参考。

二、实验原理

当有害物质通过受孕动物的胎盘屏障时，胚胎器官发育受到影响，使结构变异从而导致胎儿畸形。利用这种原理可在母体胚胎器官加入受试物，从而检测出物质对胚胎的作用。

三、实验材料

实验材料见表9-21。

表9-21　　　　　　　　　　　　　实验材料

名称	内容	备注
茜素红贮备液	以50%乙酸为溶剂的茜素红饱和液5.0mL、甘油10.0mL 1%水合氯醛60.0mL 混合	存于棕色瓶中
茜素红应用液	取贮备液3~5mL，用10~20g/L氢氧化钾液稀释至1000mL	存于棕色瓶中
茜素红溶液	茜素红0.1g、氢氧化钾10g、蒸馏水1000mL	现配现用
透明液A	甘油200mL、氢氧化钾10g、蒸馏水790mL 混合	
透明液B	甘油与蒸馏水等体积混合	
固定液	2,4,6-三硝基酚（苦味酸饱和液）、40%甲醛、冰乙酸	
其他试剂	甲醛、冰乙酸、2,4,6-三硝基酚、氢氧化钾、甘油、水合氯醛、茜素红	
仪器	生物显微镜、体视显微镜、游标卡尺、分析天平等	

四、实验方法

按图9-10进行分组实验，每个处理重复3次，记录动物资料及实验结果。

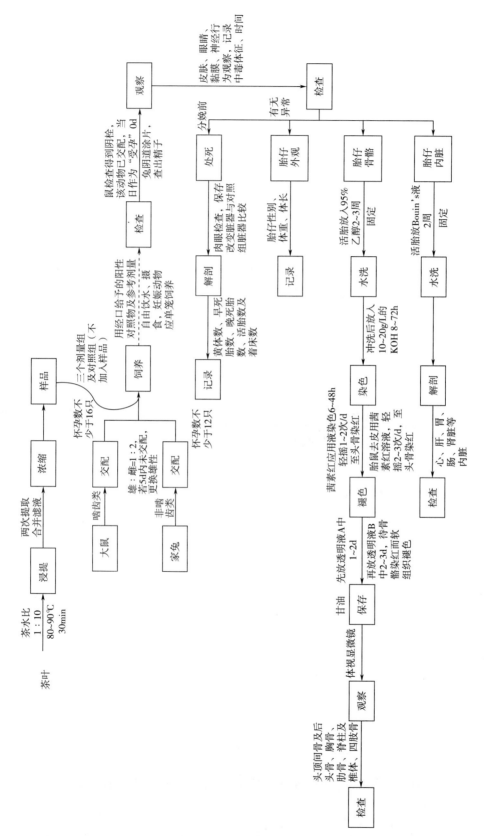

图9-10 技术路线

五、 结果分析

(1) 分析动物接触茶叶后引起的致畸可能性。

(2) 计算动物的总致畸率和单项致畸率。

实验 11 28d 经口毒性实验

一、 实验目的

(1) 了解 28d 经口毒性实验的原理及方法。

(2) 为茶叶质量评价、安全控制和溯源提供技术参考。

二、 实验原理

受试物经口安全性的初步评价是受试物连续经口（28d）对其确定毒性效应，从而了解毒作用靶器官和受试物剂量与反应的关系，从而确定最小观察有害作用剂量及未观察有害剂量。

三、 实验材料

实验材料见表 9-22。

表 9-22　　　　　　　　　　　　　　　　　实验材料

名称	内容
受试物	茶叶
试剂	甲醛、二甲苯、苏木素、伊红、石蜡、血球分析仪稀释剂、生化分析试剂、凝血分析试剂、尿液分析试剂等
仪器	解剖机械、电子天平、生物显微镜、检眼镜、生化分析仪、血球分析仪、凝血分析仪、尿液分析仪、离心机、石蜡切片机等

四、 实验方法

按图 9-11 进行分组实验，每个处理重复 3 次，记录动物的各项检测指标。

五、 结果分析

(1) 分析动物接触受试物后的毒性反应。

(2) 判断受试物的毒性特点、毒性程度、靶向器官、剂量-反应效应等。

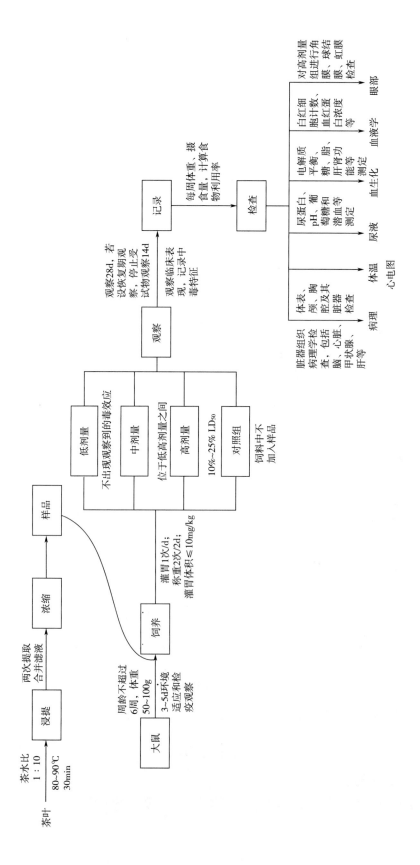

图 9-11 技术路线

实验 12　90d 经口毒实验

一、　实验目的

（1）了解 90d 经口毒实验的原理。

（2）掌握 90d 经口毒实验的方法。

（3）为茶叶质量评价、安全控制和溯源提供技术参考。

二、　实验原理

慢性（90d）经口毒性实验是在急性毒性实验和亚慢性毒性实验的基础上确定受试物剂量-反应关系、靶器官及毒性作用可逆性，得出经口最小有害作用剂量及未观察到有害作用剂量。

三、　实验材料

实验材料见表 9-23。

表 9-23　实验材料

名称	内容
试剂	甲醛、二甲苯、乙醇、苏木素、伊红、石蜡、血球分析仪稀释剂、血生化分析试剂、凝血分析试剂、尿液分析试剂（或试纸）等
受试物	茶叶
仪器	解剖器械、电子天平、生物显微镜、检眼镜、血生化分析仪、血液分析仪、凝血分析仪、尿液分析仪、心电图扫描仪、离心机、病理切片机等
动物	大鼠

四、　实验方法

按图 9-12 进行分组实验，每个处理重复 3 次，记录动物的各项检测指标。

五、　结果分析

（1）分析动物接触受试物后的毒性反应。

（2）判断受试物的慢性毒性特点、毒性程度、可逆性、剂量-反应效应等。

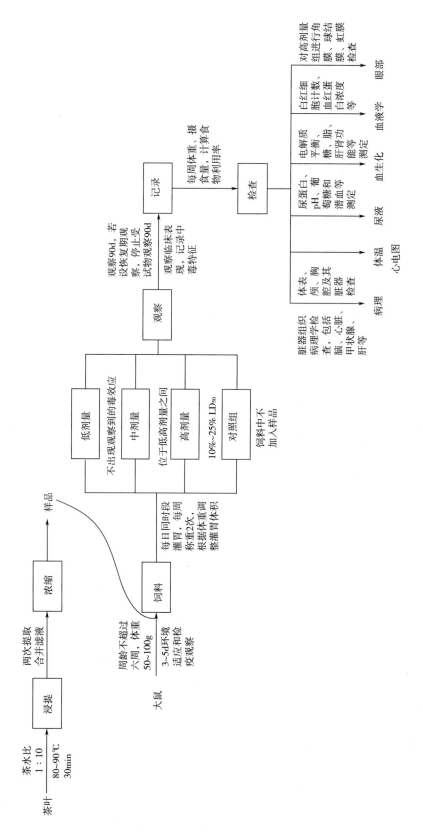

图9-12 技术路线

第十章

茶叶功能性评价实验

实验1　增强免疫力功能

一、　实验目的

（1）了解增强免疫力功能实验的原理。

（2）掌握增强免疫力功能实验的方法。

（3）为茶叶质量评价、安全控制和溯源提供技术参考。

二、　实验原理

白细胞介素-2是趋化因子家族的一种因子，它对于机体的免疫系统和抵抗病毒的感染等方面有着非常重要的作用。血清总蛋白可分为白蛋白和球蛋白两类，具有免疫作用以及营养作用等多种功能。

三、　实验材料

实验材料见表10-1。

表 10-1　　　　　　　　　　　实验材料

名称	内容
材料	总蛋白试剂盒；白蛋白试剂盒
仪器	多功能酶标仪、全自动生化仪、MIKRO 22R 型台式冷冻离心机、电子天平、冰箱、高压灭菌锅、超净工作台、旋转蒸发仪等
动物	3 周龄雄性 SPF 级小鼠，体重 25~30g

四、　实验方法

按图 10-1 进行分组实验，每个处理重复 3 次；利用 ELISA 试剂盒测定血清白细胞介素 2

（IL-2），利用全自动生化仪和试剂盒检测测定小鼠血清中球蛋白和总蛋白。

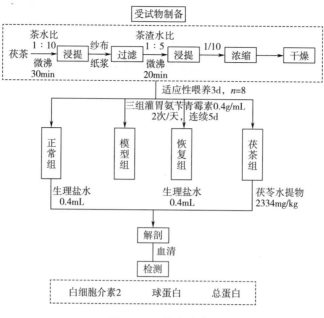

图 10-1 技术路线

五、 结果分析

（1）分析小鼠血清白细胞介素 2 的变化。

（2）分析小鼠血清中球蛋白和总蛋白的变化。

实验 2 对化学性肝损伤的辅助保护作用

一、 实验目的

（1）了解茶叶对化学性肝损伤的辅助保护作用实验的原理及方法。

（2）为茶叶质量评价、安全控制和溯源提供技术参考。

二、 实验原理

酒精性肝损伤是由多种因素相互作用的结果，其中包括乙醇及其衍生物的代谢过程中引发的炎症反应和氧化应激等。检测的重要指标为肝组织中丙二醛（MDA）的含量和血清中的丙氨酸氨基转移酶（ALT）活性。

三、 实验材料

实验材料见表 10-2。

表 10-2	实验材料
名称	内容
材料	茶叶（粉碎）、饮用无菌水等
仪器	旋转蒸发仪、恒温水浴锅、循环水真空泵、电子天平、多功能粉碎机等
动物	20 只大鼠（180~120g）或小鼠（18~22g），雌性、雄性各半

四、 实验方法

按图 10-2 进行分组实验，每个处理重复 3 次，取样待检测。

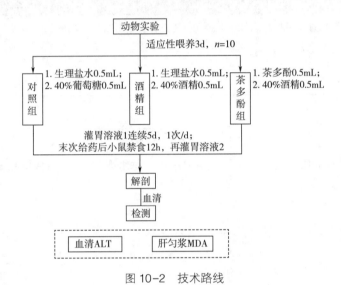

图 10-2 技术路线

五、 结果分析

（1）分析小鼠血清丙氨酸氨基转移酶和肝匀浆丙二醛的含量。

（2）分析影响小鼠血清丙氨酸氨基转移酶和肝匀浆丙二醛检测的因素。

实验 3 提高缺氧耐受力功能

一、 实验目的

（1）了解提高缺氧耐受力功能实验的原理。

（2）掌握提高缺氧耐受力功能实验的方法。

（3）为茶叶质量评价、安全控制和溯源提供技术参考。

二、 实验原理

茶多酚有非常明显的抗氧化与清除自由基功能，让生物体的抗氧化活性加强，从而减轻生物体被剩余的自由基的损害，以此达到延长生物机体的耐缺氧时长的目的。因为脑部的缺氧是因为生物体的自由基大量增长引发的。

三、 实验材料

实验材料见表 10-3。

表 10-3　实验材料

名称	内容
材料	茶多酚（脱咖啡因纯度 85%）、凡士林、钠石灰、亚硝酸钠溶液
动物	60 只雌性小鼠，18~22g
仪器	磨口广口瓶、秒表

四、 实验方法

按图 10-3 进行分组试验，每个处理重复 3 次，每组取 10 只样品待检测。

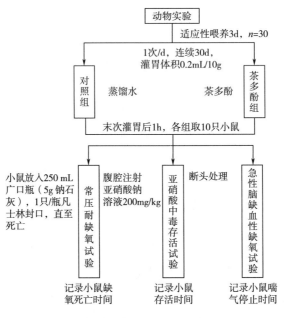

图 10-3　技术路线

五、 结果分析

（1）分析小鼠在常压下耐缺氧的存活率。

（2）分析小鼠在亚硝酸钠条件下中毒存活率。

（3）分析小鼠在急性脑缺血性缺氧条件下的存活率。

实验 4　辅助降血脂功能

一、　实验目的

（1）了解茶叶降血脂功能试验的原理与方法。

（2）为茶叶质量评价、安全控制和溯源提供技术参考。

二、　实验原理

高脂血症容易引发动脉粥样硬化、非酒精性脂肪肝、冠心病等疾病，一般通过检测血清中总胆固醇、甘油三酯、高密度脂蛋白胆固醇和低密度脂蛋白胆固醇的指标体现出来。茶叶中提取出的茶多酚具有降血脂的功效，可抑制胆固醇合成，促进其转化为胆汁酸，从而达到降低胆固醇含量的作用。

三、　实验材料

实验材料见表 10-4。

表 10-4　　　　　　　　　　　　　　　实验材料

名称	内容
材料	高脂饲料（基础饲料 82.8%猪油 10.0 %、蛋黄粉 5.0%、胆固醇 2.0%、胆盐 0.2%）
动物	40 只 SPF 级雄性白大鼠，体重 140~160g
试剂盒	甘油三酯试剂盒、总胆固醇试剂盒、高密度脂蛋白胆固醇试剂盒、低密度脂蛋白胆固醇试剂盒
仪器	多功能粉碎机、RE-52 旋转蒸发仪、TP-1102 电子天平
药剂	辛伐他汀

四、　实验方法

按图 10-4 进行分组实验，每个处理重复 3 次，饲养期间自由饮水和采食，每日按时记录实验大鼠的体重，并观察大鼠的状况，取样待检测。

五、　结果分析

（1）分析茶叶辅助降血脂功能。

（2）分析影响茶叶辅助降血脂功能的因素。

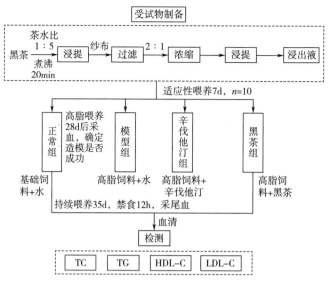

图 10-4 技术路线

实验 5 辅助降血糖功能

一、 实验目的

（1）了解辅助降血糖功能实验的原理。

（2）掌握辅助降血糖功能实验的方法。

（3）为茶叶质量评价、安全控制和溯源提供技术参考。

二、 实验原理

在茶叶中提取到的茶多糖可以增强生物体的抗氧化能力，去除体内多余自由基。并且，茶多糖可增强激酶活性，将葡萄糖转化成为 6-磷酸葡萄糖，促进肝糖原的形成，以此达到降低血糖的目的。

三、 实验材料

实验材料见表 10-5。

表 10-5　　　　　　　　　　　　实验材料

名称	内容
材料	四氧嘧啶、格列苯脲
仪器	多功能粉碎机、RE-52 旋转蒸发仪、血糖仪、TP-1102 电子天平
动物	SPF 级雄性 Wistar 大鼠，体重 140~160g

四、 实验方法

按图10-5进行分组实验，每个处理重复3次，取样检测小鼠血糖值（空腹血糖值）。

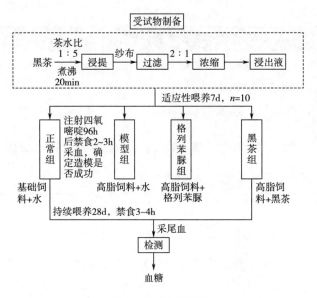

图10-5 技术路线

五、 结果分析

（1）分析茶叶辅助降血糖功能。
（2）分析影响茶叶辅助降血糖功能的因素。

实验6 抗氧化功能

一、 实验目的

（1）了解抗氧化功能实验的原理。
（2）掌握抗氧化功能实验的方法。
（3）为茶叶质量评价、安全控制和溯源提供技术参考。

二、 实验原理

自由基参与机体重要生理生化过程，但过多则会损害核苷酸，造成机体氧化损伤。茶叶中的茶多酚具有很好的抗氧化作用。自由基和茶多酚酚羟基脱氢产生的半醌自由基，可使链式反应中断，达到抗氧化目的。

三、 实验材料

实验材料见表 10-6。

表 10-6 实验材料

名称	内容
材料	大闽食品（漳州）有限公司大叶种喷干红茶粉（茶多酚含量 35%、咖啡因含量 8.3%、水分 4.5%），鳗鱼粉状饲料
仪器	分光光度计、电子天平、水浴箱
试剂盒	超氧化物歧化酶试剂盒、总抗氧化能力试剂盒、维生素 E 试剂盒、丙二醛试剂盒
动物	罗非鱼，初始体重（75.23 ± 0.42）g

四、 实验方法

按图 10-6 进行分组实验，每个处理重复 3 次，取样检测鱼抗氧化能力指标［超氧化物歧化酶（SOD）、总抗氧化能力（T-AOC）、维生素 E、丙二醛（MDA）］。

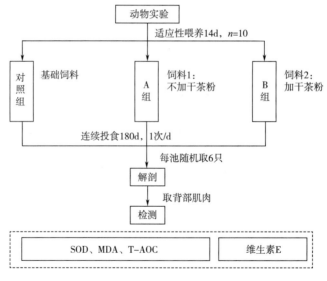

图 10-6 技术路线

五、 结果分析

（1）分析茶叶抗氧化功能。
（2）分析影响茶叶抗氧化功能试验的因素。

实验 7　促进排铅功能

一、　实验目的

（1）了解促进排铅功能实验的原理。

（2）掌握促进排铅功能实验的方法。

（3）为茶叶质量评价、安全控制和溯源提供技术参考。

二、　实验原理

铅是广泛存在的环境污染物，铅中毒可引起胃肠道、肝肾和脑的疾病。治疗铅中毒的方法是使用金属螯合剂促进铅的排泄。茶叶中含有某些酸物质，能与体内的某物质结合成可溶性物质，并随尿液排出体外。

三、　实验材料

实验材料见表 10-7。

表 10-7　　　　　　　　　　　　实验材料

名称	内容
材料	普洱速溶茶、普通维持鼠料
试剂	醋酸铅颗粒 $[(CH_3COO)_2Pb \cdot 3H_2O]$、0.6g/mL 甲基乙二醛试剂（MG）肝素钠
仪器	电子天平、原子分光光度计
动物	雄性 C57 小鼠，3~4 周龄，体重 18~20g

四、　实验方法

按图 10-7 进行分组实验，每个处理重复 3 次，试验结束后取动物全血（1.0~1.5mL）和肾脏组织（150mg）测定铅含量。

五、　结果分析

（1）分析茶叶促排铅功能。

（2）分析影响茶叶促排铅功能实验的因素。

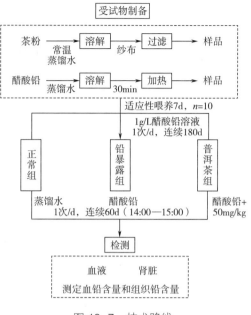

图 10-7　技术路线

实验 8　辅助降血压功能

一、　实验目的

（1）了解辅助降血压功能实验的原理。

（2）掌握辅助降血压功能实验的方法。

（3）为茶叶质量评价、安全控制和溯源提供技术参考。

二、　实验原理

γ-氨基丁酸具有降血压功能，作用机制是通过调节中枢神经系统达到降压效果。

三、　实验材料

实验材料见表 10-8。

表 10-8　　　　　　　　　　　　　实验材料

名称	内容
材料	γ-氨基丁酸超微绿茶粉（GABA 5mg/g，颗粒度约 250 目）
试剂	蒸馏水

续表

名称	内容
仪器	ACS-3A 电子秤、恒温箱、BP-3100S 分析天平、PS-100 型尾动脉血压心拍数记录仪
动物	雄性 SHR 大鼠，体重 180~210g；SD（Sprague-Dawley）大鼠，体重 190~214g

四、 实验方法

按图 10-8 进行分组实验，每个处理重复 3 次，实验结束后检测动物血压、心率和体重。

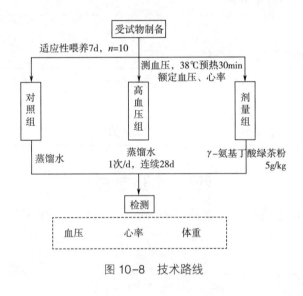

图 10-8 技术路线

五、 结果分析

（1）分析茶叶辅助降血压功能。

（2）分析影响茶叶辅助降血压功能实验的因素。

实验 9 促进泌乳功能

一、 实验目的

（1）了解促进泌乳功能实验的原理。

（2）掌握促进泌乳功能实验的方法。

（3）为茶叶质量评价、安全控制和溯源提供技术参考。

二、 实验原理

茶多酚有调控相关基因表达的作用，可以调节泌乳激素水平来提高泌乳性能。

三、 实验材料

实验材料见表 10-9。

表 10-9 实验材料

名称	内容
材料	茶多酚（纯度 98%）
试剂	PRL E2 酶联免疫检测试剂盒
仪器	BioTek Epoch 型酶标仪、5804R Eppendorf 型台式高速冷冻离心机、EL104/00 型电子天平
动物	清洁级健康妊娠 SD 大鼠 40 只，体重 280~320g

四、 实验方法

按图 10-9 进行分组实验，每个处理重复 3 次，实验结束后取样检测泌乳量和激素水平。

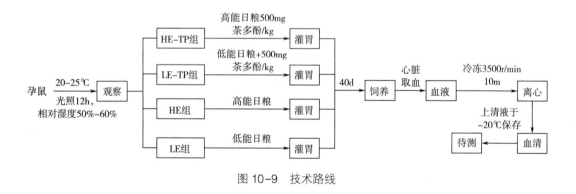

图 10-9 技术路线

五、 结果分析

（1）分析茶叶促进泌乳功能。
（2）分析影响茶叶促进泌乳功能实验的因素。

实验 10　减肥功能

一、　实验目的

（1）了解减肥功能实验的原理。

（2）掌握减肥功能实验的方法。

（3）为茶叶质量评价、安全控制和溯源提供技术参考。

二、　实验原理

茶叶中的咖啡因能降低脂肪酸合成酶活性，从而增加脂肪分解和能量消耗，达到促进脂肪的分解。

三、　实验材料

实验材料见表 10-10。

表 10-10　实验材料

名称	内容
材料	茯砖茶、减肥胶囊
试剂	血清总胆固醇（TC）、甘油三酯（TG）、高密度脂蛋白胆固醇（HDL-C）、低密度脂蛋白胆固醇（LDL-C）
仪器	旋转浓缩仪、冷冻干燥机、全自动生化分析仪、Leica RM2235 石蜡切片机、Leica DM2000 生物显微镜、Leica DFC 420C 病理成像系统、天平、离心机、解剖器械
动物	清洁级雄性 Sprague-Dawley（SD）大鼠，体重（80±10）g

四、　实验方法

按图 10-10 进行分组实验，每个处理重复 3 次，取样检测血脂指标（TC、TG、HDL-C、LDL-C）及其他指标检测。

（1）根据公式（10-1）计算 Lee's 指数

$$\text{Lee's 指数} = [\text{体质量（g）}] 1/3 \times 10^3 / \text{体长（cm）} \qquad (10\text{-}1)$$

（2）根据公式（10-2）计算摄食量

$$\text{摄食量} = \text{给食量} - \text{剩食量} - \text{撒食量} \qquad (10\text{-}2)$$

（3）根据公式（10-3）计算食物利用率

$$\text{食物利用率（\%）} = \frac{\text{体质量增长量}}{\text{摄食量}} \times 100\% \qquad (10\text{-}3)$$

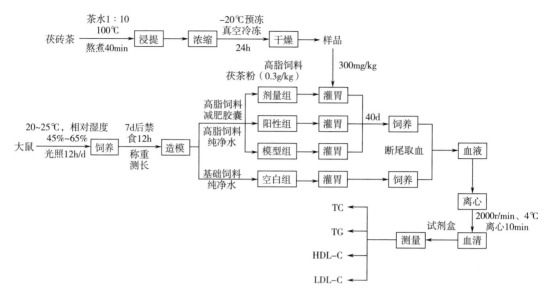

图 10-10　技术路线

（4）根据公式（10-4）计算脂肪系数

$$脂肪系数（\%）= \frac{体内脂肪质量}{体质量} \times 100\% \tag{10-4}$$

五、 结果分析

（1）分析小鼠灌胃样品后体重。

（2）分析小鼠灌胃样品后与血脂有关的生理生化指标变化。

实验 11　调节肠道菌群功能

一、 实验目的

（1）了解调节肠道菌群功能实验的原理。

（2）掌握调节肠道菌群功能实验的方法。

（3）为茶叶质量评价、安全控制和溯源提供技术参考。

二、 实验原理

肠道菌群能够代谢茶多酚并产生结构不同的产物，产物发挥生物效应，由此茶多酚可调节肠道细菌多样性和丰度，从而改善宿主健康。

三、 实验材料

实验材料见表 10-11。

表 10-11 实验材料

名称	内容
材料	普洱茶熟茶、Pfizer 肠球菌选择性琼脂、乳酸杆菌选择性琼脂、双歧杆菌 BS 培养基
试剂	分析纯、无水乙醚、头孢霉素Ⅶ（2500μg/mL）、两性霉素 B（30μg/mL）、庆大霉素（100μg/mL）、无水乙醇、磺苄西林（2500μg/mL）
仪器	电子天平（感量为 0.0001g）、单人双面净化工作台、培养箱
动物	SD 雄性大鼠，体重 160~200g

四、 实验方法

按图 10-11 进行分组实验，每个处理重复 3 次，7d 适应喂养结束，进行干预实验，分别于第 7 天、第 14 天取大鼠盲肠内容物（每组取 5 只）。按公式（10-5）计算活菌计数：

$$CFU = \frac{\text{同一稀释度平均菌落数×稀释倍数}}{\text{标本质量}} \tag{10-5}$$

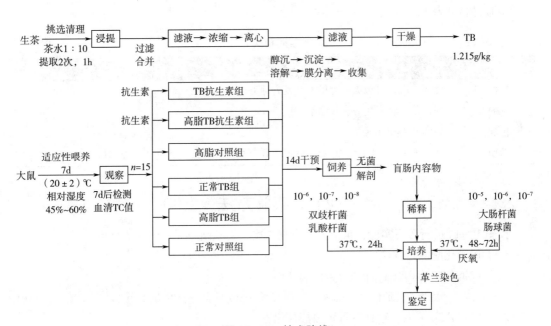

图 10-11 技术路线

五、 结果分析

（1）分析小鼠灌胃样品后体重变化。

（2）分析小鼠灌胃样品后的菌落分布。

实验 12 促进消化功能

一、 实验目的

（1）了解促进消化功能实验的原理。
（2）掌握促进消化功能实验的方法。
（3）为茶叶质量评价、安全控制和溯源提供技术参考。

二、 实验原理

茶提取物如茶红素等通过调控胃酸的分泌，促进胃动力和肠道蠕动；降低消化道中有害细菌，如金黄色葡萄球菌；调控血脂并减少脂肪吸收。

三、 实验材料

实验材料见表 10-12。

表 10-12　　　　　　　　　　　实验材料

名称	内容
材料	低咖啡因普洱茶提取物粉末、复方地芬诺酯片、活性炭
试剂	阿拉伯树胶、盐酸、蒸馏水
仪器	YP3001N 电子天平
动物	SPF 级 SD 雄性大鼠 30 只，体重 120~150g；BALB/c 雄性小鼠 30 只，体重 18~22g

四、 实验方法

按图 10-12 进行分组实验，每个处理重复 3 次，实验结束后检测相关指标。

1. 大鼠消化酶测定方法
（1）根据公式（10-6）计算胃蛋白酶活性

$$胃蛋白酶活性（U/mL）=（四端蛋白管透明部分长度均值）^2×16 \qquad (10-6)$$

（2）根据公式（10-7）计算胃蛋白酶排出量

$$胃蛋白酶排出量（U/h）=胃蛋白酶活性×每小时胃液量 \qquad (10-7)$$

2. 根据公式（10-8）计算小鼠墨汁推进率

$$墨汁推进率（\%）=\frac{墨汁推进长度（cm）}{小肠总长度（cm）}×100\% \qquad (10-8)$$

五、 结果分析

（1）分析小鼠灌胃样品后肠道细菌多样性和丰度。
（2）分析影响小鼠促进消化功能试验的因素。

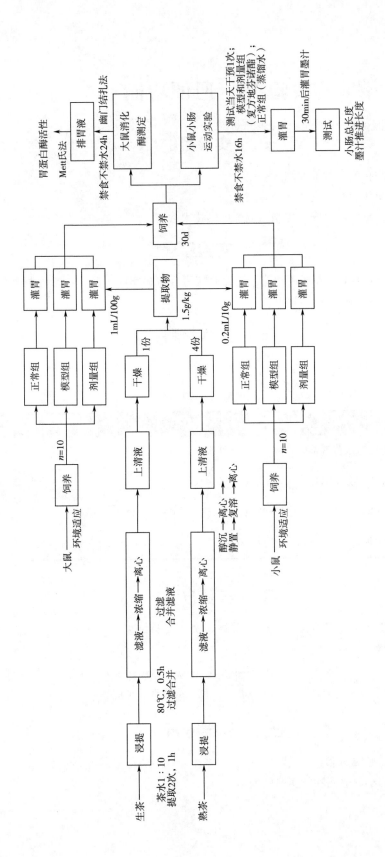

图 10-12　技术路线

实验 13　通便功能

一、　实验目的

（1）了解通便功能实验的原理。

（2）掌握通便功能实验的方法。

（3）为茶叶质量评价、安全控制和溯源提供技术参考。

二、　实验原理

茶叶内含成分茶多酚具有通便功能，增强大肠的收缩和蠕动。另外，茶叶中含有的少量茶皂素同样具有促进小肠蠕动的效果。

三、　实验材料

实验材料见表 10-13。

表 10-13　　　　　　　　　　　　　　实验材料

名称	内容
材料	低咖啡因普洱茶提取物粉末、活性炭
试剂	复方地芬诺酯片、阿拉伯树胶、蒸馏水
仪器	EA3001 型电子天平、BS223S 电子天平、YP3001N 电子天平
动物	雄性 SPF 级 BALB/c 小鼠 60 只，体重 18~22g

四、　实验方法

按图 10-13 进行分组实验，每个处理重复 3 次，实验结束后检测相关指标，根据公式（10-9）计算墨汁推进率：

$$墨汁推进率（\%）=\frac{墨汁推进长度（从幽门至墨汁前沿）}{小肠总长度（幽门至盲部）}\times100\% \tag{10-9}$$

五、　结果分析

（1）分析小鼠通便功能。

（2）分析影响小鼠通便功能实验的因素。

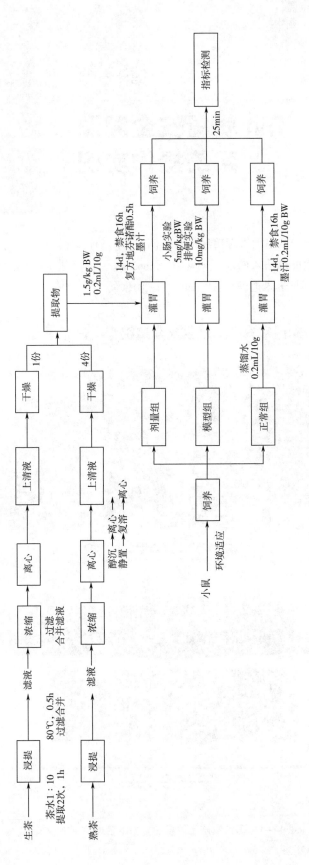

图 10-13　技术路线

第十一章

茶叶质量安全溯源系统操作实例

以国家农产品质量安全追溯管理信息平台为例。

打开浏览器，在地址栏输入网址（www.qsst.moa.gov.cn），进入追溯管理信息平台，点击"信息采集系统"即可进入追溯模块，如图11-1所示。

图 11-1 国家农产品质量安全追溯管理信息平台

第一节 监管系统

一、系统登录

（一）系统登录

单击"监管系统"，进入系统登录界面，选择"普通登录"，输入用户名、密码等，再点击"登录"，即可进入监管系统、分析决策、信息查询，如图11-2所示。

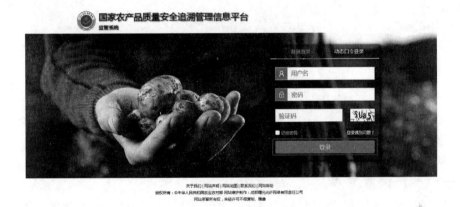

图 11-2 监管系统登录界面

（二）登录问题

若忘记账号或密码，单击"登录遇到问题"，进入"忘记密码或账号"页面，输入机构类别、机构名称、机构代码、机构级别、所属区域、负责人等，提交信息，即可找回账号、密码，再进行系统登录。

（三）个人中心

鼠标指向右上角图标，弹出菜单"个人中心""帮助中心""退出登录"，如图11-3所示。

图 11-3 个人中心界面

点击"个人中心"按钮，页面跳转到个人中心页面，即可进行"修改密码""注册信息变更""注册信息注销"和"机构变更历史查看"操作（图11-4）。

图 11-4　个人中心页面

二、　主体管理

（一）　生产经营主体

点击"生产经营主体"子菜单栏，包括"生产经营主体信息""临时注册主体""注册待审核""注册变更待审核""监管申请注销待审核""主体申请注销待审核"标签页面。

点击"生产经营主体"（图11-5），查询或重置组织形式、主体类别、所属区域、主体状态、所属行业、不良记录、主体名称等，查看或注销主体名称、组织形式、所属行业、主体类别、所属区域、不良记录（次）等信息，提交"注销原因"。

图 11-5　生产经营主体页面

　　点击"临时注册主体"页面（图11-6），查询或重置组织形式、主体类别、所属区域、所属行业、主体名称，创建日期等，查看主体名称、组织形式、所属行业、主体类别、所属区域、创建时间等信息。

图 11-6　临时注册主体页面

　　点击"注册主体"页面（图11-7），查询或重置所属区域、审核状态、所属行业、组织形式、主体类别，申请日期、主体名称等，查看主体名称、主体类别、所属行业、组织形式、所属区域、申请时间、审核状态等，审核"注册"。

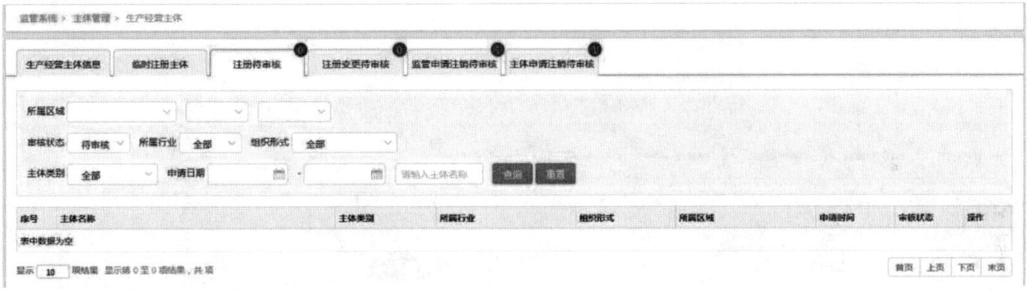

图 11-7　注册主体页面

　　点击"注册变更待主体"页面（图11-8），查询或重置所属区域、审核状态、所属行业、组织形式、主体类别，申请日期、主体名称等，查看主体名称、主体类别、所属行业、组织形式、所属区域、申请时间、审核状态等，审核"注册变更"。

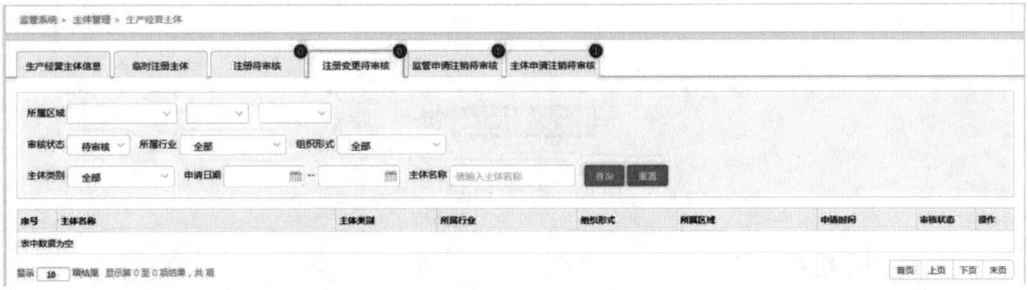

图 11-8　注册变更待主体页面

点击"监管申请注销主体"页面（图11-9），查询或重置所属区域、审核状态、所属行业、组织形式、主体类别、申请日期、主体名称等，查看主体名称、主体类别、所属行业、组织形式、所属区域、申请时间、审核状态等，审核"监管申请注销"，提交"审核意见"。

图11-9　监管申请注销主体页面

点击"申请注销主体"页面（图11-10），查询或重置所属区域、审核状态、所属行业、组织形式、主体类别，申请日期、主体名称等，查看主体名称、主体类别、所属行业、组织形式、所属区域、申请时间、审核状态等，审核"主体申请注销"，提交"审核意见"。

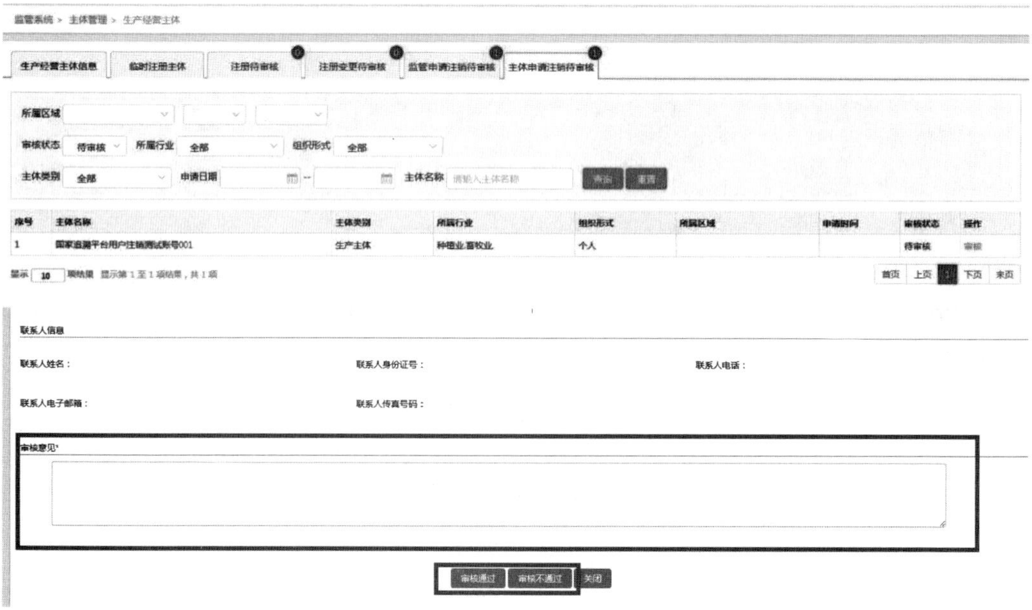

图11-10　申请注销主体页面

（二）监管机构

点击"监管机构"子菜单栏，包括"监管机构主体信息""注册变更审核""注册注销审核""注册撤销审核"标签页面。

点击"监管机构主体信息"页面（图11-11），查询或重置所属区域等，查看机构名称、机构类别等，撤销"监管机构主体"，提交"撤销原因"。

图 11-11 监管机构主体信息页面

依次点击"注册变更审核""注册注销审核""注册撤销审核"（图11-12），查询或重置所属区域、机构级别、机构名称等，查看机构名称、所属区域、申请时间、负责人、审核状态等，审核"注册变更""注册注销""注册撤销"，提交"审核意见"。

图 11-12 注册变更、注销、撤销页面

（三）检测机构

与"监管机构"操作类似，点击"检测机构"子菜单栏，包括"检测机构主体信息""注册变更待审核""注册注销待审核""注册撤销待审核"标签页面。

点击"检测机构主体信息"页面，查询或重置所属区域、登记日期、机构名称等，查看机构名称、机构类别、机构级别、所属区域、机构负责人、备案时间等，撤销"检测机构主体"，提交"撤销原因"。

依次点击"注册变更待审核""注册注销待审核""注册撤销待审核"，查询或重置所属区域、机构级别、机构名称等，查看机构名称、所属区域、申请时间、负责人、审核状态等，审核"注册变更""注册注销""注册撤销"，提交"审核意见"。

（四）执法机构

与"监管机构"操作类似，点击"执法机构"子菜单栏，包括"执法机构主体信息""注册变更审核""注册注销审核""注册撤销审核"标签页面。

点击"执法机构主体信息"页面，查询或重置所属区域、登记日期、机构名称等，查看机构名称、机构类别、机构级别、所属区域、机构负责人、备案时间等，撤销"执法机构主体"，提交"撤销原因"。

依次点击"注册变更待审核""注册注销待审核""注册撤销待审核"，查询或重置所属区域、机构级别、机构名称等，查看机构名称、所属区域、申请时间、负责人、审核状态等，审核"注册变更""注册注销""注册撤销"，提交"审核意见"。

（五）不良记录

点击"不良记录"子菜单（图11-13），查询或重置区域、主体类型等，查看主体名称、所属行业等。

图 11-13　不良记录子菜单栏

三、　监督检查

点击"监督检查"菜单栏，下拉框有"考核任务""基地巡查""巡查人员考核"子菜单栏。

（一）考核任务

点击"考核任务"子菜单栏（图11-14），查询或重置巡查区域等，查看巡查区域、任务状态等，删除、修改和新增考核任务。

图 11-14 考核任务子菜单栏

（二）基地巡查

点击"基地巡查"子菜单栏（图 11-15），查询或重置所属区域、所属行业、巡查日期、主体名称等，查看主体名称、区域、联系人、任务类型、巡查结果、巡查时间、巡查员等，新增、删除、上传和修改基地巡查任务，填写巡查机构信息、巡查内容及意见。

图 11-15 基地巡查子菜单栏

（三）巡查人员考核

点击"监督检查"子菜单栏（图 11-16），查询或重置考核类型、考核结果等，查看巡查人员、任务状态等，审核巡查人员，提交"结果"。

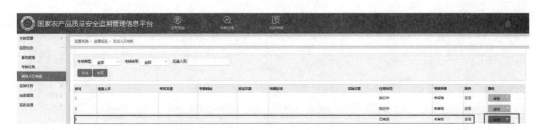

图 11-16 监督检查子菜单栏

四、 监测任务

点击"监测任务"菜单栏，下拉框"例行监测""专项监测""监督抽查""复检任务"子菜单栏。

（一）例行监测

点击"例行监测"子菜单栏（图11-17），查询或重置年度、任务状态、任务时间、任务名称，查看任务名称、年度、文件号、开始时间、结束时间、创建单位、任务状态等，新增、修改、删除、发布、废止例行监测任务，查看和下载例行监测报告，查看抽样单。

图 11-17　例行监测子菜单栏

（二）专项监测

与"例行监测"操作类似。

点击"专项监测"子菜单栏，查询或重置年度、任务状态、任务时间、任务名称，查看任务名称、年度、文件号、开始时间、结束时间、创建者、任务状态等，新增、修改、删除、发布、废止专项监测任务，查看和下载专项监测报告，查看抽样单。

（三）监督抽查

由监管机构下发监督抽查任务，执法机构及检测机构分别执行产品抽样和产品检测的业务流程。

点击"监督抽查"子菜单栏（图11-18），查询或重置任务时间、受检区域、任务状态、任务名称，查看任务名称、年度、开始时间、结束时间、创建单位、任务状态等，新增、修改、删除、发布监督抽查任务，查看和下载监督抽查报告，查看抽样单。

图 11-18　监督抽查子菜单栏

（四）复检任务

生产经营主体对监管机构发布的例行监测、专项监测和监督抽查等检测结果有异议的，可向监管机构提出复检要求。

点击"复检任务"子菜单栏（图 11-19），查询或重置年度、任务状态等，查看任务名称、年度、复检检测单位等，新增、修改、删除、发布、废止监督抽查任务，查看和下载复检报告。

图 11-19 复检任务子菜单栏

五、 应急管理

若有质量安全事件或舆情发生时，监管机构可发布应急任务，指定下级监管或检测或执法机构执行。

点击"应急管理"菜单栏，下拉框"应急任务""专项资源"子菜单栏。

（一） 应急任务

点击"应急任务"子菜单栏（图 11-20），查询或重置年度、所在地、承担单位等，查看任务名称、任务类型、区域等，新增、修改、删除、发布、废止应急任务。

图 11-20 应急任务子菜单栏

（二） 专家资源

点击"专家资源"子菜单栏，查询或重置专业领域等，查看资源类型等应急专家资源信息。

六、 投诉受理

点击"投诉受理"菜单栏（图 11-21），查询或重置区域、问题类型、受理状态、主体名称等信息，查看投诉主体、被投诉主体、投诉标题、问题类型、被投诉主体区域、投诉时间、投诉状态、受理人，受理投诉信息，并填写和提交"受理意见"。

图 11-21　投诉管理菜单栏

第二节　监测系统

一、系统登录

监测系统如图 11-22 所示。

图 11-22　监测系统

（一）系统登录

监测系统登录方式有普通登录和动态口令登录，单击"监测系统"进入系统登录界面，（或插入加密狗）输入账号、密码等，再单击"登录"即可（图 11-23）。

（二）登录问题

若忘记账号或密码，单击"登录遇到问题"，进入"忘记密码或账号"页面，输入机构

图 11-23　监测系统登录页面

类别、机构名称、机构代码、机构级别、所属区域、负责人等，提交信息，即可找回账号、密码，再进行系统登录。

（三）个人中心

将鼠标落在右上角账号信息上，弹出菜单"个人中心""帮助中心""退出登录"，点击"个人中心"可进行"修改密码""修改个人信息"等操作。

二、监测模型

点击"监测模型"菜单栏，下拉框"检测对象包配置""检测项包配置""模型配置"子菜单栏。

（一）检测对象包配置

点击"检测对象包配置"子菜单栏（图 11-24），查询检测对象的名称、行业，查看或修改检测对象名称、行业、创建时间等信息，新增或删除检测对象包的名称、适用行业、检测对象。

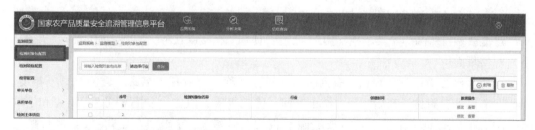

图 11-24　检测对象包配置子菜单栏

（二）检测项包配置

点击"检测项包配置"子菜单栏（图 11-25），查询检测包的名称、行业，查看或修改检测包名称、行业、创建时间等信息，新增或删除检测项包的名称、适用行业、检测项（行业、检测项目、检测标准），保存即可。

图 11-25　检测项包配置子菜单栏

（三）模型配置

点击"模型配置"子菜单栏（图 11-26），查询模型的名称、行业，配置或修改或查看或启用模型名称、适用行业、是否启用等信息，新增或删除模型名称、行业，保存即可。

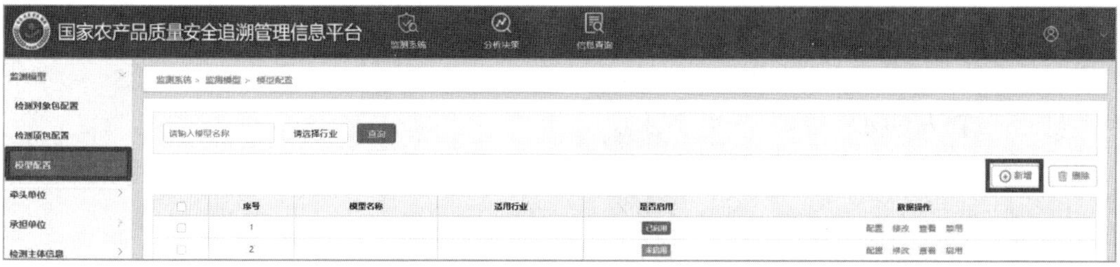

图 11-26　模型配置子菜单栏

三、执行/配置/发布任务（牵头单位）

监管系统下发监测任务主要有例行监测和专项检测。

点击"牵头单位"菜单栏，下拉框"例行监测""专项监测""项目完成情况""监测信息汇总""承担任务报告下载""项目总结报告上传""项目总结报告管理""系统报表"子菜单栏。

（一）执行/配置/发布例行监测任务

点击"例行监测"子菜单栏（图 11-27），具有"已接受任务""待发布任务""历史任务"标签页面。

点击"已接受任务"页面，查询时间、任务名称，查看任务名称、监测类型、年度、批次、文件号、附件、开始时间、结束时间、优先级等，点击"执行任务"，填写和下载"基本信息"，查询、重置、查看或删除"机构与地域"，导出"总览"，发布例行监测任务。

点击"待发布任务"页面，查询时间、任务名称，导出"待发布任务"，填写和下载"基本信息"，导出"总览"，发布例行监测任务。

点击"历史任务"页面，查询时间、任务名称，查看"基本信息"，导出"总览"。

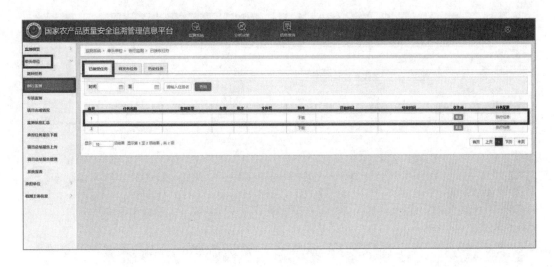

图 11-27　例行监测子菜单栏

(二) 执行/配置/发布专项监测任务

与"例行监测"类似。

点击"专项监测"子菜单栏，具有"已接受任务""待发布任务""历史任务"标签页面。

点击"已接受任务"，查询时间、任务名称，查看任务名称、监测类型、年度、批次、文件号、附件、开始时间、结束时间、优先级等，点击"执行任务"，填写和下载"基本信息"，查询、重置、查看或删除"机构与地域"，导出"总览"，发布例行监测任务。

点击"待发布任务"，查询时间、任务名称，导出"待发布任务"，填写和下载"基本信息"，导出"总览"，发布例行监测任务。

点击"历史任务"，查询时间、任务名称，查看"基本信息"，导出"总览"。

四、 抽样单填报（承担单位）

承担单位接收牵头单位配置下发的监测任务。

点击"承担单位"菜单栏，下拉框"例行监测""专项监测""监督抽样""受托检测""复检任务""抽样计划""抽样任务""报告汇总""问题单据""退回任务"子菜单栏。

点击"例行监测"（图 11-28）或"专项监测""监督抽样""受托检测""复检任务"子菜单栏，查询或重置行业、年度、级别、状态，查看年度、级别、监测行业、任务名称、主管单位、开始时间、结束时间、优先级、状态等，寻找"新任务"；点击"任务名称"，查看"任务详情"页面，逐个填报抽样单，点击保存返回；点击"抽样"页面，勾选抽样单，上报抽样信息。

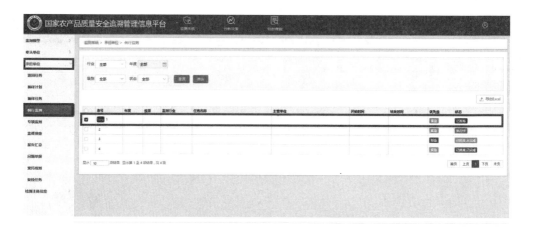

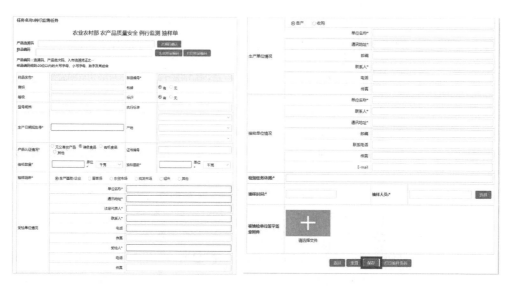

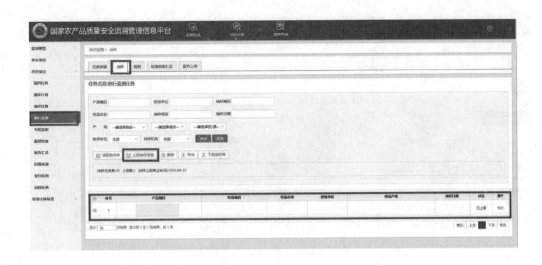

图 11-28　例行监测子菜单栏

五、 样品检测填报（承担单位）

抽样单上报后要进行检测数值填报（抽样单没有上报的，无法进行检测）。

针对上报的抽样单，点击"检测"页面（图 11-29），填写"检测值"，点击"保存"；点击"检测信息汇总"页面（图 11-30），查询或重置样品名称、判定结果、样品编码，查看"检测结果"。

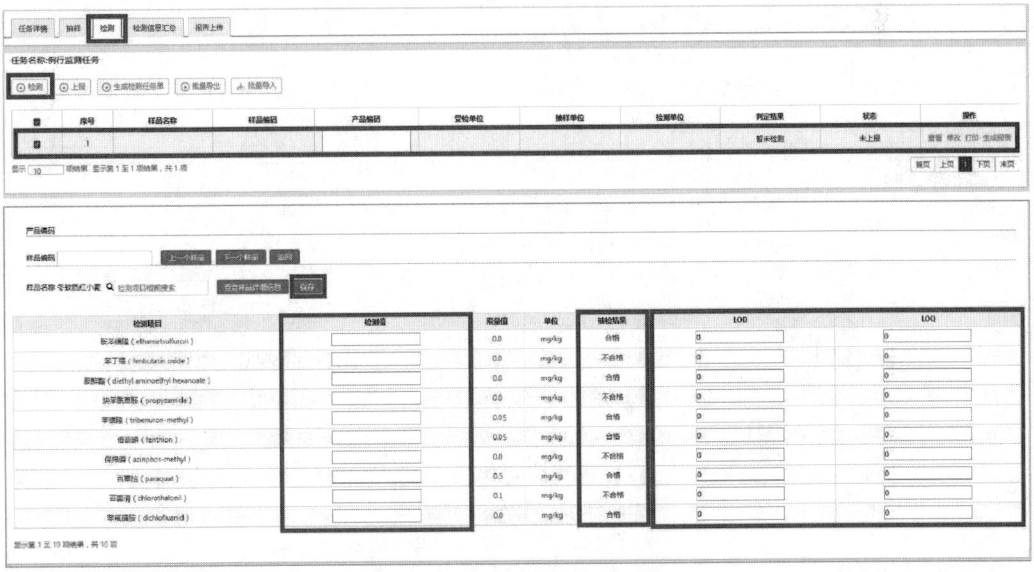

图 11-29　检测页面

图 11-30　检测信息汇总页面

六、　上传报告（承担单位）

承担单位填写详细检测数据后上传检测报告至牵头单位。

完成样品检测后，即可编制检测报告，点击"报告上传"页面（图 11-31），上传报告文件后，点击上传。

图 11-31　报告上传页面

第三节 执法系统

一、 系统登录

(一) 系统登录

执法系统登录方式有普通登录和动态口令登录，单击"执法系统"进入系统登录界面（图11-32），（或插入加密狗）输入用户名、密码等，再单击"登录"。

图 11-32 系统登录界面

(二) 登录问题

若忘记账号或密码，单击"登录遇到问题"，进入"忘记密码或账号"页面，输入机构类别、机构名称、机构代码、机构级别、所属区域、负责人等，提交信息，即可找回账号、密码，再进行系统登录。

(三) 个人中心

将鼠标落在右上角账号信息上，弹出菜单"个人中心""帮助中心""退出登录"，点击"个人中心"按钮，页面跳转到个人中心页面，即可进行"修改密码""修改个人信息""备案信息变更""备案信息注销""机构变更历史查看"等操作。

二、 日常执法管理

点击"日常执法管理"菜单栏，下拉框"现场巡查""委托检测任务""行政处罚"子菜单栏。

(一) 现场巡查

点击"现场巡查"子菜单栏（图11-33），查询或重置区域、年度、日期、巡查结果、关键词，新增或删除现场巡查执法日志，查看或修改或打印年度、任务名称、被执法对象、区域、开始时间、结束时间、创建时间、巡查结果等历史执法日志信息。

图 11-33　现场巡查子菜单栏

（二）委托检测任务

委托检测任务是执法单位在执法过程中，将生产经营主体抽查的样品委托检测单位进行样品检测的工作任务。

点击"委托检测任务"子菜单栏（图 11-34），新增委托任务，填写基本信息，添加"检测对象"；点击"抽样单"页面，新增、修改或删除"抽样单"；返回任务列表，查询或重置完成状态、年度、日期、任务名称，新增、发布、废止、删除、查看或修改年度、任务名称、委托单位、开始时间、结束时间、创建时间、任务状态等委托检测任务信息。

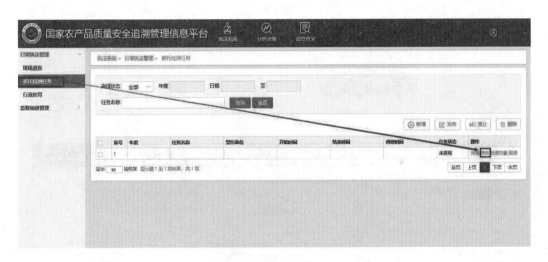

图 11-34　委托检测任务子菜单栏

（三）行政处罚

点击"行政处罚"子菜单栏（图 11-35），新增行政处罚，填写基本信息，上传"处罚单"；查询或重置区域、日期、关键词，打印、删除或查看年度、案件名称、行政处罚决定案号、当事主体、区域执法时间、创建时间等行政处罚信息。

三、监督抽查管理

点击"监督抽查管理"菜单栏，下拉框"监督抽查任务"子菜单栏；点击"监督抽查任务"子菜单栏，具有"新任务""历史任务"页面。

（一）新任务

点击"新任务"页面（图 11-36），查看"新任务"，上报"抽样单"，新增或修改或删除"抽样单"，返回"任务列表"页面。

图 11-35　行政处罚子菜单栏

图 11-36　新任务页面

（二）历史任务

点击"历史任务"页面（图 11-37），查询任务名称、日期，查看任务名称、年度、任务状态、监测类型、开始时间、结束时间、创建时间等报告信息。

图 11-37　历史任务页面

第四节　追溯系统

一、系统登录

（一）系统登录

单击"追溯系统"进入系统登录界面，输入用户名、密码等，点击"登录"，即可（图 11-38）。

图 11-38　追溯系统与登录界面

主办单位：中华人民共和国农业农村部　承办单位：农业农村部农产品质量安全中心
技术支持：成都曙光光纤网络有限责任公司　农业农村部信息中心
京ICP备05039419号　支持电话：010-59198588

图 11-38（续）

（二）登录问题

若忘记账号或密码，单击"登录遇到问题"，进入"忘记密码或账号"页面，输入组织形式、用户名、企业名称、企业注册号、法人姓名、法人身份证等，确定信息，即可找回账号、密码，再进行系统登录。

（三）个人中心

登录追溯系统，"点击"页面顶部导航菜单"个人中心"，查看账号名称、账号类型、主体身份码等账号信息、备案信息、法人信息、证照信息、变更记录；

点击"备案变更"，填写变更信息和变更原因，提交变更，确定等待审核；

点击"备案注销"，填写注销原因，提交附件等，确定等待审核；

点击"修改密码"，修改当前密码、新密码、确认新密码，确认修改成功。

二、基础信息配置

开展追溯操作首先必须配置产品信息和基地信息，产品和基地是开展追溯业务的基础条件，进行追溯操作时要提前设置，建立产品批次时可直接选择，否则无法开展追溯操作。

配置基础信息在追溯系统—我的管家功能中设置。

（一）产品管理

点击"我的管家"，具有"产品管理""基地管理""客户管理""账户管理""图片/视频管理""认证信息"页面。

点击"产品管理"页面（图 11-39），查询产品状态、关键词，新建或修改所属行业、产品名称等信息，查看产品名称、所属行业、产品状态，管理产品状态。

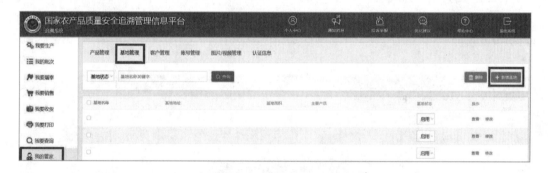

图 11-39　产品管理页面

（二）基地管理

点击"基地管理"页面（图 11-40），查询基地状态、关键词，新建或删除基地名称、所属区域等基地信息，查看或修改基地名称、地址、状态等，管理基地状态。

图 11-40　基地管理页面

（三）客户管理

点击"客户管理"页面（图 11-41），查询用户名、联系方式、单位名称、主体身份码，查看或删除用户名、联系方式、单位名称、主体身份码等客户信息。

图 11-41　客户管理页面

(四) 账号管理

点击"账号管理"页面（图11-42），查询日期、关键词，新增或删除姓名、身份证号、联系电话、邮箱地址等账号信息，编辑或重置姓名、联系电话、邮箱、账号、初始密码、创建时间等账号信息等，管理基地状态。

图 11-42　账号管理页面

(五) 图片/视频管理

点击"图片/视频管理"页面（图11-43），查询文件类型、图片/视频标题，上传或删除图片/视频。

图 11-43　图片/视频管理页面

(六) 认证信息

点击"认证信息"页面（图11-44），查询证书类型、认证类型、关键字，上传、删除或查看认证类型、证书/产品编号、认证产品名称、批准产量、认证有效期、证书状态等认证信息。

三、 填报生产过程信息

生产过程信息需在省级追溯平台操作。

图 11-44　认证信息页面

（1）省级追溯平台和国家追溯平台完成对接后，生产经营主体通过"国家追溯平台追溯系统：我要生产"，进入"省级追溯平台"进行操作，填报生产过程信息并将信息上传至国家追溯平台。

（2）没有实现数据对接的企业，无需填报生产过程信息，可直接在国家追溯平台追溯系统中建立产品批次。

点击"我要生产"（图 11-45），生产经营主体进入省级追溯平台（已与国家追溯平台对接），开展生产过程信息的填写和维护管理。

若完成与国家追溯平台对接，在省级追溯平台填报过的生产过程信息自动进入国家追溯平台，生成批次。

若未完成对接的，生产经营主体需在追溯系统新建产品批次，填报产品、基地、时间、数量、质检等相关信息。

（3）同一种产品可能会建多个批次，但在销售时会出现混批，这时候需要对产品批次进行组合，在追溯系统"我的批次""组合批次"中操作。

图 11-45　我要生产页面

（一）建立批次

点击"我的批次"，具有"批次管理""组合批次"页面。

点击"批次管理"页面（图 11-46），查询产品种类、产品名称、认证类型、收获时间、关键字，新建或删除所属行业、产品名称、产品来源、收获时间、数量、质检情况、合格证号等产品信息，查看产品名称、产品追溯码、产品种类、收获数量、当前库存、产品来源、收获时间、质检情况、动物检疫合格证号等批次信息（"产品批次码"栏蓝色背景色，即为组合批次）；报损产品，填写产品名称、报损数量、报损类型、报损原因等，点击提交。

图 11-46　批次管理页面

（二）组合批次

点击"组合批次"页面（图 11-47），查询产品种类、产品名称，查看产品名称、产品追溯码、产品种类、收获数量、当前库存、产品来源、收获时间、质检情况、动物检疫合格证号等批次信息（"产品批次码"栏蓝色背景色，即为组合批次）；选择两个或两个以上批次，点击"组合批次"。

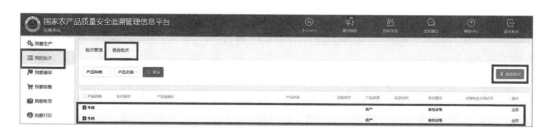

图 11-47　组合批次页面

四、 我要屠宰

（一）屠宰管理

点击"我要屠宰"，具有"屠宰管理""屠宰记录"页面。

点击"屠宰管理"（图 11-48），查询产品名称、认证类型，查看产品名称、收获数量、产品来源、质检情况等信息（"产品批次码"栏蓝色背景色，即为组合批次）；选中一行或多行相同类型产品数据，点击"屠宰"，登记名称、数量及其产品信息。

（二）屠宰记录

点击"屠宰记录"（图 11-49），查询产品种类、产品名称、认证类型、时间段、关键字，查看产品名称、屠宰数量、库存数量、屠宰时间、质检情况、产品追溯码等"屠宰明细"。

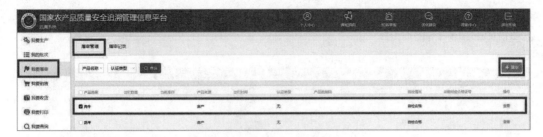

图 11-48　屠宰管理页面

图 11-49　屠宰记录页面

五、　标签打印

（1）新建的批次产品，可在系统中打印追溯标签，具备赋码条件的，张贴在产品或产品包装上；

（2）不具备赋码条件的，可打印追溯凭证，使用追溯凭证进行追溯；

（3）入市销售的产品，打印入市追溯凭证进行追溯；

（4）追溯标签在追溯系统我要打印功能中进行打印。

点击"我要打印"，具有"销售打印""库存打印"页面。

（一）　销售打印

点击"销售打印"（图 11-50），查询产品种类、追溯类别、销售状态、时间段、关键字，查看产品名称、产品种类、销售时间、销售数量、产品追溯码、入市追溯凭证等信息，打印产品追溯码和追溯凭证。

图 11-50　销售打印页面

（二）　库存打印

点击"库存打印"（图 11-51），查询产品种类、产品名称、时间段、关键字，查看产品名称、产品追溯码、产品种类、当前库存、产品来源、收获时间、质检情况等信息，打印产品追溯码和追溯凭证。

图 11-51　库存打印页面

六、　产品交易

产品销售的操作分为流通销售和入市销售。

（1）流通销售的条件是农产品销售给批发和零售市场或生产加工企业之前（三前）的交易中，使用流通销售操作。

（2）入市销售的条件是农产品直接销售给批发和零售市场或生产加工企业时，使用入市销售操作。

点击"我要销售"，具有"产品管理""销售历史"页面。

（一）我要销售

点击"产品管理"（图 11-52），查询产品种类、产品名称、认证类型、时间段、关键字，查看产品名称、产品种类、当前库存、已销售、产品追溯码、产品来源、合格证号、质检情况、收获时间等信息，选择一个或多个产品，点击"销售流通"，填写主体身份码、主体名称等客户信息和产品信息，销售流通；选择一个或多个产品，点击"入市销售"，填写主体名称、主体地址、联系人姓名、联系人电话、数量等客户信息和产品信息，销售入市。

图 11-52　产品管理页面

（二）销售历史

点击"销售历史"（图 11-53），查询产品种类、追溯类型、销售状态、时间段、产品名称，查看产品名称、产品种类、销售时间、销售数量、产品追溯、入市追溯码、销售状态等销售明细，以及产品名称、产品数量、销售数量、主体身份码、主体名称、主体地址、联系人姓名、联系人电话等产品信息和主体信息。

图 11-53 销售历史页面

（三）我要收货

点击"我要收货"，具有"采购确认""采购管理"页面。

1. 采购确认

点击"采购确认"（图 11-54），查询产品种类、产品名称、发货时间段、关键字，查看采购信息、供货商、数量、发货时间、采货人等订单信息。

图 11-54 采购确认页面

选择拟收货订单，点击"确认收货"，查看主体名称、联系人、联系电话、主体地址、主体身份码、产品名称、产品种类、产品质量、发货时间、数量等供货商信息和产品信息，确认收货。

选择拟收货订单，查看采购信息、供货商、数量、发货时间、采货人等订单信息，点击"退换货"，填写退换货原因，确定退换货。

查询所有拟收货订单，点击"一键确认"，确定所有收货信息。

2. 采购管理

点击"采购管理"（图 11-55），查询产品种类、产品名称、交易状态、采购时间段、关键字，点击"详情"，查看供应商、产品名称、数量、质检情况、采购时间、产品追溯码、

图 11-55 采购管理页面

采购人、交易状态等订单信息，以及主体名称、联系人、联系电话、主体地址、主体身份码、产品名称、产品种类、产品质量、发货时间、数量等供货商信息和产品信息。

七、 追溯查询

企业查询：企业可使用追溯系统的我要查询或追溯系统 App 我要查询功能，查询本企业销售产品的上下游主体信息、产品信息、批次信息、产品流向信息等。

消费者查询：

（1）消费者可在国家追溯平台官网输入追溯码进行查询；

（2）消费者使用手机扫描追溯二维码进行查询。

消费者通过查询产品二维码，可以查看产品相关信息，已完成与国家追溯平台对接的企业，可查询该产品内部生产过程信息。通过追溯查询，提高生产过程透明度，满足消费者知情权，提振消费信心。

（一） 企业查询

点击"我要查询"，具有"追溯查询""追溯台账"页面。

1. 追溯查询

点击"追溯查询"（图 11-56），查询或清空产品追溯码。

图 11-56　追溯查询页面

鼠标光标悬于产品二维码，查看产品名称、产品类型、数量、主体身份码、主体名称、主体地址、联系人、联系方式、产品追溯码等。

鼠标光标悬于生产主体，查看产品名称、产品类型、数量、主体身份码、主体名称、主体地址、联系人、联系方式、产品追溯码等。

2. 追溯台账

点击"追溯台账"（图 11-57），查询产品种类、追溯类别、销售状态、时间段、关键词，查看产品名称、产品种类、销售时间、销售数量、产品追溯码、采购人、销售状态、销售明细等订单信息，以及产品名称、产品种类、产品质量、销售日期、销售数量、单位、入市追溯码、单位名称、客户名称、单位地址、联系电话等产品信息和采购方主体信息。

图 11-57 追溯台账页面

（二）消费者查询

打开"国家农产品质量安全追溯管理信息平台"，输入"追溯码"，查看产品名称、产品类型、数量、质检情况、追溯码、主体名称、主体地址、法人姓名、联系方式、主体身份码等产品信息和主体信息（图 11-58）。

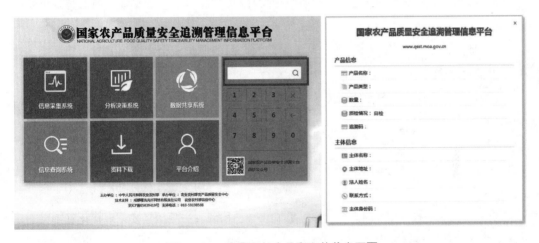

图 11-58 追溯码与产品和主体信息页面

参考文献

［1］柴梦竹．基于信任管理的农产品交易平台的设计与实现［D］．广州：中山大学，2012．

［2］陈锦斌．基于 RFID 茶叶物流追溯系统设计与研究［D］．福州：福建农林大学，2013．

［3］陈志雄，周昱．企业茶叶质量安全追溯系统的建立［J］．食品安全质量检测学报，2012（1）：69-74．

［4］陈宗懋．茶叶质量安全和标准建设应与时俱进［J］．中国茶叶加工，2012（1）：1．

［5］邓勋飞，陈晓佳，黄晓华，等．农产品安全生产信息化配套技术体系探讨与研究［J］．中国农学通报，2011，27（30）：262-269．

［6］刁志国．家庭农场信息化管理系统的设计与实现［D］．秦皇岛：河北科技师范学院，2016．

［7］杜彦芳，刘伟，徐义鑫，等．基于采摘农产品的质量安全生产控制与信息溯源系统［J］．山西农业科学，2017（12）：2009-2012．

［8］丰树谦．计算机图像处理技术在茶叶质量品质区分中的应用［J］．福建茶叶，2017（9）：411．

［9］冯娟娟．中国茶叶质量安全体系研究［D］．合肥：安徽农业大学，2009．

［10］冯启艳．牛蒡茶的毒理学评价及辅助降血脂作用的实验研究［D］．济南：山东大学，2013．

［11］冯思思，徐南丰，周志业，等．基于 B/S 架构的农产品质量安全现代化管理平台的设计与应用［J］．农业开发与装备，2016（7）：56-57．

［12］葛迪，李绍稳，魏同，等．基于移动溯源与图像分析的茶叶品级鉴定方法研究［J］．中国农学通报，2015（26）：261-265．

［13］葛迪．面向移动商务的茶叶质量追溯方法研究［D］．合肥：安徽农业大学，2015．

［14］龚淑英．加强茶叶质量的全面管理［J］．中国茶叶加工，2012（4）：1．

［15］国家标准化管理委员会组编．现代农业标准化（上）［M］．北京：中国质检出版社，2013．

［16］过晓娇．基于云计算 SaaS 模式的咖啡溯源平台研究［J］．电子商务，2018（9）：31-32．

［17］韩文炎，鲁成银，刘新．我国茶叶在种植环节的质量安全问题及对策［J］．食品科学技术学报，2014（2）：12-15．

［18］贺巍．基于化学指纹图谱的茶叶产地、原料品种判别分析和生化成分预测［D］．南京：南京农业大学，2011.

［19］洪瑛霞．寒葱提取物对化学性肝损伤有辅助保护功能的研究［D］．延吉：延边大学，2018.

［20］胡斌，钱和，钱振，等．物联网技术在茶叶质量安全可追溯系统的应用与展望［J］．中国茶叶加工，2015（5）：5-9.

［21］胡沁沁．基于纳米材料的光学传感器快速检测热加工食品中的丙烯酰胺［D］．杭州：浙江大学，2016.

［22］胡燕，盛开，郑旭媛．茶叶供应者质量安全认知与行为分析——基于浙江500位茶叶供应者的问卷调查［J］．统计与信息论坛，2016（12）：95-101.

［23］胡振，罗通彪，杨华，等．QR Code 在农产品质量安全追溯系统中的应用［J］．微型电脑应用，2016（10）：36-40.

［24］黄彬红，周洁红．农产品食品质量安全治理（以追溯体系建设为切入点）［M］．杭州：浙江大学出版社，2015.

［25］黄少峰．农产品质量追溯系统中定向促销广告子系统的设计与实现［D］．广州：中山大学，2012.

［26］黄兮．基于电子交易的农产品溯源模型的设计与实现［D］．哈尔滨：东北农业大学，2009.

［27］黄友文．基于 RFID 及物联网技术的茶叶溯源系统研究［J］．保鲜与加工，2016（4）：112-117.

［28］江进．基于 RFID 的茶叶产品质量安全溯源体系研究［J］．现代计算机（专业版），2017（13）：59-62.

［29］江珊，章俊，徐桂珍，等．基于 Web 的溯源系统［J］．农业网络信息，2017（5）：78-85.

［30］江晓东．基于 WebGIS 的茶叶质量安全追溯系统的研究与实现［D］．杭州：浙江工业大学，2011.

［31］姜广泽，陈成统，赵海莹，等．基于 DNA 条形码 ITS2 的高分辨率熔解曲线鉴定市售核桃乳真伪［J］．核农学报，2021，35（4）：870-880.

［32］焦光源，李志刚．新疆生鲜农产品质量安全溯源系统的设计——基于 .NET 技术［J］．农机化研究，2013（12）：74-77.

［33］焦光源．新疆生鲜农产品质量安全追溯系统的设计与实现［D］．石河子：石河子大学，2014.

［34］解菁，孙传恒，周超，等．基于 GPS 的农产品原产地定位与标识系统［J］．农业机械学报，2013（3）：142-146.

［35］金美霞，陈晓阳，王霆，等．木禾种红茶不同工艺色泽品质的多维度比较［J］．浙

江农业科学，2021，62（8）：1603-1607.

[36]　金炜，顾玉琦，陈浩．基于物联网的农产品种植监控与质量安全溯源［J］．安徽农业科学，2014（30）：10788-10790.

[37]　孔一博．基于智慧农业的农产品可溯源平台［D］．鞍山：辽宁科技大学，2016.

[38]　李春方．富硒抹茶抗肿瘤抗氧化和富硒红豆通便排铅活性及其应用研究［D］．上海：上海师范大学，2015.

[39]　李佳．基于 RFID 和二维码的茶叶质量安全可追溯系统的设计［D］．杭州：浙江农林大学，2015.

[40]　李解，陈雪皎，郭承义，等．雅安藏茶和低聚木糖复配物润肠通便作用［J］．食品科学，2015，36（1）：220-224.

[41]　李丽芬，云彩霞，陈晓芳．基于 GPS 技术下茶叶种植区域大气环境监测系统的研究［J］．福建茶叶，2017，39（8）：11-12.

[42]　李翔，黄阳成，翁春英，等．基于 RFID 的农产品质量安全监控溯源系统应用研究［J］．农业与技术，2014（2）：45-59.

[43]　梁凤兰．基于数据挖掘的农产品质量特性波动溯源方法［J］．科学技术与工程，2017（3）：268-272.

[44]　梁敏诗．柑普茶抗氧化作用的化学研究［D］．广州：广州中医药大学，2021.

[45]　林剑宏．基于区块链技术的凤凰单丛茶溯源管理研究［D］．广州：华南理工大学，2019.

[46]　林竹根．茶叶质量安全绿色防控栽培措施［J］．农业研究与应用，2016（5）：45-47.

[47]　凌康杰，岳学军，刘永鑫，等．基于移动互联的农产品二维码溯源系统设计［J］．华南农业大学学报，2017（3）：118-124.

[48]　刘芳，薛莲．农产品产业链安全溯源体系设计与实现［J］．江苏农业科学，2017（8）：206-209.

[49]　刘洪．猕猴桃果汁润肠通便和排铅功能研究［D］．长沙：湖南农业大学，2007.

[50]　刘继东．基于 J2EE 的农产品溯源系统设计与实现［D］．哈尔滨：哈尔滨工业大学，2017.

[51]　刘蒙蒙，董玉德，张沙，等．基于 ASP. NET 的农产品质量安全追溯系统设计［J］．安徽农学通报，2014（9）：141-143.

[52]　刘翔．基于 WebGIS 的龙井茶溯源与产地管理系统研究［D］．杭州：浙江大学，2014.

[53]　刘晓敏．基于二维码和 RFID 个体标识技术的农产品溯源系统的设计与实现［D］．西安：西安电子科技大学，2013.

[54]　刘新，张颖彬，潘蓉，等．我国茶叶加工过程的质量安全问题及对策［J］．食品科

学技术学报，2014（2）：16-19.

[55] 刘学馨，郭秀明，吉增涛，等．基于 TD-SCDMA 的农产品安全生产管理与质量追溯系统 [J]．中国农学通报，2012（35）：297-302.

[56] 卢洲．基于空间信息技术的有机农业研究 [D]．成都：四川师范大学，2012.

[57] 马楠，鹿保鑫，刘雪娇，等．矿物元素指纹图谱技术及其在农产品产地溯源中的应用 [J]．现代农业科技，2016（9）：296-298.

[58] 马奕颜，郭波莉，魏益民，等．植物源性食品原产地溯源技术研究进展 [J]．食品科学，2014（5）：246-250.

[59] 马雨．基于富 G 序列及过氧化物模拟酶特性的光学传感器的构建与应用 [D]．郑州：郑州大学，2020.

[60] 毛烨，许建林．茶叶质量安全追溯系统的构建与研究 [J]．江苏农业科学，2017（10）：180-183.

[61] 孟然．海带提取物的辅助降血糖功能研究 [D]．大连：大连理工大学，2018.

[62] 牛英颖．垂丝海棠花多糖改善功能性便秘及增强免疫力评价 [D]．开封：河南大学，2019.

[63] 农小晓，陈宁江，农小林．基于汉信码的茶叶溯源防伪系统研究 [J]．物流技术，2015（11）：274-276.

[64] 农小晓．基于汉信码的茶叶溯源防伪系统研究与实现 [D]．南宁：广西大学，2015.

[65] 农业农村部办公厅．农业农村部办公厅关于印发《农产品质量安全信息化追溯管理办法（试行）》及若干配套制度的通知 [J]．中华人民共和国农业农村部公报，2021（8）：60-72.

[66] 欧阳晶晶．多茶类加工技术对白芽奇兰抗氧化与辅助降血脂功效的影响 [D]．福州：福建农林大学，2017.

[67] 欧杨虹，徐秀银．农产品质量安全溯源系统建设存在的问题及对策 [J]．安徽农业科学，2017（4）：225-227.

[68] 潘春华，周敏．基于物联网的茶叶质量追溯系统设计 [J]．农业网络信息，2016（7）：27-29.

[69] 钱原铬．X 射线荧光光谱定量分析土壤中重金属方法研究 [D]．长春：吉林大学，2012.

[70] 秦瑞东．一种对化学性肝损伤有辅助保护作用的保健食品研发 [D]．西安：第四军医大学，2015.

[71] 邱荣洲，郑诚勇，林九生，等．基于良好农业规范（GAP）的茶叶质量溯源系统研究 [J]．福建农业学报，2015（4）：344-350.

[72] 阮伟玲．面向生鲜农产品溯源的基层数据库建设 [D]．成都：成都理工大

学，2015.

［73］石玉芳，卜耀华，张杰．二维条码在农产品溯源系统中的应用［J］．农产品加工（学刊），2014（2）：67-68.

［74］史顶聪．红景天蛹虫草片增强机体免疫力研究［D］．长春：长春工业大学，2020.

［75］舒玲．银杏叶和丹参提取物与纳豆粉组方的辅助降血脂功能研究［D］．大连：大连理工大学，2017.

［76］宋兰霞，周作梅．大数据背景下茶产业链物联网信息服务系统的设计与实现［J］．福建茶叶，2018，40（11）：15-17.

［77］宋鹏程．基于B/S架构的农产品交易系统的设计与实现［D］．郑州：华北水利水电大学，2018.

［78］孙琳．基于XRF技术对常用矿物药的鉴别研究［D］．成都：成都中医药大学，2018.

［79］汤智超．长春市农产品质量安全溯源系统的研究与开发［D］．长春：吉林农业大学，2011.

［80］全义超．桑叶降血糖降血脂研究及其产品开发［D］．杭州：浙江工商大学，2010.

［81］万宝刚．农业产品质量追踪溯源系统的设计与实现［D］．成都：电子科技大学，2014.

［82］王洁，石元值，张群峰，等．基于矿物元素指纹的龙井茶产地溯源［J］．核农学报，2017（3）：547-558.

［83］王洁，石元值，张群峰，等．基于稳定同位素比率差异的西湖龙井茶产地溯源分析［J］．同位素，2016（3）：129-139.

［84］王朋．哈尔滨市道里区长岭湖蔬菜园区溯源系统设计与开发［D］．哈尔滨：东北农业大学，2016.

［85］王琪．基于Web的农产品质量安全追溯系统研究［J］．现代农业科技，2012（7）：344-350.

［86］王嵩磊．农产品溯源与政府监管系统开发［D］．杭州：浙江理工大学，2016.

［87］王燕．日照绿茶茶多酚提取物抗氧化性研究［D］．烟台：烟台大学，2020.

［88］王宇．藏药蔓菁提高缺氧耐受力的保健食品开发及质量控制初步研究［D］．成都：成都中医药大学，2014.

［89］王宇．基于QR码的食品溯源系统设计与实现［D］．西安：西安电子科技大学，2013.

［90］王宇．基于大数据分析的茶叶质量评估［J］．福建茶叶，2016（11）：19-20.

［91］吴丽文，蔡少霖．基于数据挖掘的农产品精准营销路径研究——以广东省汕尾市

为例 [J]. 农业与技术，2021，41（22）：143-148.

[92] 吴士珍. 通心络对动物缺氧耐受力及血管内皮功能影响的实验研究 [D]. 石家庄：河北医科大学，2009.

[93] 熊丽娜，李亚莉，邓秀娟，等. 基于数据库技术的茶叶质量安全追溯 APP 设计 [J]. 食品安全质量检测学报，2016（6）：2555-2559.

[94] 徐桂珍，江珊，李继红，等. 六安瓜片茶叶物联网的建设与应用 [J]. 农业网络信息，2017（1）：101-106.

[95] 徐田华. 我国茶叶出口面临的问题及对策 [J]. 茶叶通讯，2016（4）：55-58.

[96] 徐文艳. 基于 GIS 农产品质量安全溯源系统的设计与实现 [D]. 南昌：江西农业大学，2016.

[97] 许建林，毛烨. 基于 RFID 的茶叶质量安全追溯系统研究 [J]. 农业网络信息，2016（12）：32-34.

[98] 严志雁，陈桂鹏，苏小波，等. 基于 XML 和 WebService 的农产品溯源数据交换技术设计与应用 [J]. 江西农业学报，2016（11）：80-84.

[99] 阳琼芳. 基于物联网的茶叶质量溯源系统研究 [J]. 农业研究与应用，2017（1）：49-53.

[100] 阳琼芳. 基于物联网的广西农垦茶叶质量溯源系统研究 [D]. 南宁：广西大学，2015.

[101] 阳琼芳，江立庚. 基于物联网的茶叶质量溯源系统架构及技术路径 [J]. 农业研究与应用，2015（4）：62-65.

[102] 杨烈君，钱庆平，杨慧玲. 基于 QR 二维码技术的农产品溯源系统研究 [J]. 赤峰学院学报（自然科学版），2014（12）：45-46.

[103] 杨亚洁. 葛根素对产后小鼠泌乳作用的影响及机制研究 [D]. 北京：北京中医药大学，2021.

[104] 叶萌. 基于云计算的农药溯源系统 [D]. 南京：南京邮电大学，2018.

[105] 殷庆纵，王栋，袁志敏. 碧螺春茶溯源系统的设计与实现 [J]. 湖北农业科学，2015（16）：4057-4059.

[106] 尹斐生. 基于可视化技术的食用农产品追溯系统的设计与实现 [D]. 南昌：南昌大学，2020.

[107] 于丽珺. 高 γ-氨基丁酸、低咖啡碱绿茶急性毒性和辅助降血压功能评价 [D]. 重庆：西南大学，2006.

[108] 袁海波. 农产品检测信息共享平台的设计与实现 [D]. 杭州：浙江大学，2015.

[109] 袁启辉. 农产品溯源手机应用开发 [D]. 杭州：浙江理工大学，2015.

[110] 袁玉伟，胡桂仙，邵圣枝，等. 茶叶产地溯源与鉴别检测技术研究进展 [J]. 核农学报，2013（4）：452-457.

[111] 袁自春，杨普，彭邦发，等．中国茶叶品质危害因素分析及对策研究进展［J］．食品科学，2013（5）：297-302.

[112] 占俊．计算机图像处理技术在茶叶质量品质区分中的应用［J］．福建茶叶，2020，42（6）：31-32.

[113] 张剑飞，李博．杨凌农产品溯源体系与电子商务融合发展的现状、问题与对策［J］．咸阳师范学院学报，2017（2）：80-83.

[114] 张鉴滔．基于WebGIS的农产品产地管理与追溯系统研制［D］．杭州：浙江大学，2012.

[115] 张鉴滔，刘翔，史舟．马铃薯质量安全管理及溯源信息系统的设计与实现［J］．农业网络信息，2011（12）：46-48.

[116] 张亮亮．基于消费体验的农产品供应链信息溯源影响因素研究［J］．重庆科技学院学报（社会科学版），2016（12）：29-32.

[117] 张梦兰．牡丹籽油复方降血糖和增强免疫活性与机制研究［D］．无锡：江南大学，2019.

[118] 张起萌，李燕杰，宋爽．农产品二维码溯源系统研究［J］．电子制作，2015（14）：38.

[119] 张帅，刘淑娴，玛丽娅·阿不拉，等．农产品二维码溯源系统设计与实现［J］．现代计算机（专业版），2016（34）：53-58.

[120] 张土前．基于RFID与WebGIS的新疆特色农产品质量溯源系统的设计［D］．乌鲁木齐：新疆农业大学，2012.

[121] 张文锦，王峰，翁伯琦．中国茶叶质量安全的现状、问题及保障体系构建［J］．福建农林大学学报（哲学社会科学版），2011（4）：27-31.

[122] 张文静．农产品物流质量安全多维码组合追溯系统研究［D］．北京：北京交通大学，2014.

[123] 张翔．农产品溯源系统的设计与开发［D］．杭州：浙江理工大学，2015.

[124] 张耀军，沈子雷．基于物联网的信阳市茶叶质量安全追溯系统研究［J］．信息与电脑（理论版），2017（11）：147-149.

[125] 张友桥，吕昂，邵鹏飞．一种基于NFC的农产品溯源系统［J］．中国农机化学报，2015（2）：145-149.

[126] 张蕴玺．基于GIS的农产品跟踪及追溯系统的设计与实现［D］．石家庄：河北科技大学，2019.

[127] 张志强．基于移动终端的农产品信息监测系统研究与实现［D］．南京：南京邮电大学，2016.

[128] 张治国．基于XRF技术下茶叶种植土壤重金属检测及污染评估［J］．福建茶叶，2018，40（2）：6-7.

［129］赵超越，周乐乐，祁南南，等．茶叶溯源防伪预警平台的设计与实现［J］．洛阳理工学院学报（自然科学版），2017（3）：69-73.

［130］赵东亮，李湘洲，张胜．杜仲茶对便秘模型小鼠的通便功能研究［J］．食品工业科技，2017，38（23）：280-283.

［131］赵明．基于SOA架构的农产品溯源管理平台设计与实现［D］．成都：电子科技大学，2015.

［132］赵强，吕树进．基于二维码技术的可溯源农产品系统的研究与应用［J］．科学大众（科学教育），2016（6）：190.

［133］郑国建，高海燕．我国茶叶产品质量安全现状分析［J］．食品安全质量检测学报，2015（7）：2869-2872.

［134］郑志学．基于防伪二维码技术的农产品溯源系统研究与开发［D］．株洲：湖南工业大学，2016.

［135］中华人民共和国农业农村部，农业农村部农产品质量安全中心．国家农产品质量安全追溯管理信息平台［EB/OL］．（2021-12-26）［2021-12-26］．http：//www. qsst. moa. gov. cn.

［136］钟林忆．田间综合信息服务系统设计与实现［D］．广州：华南农业大学，2016.

［137］钟小军，赖志杰，陈琰，等．基于演化加密的二维码生成技术及在农产品质量安全溯源系统中的应用［J］．广东农业科学，2013（24）：153-157.

［138］周才碧，文治瑞，木仁，等．基于有机酸代谢的复合茶降脂作用（英文）［J］．现代食品科技，2022，38（2）：1-15.

［139］周峰，冯小萍．基于大数据分析的茶叶质量评估［J］．现代工业经济和信息化，2015（9）：92-93.

［140］周宇清．湖南茶叶安全溯源体系的建立与应用研究［D］．长沙：湖南农业大学，2012.

［141］朱思吟．基于RFID的农产品追溯系统的研究与实现［D］．扬州：扬州大学，2018.

［142］朱燕妮．基于二维码的黑茶产品溯源模式构建与实现［D］．长沙：湖南农业大学，2014.

［143］朱燕妮，雷坚，龙陈锋．基于双向追溯模式的黑茶防伪溯源系统的构建［J］．湖南农业大学学报（自然科学版），2014（5）：552-555.

［144］朱仲海．我国茶叶标准化体系研究［D］．杭州：中国农业科学院，2010.

［145］CAIBI ZHOU X Z Z W. Compound Fu brick tea modifies the intestinal microbiome composition in high-fat diet-induced obesity mice［J］. Food science & nutrition, 2020, 8 (10)：5508-5520.

［146］CANDELA L, FORMATO M, CRESCENTE G, et al. Coumaroyl flavonol glycosides and more in marketed green teas: an intrinsic value beyond much-lauded catechins [J]. Molecules, 2020, 25 (8): 1765.

[147] GEORGIOS L, EVANGELIA S, IRINI B, et al. Detection and quantification of cashew in commercial tea products using High Resolution Melting (HRM) analysis [J]. Journal of food science, 2020, 85 (6): 1629-1634.

[148] HONGLIN L, YITAO Z, XIN Z, et al. Improved geographical origin discrimination for tea using ICP-MS and ICP-OES techniques in combination with chemometric approach [J]. Journal of the science of food and agriculture, 2020, 100 (8): 3507-3516.

[149] HUAN S, WEIQUAN W, XIAOCHUN W, et al. Discriminating geographical origins of green tea based on amino acid, polyphenol, and caffeine content through high-performance liquid chromatography: Taking Lu'an guapian tea as an example [J]. Food science & nutrition, 2019, 7 (6): 2167-2175.

[150] JIA M, PAN Y, ZHOU J, et al. Identification of Chinese teas by a colorimetric sensor array based on tea polyphenol induced indicator displacement assay [J]. Food Chemistry, 2020, 335 (10): 127566.

[151] JIAN Z, RUIDONG Y, C L Y, et al. Use of mineral multi-elemental analysis to authenticate geographical origin of different cultivars of tea in Guizhou, China [J]. Journal of the science of food and agriculture, 2020, 100 (7): 3046-3055.

[152] LIU Z, YUAN Y, ZHANG Y, et al. Geographical traceability of Chinese green tea using stable isotope and multi-element chemometrics [J]. Rapid Communications in Mass Spectrometry, 2019, 33 (8): 778-788.

[153] MIN L C, MANUS C, N W P, et al. Rapid classification of commercial teas according to their origin and type using elemental content with X-ray fluorescence (XRF) spectroscopy [J]. Current research in food science, 2021, 4: 45-52.

[154] NADIA B, MARIE-LAURE M, SOPHIE M, et al. Tea geographical origin explained by LIBS elemental profile combined to isotopic information [J]. Talanta, 2020, 211.

[155] WENWEN L, YAN C, RUOXIN L, et al. Authentication of the geographical origin of Guizhou green tea using stable isotope and mineral element signatures combined with chemometric analysis [J]. Food Control, 2021, 125.

[156] WU T H, TUNG I C, HSU H C, et al. Quantitative analysis and discrimination of partially fermented teas from different origins using visible/near-infrared spectroscopy coupled with chemometrics [J]. Sensors (Basel), 2020, 20 (19): 5451.

[157] ZHAO H, YANG Q. The suitability of rare earth elements for geographical traceability of tea leaves [J]. Journal of the Science of Food and Agriculture, 2019, 99 (14): 6509-6514.

[158] ZHOU C, ZHOU X, WEN Z. Effect of Duyun Compound Green Tea on Gut Microbiota

Diversity in High-Fat-Diet-Induced Mice Revealed by Illumina High-Throughput Sequencing [J/OL]. Evidence-based complementary and alternative medicine : eCAM, 2021: 8832554. DOI: 10. 1155/2021/8832554.

[159] ZHUANG X G, SHI X S, WANG H F, et al. Rapid determination of green tea origins by near-infrared spectroscopy and multi-wavelength statistical discriminant analysis [J] . Journal of Applied Spectroscopy, 2019, 86 (1): 76-82.